园林景观精品课系列教材

园林施工图设计

陈绍宽　李月　主编

YUANLIN
SHIGONGTU
SHEJI

化学工业出版社
·北京·

内容简介

本书通过一个小游园施工图设计实例，系统地阐述了园林施工图设计阶段的相关知识、设计内容、设计方法、设计要点及绘图要求。全书分为课程导入，以及园建总图部分施工图设计、园建详图部分施工图设计、园林植物种植施工图设计、园林水电部分施工图设计、园林施工图文本设计五个项目。按照园林施工图设计岗位要求，每个项目设有相关知识讲解和实践操作，可帮助学生更好地学习该课程。本书突出体现教、学、做合一，以及学生主体、岗课融通的教育思想，力求把岗位理论知识学习与技术技能实践操作融为一体，加速提升学生在施工图设计岗位的职业工作能力。

本书可作为风景园林设计、园林工程技术、环境艺术等专业高等职业教育教学用书，也可作为园林景观设计师和绘图员的参考用书。

图书在版编目（CIP）数据

园林施工图设计/陈绍宽，李月主编. —北京：化学工业出版社，2024.5

ISBN 978-7-122-45308-2

Ⅰ.①园… Ⅱ.①陈… ②李… Ⅲ.①园林-工程施工-工程制图-高等职业教育-教材 Ⅳ.①TU986.3

中国国家版本馆 CIP 数据核字（2024）第 062272 号

责任编辑：毕小山　　装帧设计：刘丽华
责任校对：宋　玮

出版发行：化学工业出版社
（北京市东城区青年湖南街 13 号　邮政编码 100011）
印　　装：三河市航远印刷有限公司
787mm×1092mm　1/16　印张 14　彩插 2　字数 310 千字
2024 年 6 月北京第 1 版第 1 次印刷

购书咨询：010-64518888　　售后服务：010-64518899
网　　址：http://www.cip.com.cn
凡购买本书，如有缺损质量问题，本社销售中心负责调换。

定　　价：58.00 元

编写人员名单

主　编　陈绍宽（辽宁生态工程职业学院）

　　　　李　月（辽宁生态工程职业学院）

副主编　张　欣（辽宁生态工程职业学院）

参　编　谭　洋（辽宁生态工程职业学院）

　　　　王宏亮（沈阳艺锦园林工程有限公司）

　　　　黄文盛（辽宁生态工程职业学院）

　　　　韩全威（辽宁生态工程职业学院）

　　　　于德洋（深圳市金地物业管理有限公司沈阳分公司）

前言

中国园林历史悠久，从苑囿发展成人工山水园林，凝聚了中华民族政治思想、社会经济、文化艺术、科学技术和自然观念发展的精华。党的二十大报告再次指明了生态文明建设的重要意义，园林建设是生态文明建设的重要组成部分。建设天蓝、地绿、水清、气洁的美丽中国，是贯彻落实习近平新时代中国特色社会主义思想的必然要求，也是广大人民群众的热切期盼。园林施工图是保证园林设计方案最终落地、实施的重要设计文件。园林施工图设计能力是园林设计师职业岗位必需的职业能力之一。

本书以培养精益求精的园林专业技术人才为目标，传承和发展中国园林文化，在写法上突出理论结合实践，着重阐述了园林施工图设计的表达方法与内容深度，任务实施具体操作步骤表述细致全面，图文并茂，注重直观。全书以培养学生实践技能为主线，坚持理论知识必需、够用的原则，从职业岗位要求入手，确定编写大纲和内容。全书以任务为载体，体现工作过程，将某一小游园施工图设计阶段中的工作任务设计成为教学任务，完成学习后即可获得一套园林施工图册。

本书分为课程导入，以及园建总图部分施工图设计、园建详图部分施工图设计、园林植物种植施工图设计、园林水电部分施工图设计、园林施工图文本设计五个项目。其中，课程导入、项目1、项目2中任务2.1由陈绍宽编写；项目2中任务2.2、任务2.3，项目4，项目5由李月编写；项目3由谭洋编写；项目2中任务2.4由韩全威、李月编写；项目2中任务2.5由黄文盛、陈绍宽编写；书中大部分施工图纸和插图由张欣完成，王宏亮、于德洋提供了教学设计素材。全书由陈绍宽统稿，沈阳农业大学林学院樊磊审稿。

本书为校企合作的成果，由沈阳艺锦园林工程有限公司、深圳市金地物业管理有限公司沈阳分公司等兄弟单位的高级工程师、工程师、副教授联合编写，从施工图真实案例出发，深入浅出，理论结合实际。本书编写过程中参考引用了大量书籍文献资料，统列于书后参考文献中，在此对原作者表示感谢！

由于编者水平有限，书中难免存在疏漏之处，恳请广大读者和同人提出宝贵意见和建议，以便今后改正和完善。

编者

2024年1月

目录

课程导入 0

园林施工图设计课程项目概述

技能目标

① 学会园林拟建地的基础资料前期调查，并能进行综合分析和评价。

② 能把握园林设计方案要求，接收详细设计阶段的相关图纸。

③ 能根据园林设计方案确定园林施工图设计任务及范围。

知识目标

① 了解园林建设程序及设计各阶段的工作内容。

② 掌握园林施工图设计的主要工作内容、任务、范围及步骤。

③ 理解《总图制图标准》（GB/T 50103—2010）、《房屋建筑制图统一标准》（GB/T 50001—2017）、《风景园林制图标准》（CJJ/T 67—2015）等有关图纸绘制相关规定。

工作情景

砺精园设计方案已通过业主（建设单位）审定，项目负责人（教师）在施工图设计开始前组织相关人员，对砺精园方案设计底图进行交接（内部）。施工图绘图员（学生）分析设计任务，提出设计想法和优化建议。有条件的可建模推敲，并将问题汇总，反馈给甲方及方案设计方，确定最终设计方向，编制施工图设计任务书。

导入 0.1 园林设计概述

我国园林项目从设想到交付使用，一般要经历立项、审批、招标、设计、施工、竣工验收等一套完整的程序。设计单位从事建设工程可行性研究、设计、咨询等工作，其工作内容贯穿园林项目从规划到实施的全过程。这就需要设计单位全程参与，并要求与相关各部门的人员密切配合，尽可能地做到每一阶段、每一步都认真严谨，保证建成的景观能达到满意效果。

0.1.1 园林项目建设程序

园林项目建设是城镇基本建设的重要组成部分，要求按照基本建设程序进行。根据我国的规定，基本建设程序一般分为决策阶段、设计阶段和实施阶段。在设计阶段，需要进行项目设计的编制和审批。园林设计是一个由浅入深、从粗到细、不断完善的过程。园林设计人员应首先了解整个项目情况，进行基地现场勘查，并熟悉业主的建设意图，在此基础上设计构思，提出合理的方案。在方案确定后，进一步结合各专业的工程技术、使用功能等方面的要求和我国现行设计规范，对方案进行详细设计，并能据此编制工程概算等必要文件，申报有关部门审批。在建设项目审批通过后，根据方案设计、技术设计资料和相关规范要求进行施工图设计，绘制出能具体、准确指导园林工程施工的各种图纸。在进行园林设计时，需要注意以下几点：

① 要遵循安全、实用、经济、美观的原则，确保园林项目设计的质量和效果；

② 要考虑建成后的园林项目在运营和管理方面的可持续发展；

③ 要使园林项目设计达到环保和节能减排等方面的目标，促进绿色发展。

园林项目设计过程归纳起来一般分为接受设计任务、方案设计（初步设计）、扩初设计（详细设计）、施工图设计及工程施工 5 个阶段。园林项目建设程序如图 0-1 所示。

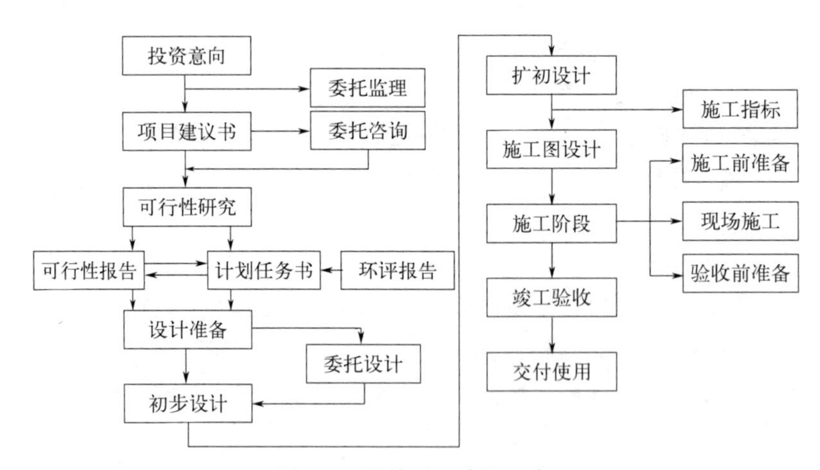

图 0-1 园林项目建设程序

0.1.1.1 接受设计任务阶段

（1）承接任务

园林项目建设初期，业主方（甲方）会邀请一家或几家园林设计公司进行方案设计。设计方（乙方）接受邀请后，要充分了解整个项目的概况，包括甲方对场地的要求、设计标准、投资额度、可持续发展等方面，特别要了解甲方对这个园林项目的总体框架要求和基本实施内容。把握项目的性质和服务对象，制定总体规划设计的原则。

（2）现场勘查

获得甲方提供的拟建园林项目地形图及基础资料后，必须进行场地勘查。设计方通过实地观察，一方面可以核对、补充所收集的图纸资料；另一方面可以根据场地周围环境条件，进行现场艺术构思。结合业主提供的基地现状图（又称红线图），对基地进行总体了解，对较大的影响因素做到心中有底，充分合理利用有利因素，克服和避让不利因素。此外，还要在总体和一些特殊的地块内进行摄像摄影，将实地现状的情况带回去，以便加深对基地的感性认识。规划设计前必须掌握的原始资料如下。

① 项目所处地区的自然条件，包括气温、光照、季风风向、水文、地质土壤（酸碱性和地下水位等），以及主要生长植物的种类和特点。

② 人工设施，包括现有建筑物和构筑物的立面形式、平面形状及使用情况，地上和地下管线的种类、走向、管径、埋深、标高和柱杆的位置高度等。

③ 基地内环境及周围环境，包括基地范围，主要道路，车流、人流方向，湖泊、河流、水渠分布状况，各处地形标高、走向等。

④ 人文及视觉环境，包括当地文化背景、视域条件，以及与场地相关的历史人文资料。

⑤ 现场踏查的同时，拍摄一定量的环境现状照片，以供进行总体设计时参考。

成果文件：基地资料图（记录调查内容）、基地分析图（表示分析的结果）等。

0.1.1.2　方案设计（初步设计）阶段

（1）总体构思和设计草图

熟悉设计任务书（或设计招标书）中对建设项目的各方面要求，包括总体定位、设计内容、投资规模、技术经济相关控制及设计周期等，构思总体设计草图。构思立意是方案设计的创意阶段，构思的优劣往往决定整个方案设计的成败。

结合收集到的原始资料对设计草图进行补充、修改。逐步明确总图中出入口、广场、道路、水系、绿地、建筑小品、管理用房等元素的具体位置。经过修改完善，使整个规划在功能上趋于合理，在构图形式上符合园林设计美观、舒适（视觉上）的基本原则。

成果文件：园林设计草图文本。

（2）布局和文本的制作包装

布局就是将好的构思立意通过图纸的形式表达出来。设计方案一般要求有先进性，构图合理、简洁、美观，具有可操作性；解决方案贴切业主实际情况，切实可行；对关键部位节点有深入的表述，针对重、难点有逐项分析。

成果文件：一套园林设计方案文本或 PPT 汇报文件。内容包括：方案设计的说明、投资匡（估）算、一些主要节点设计，汇编成文字部分；规划平面图、功能分区图、绿化种植图、园林建筑及小品设计意向图、全景透视图、局部景点透视图等，汇编成图纸部分；有些要求高的项目，还要制作演示动画等。

（3）业主的信息反馈

向业主提供能够反映总体规划设计的创意方案（此阶段业主及其设计顾问应参与审定方案的定位和方案实施的可行性），根据业主的反馈意见修改、添删项目内容，增减投资规模，变动用地范围等。

成果文件：调整后的规划总平面图和一些必要的方案调整说明、匡（估）算调整说明等。

（4）方案设计评审会

参加业主组织的方案设计评审会。将园林设计指导思想阐述清楚，再将项目概况、总体设计定位、设计原则、设计内容、技术经济指标、总投资估算等诸多方面内容，向领导和专家们进行全方位的汇报。方案设计评审会结束后，设计方会收到打印成文的专家组评审意见。方案设计负责人必须认真阅读，对每条意见进行明确答复，对于特别好的意见，要积极听取，落实到方案修改稿中。

成果文件：方案设计评审会会议纪要。

0.1.1.3 扩初设计（详细设计）阶段

（1）扩初设计文本制作

在设计方案得到业主认可的基础上，结合评审会专家对设计方案的评审意见及建议，进行深入一步的扩大初步设计（简称扩初设计）。根据方案设计要求，深化各局部（或节点）的技术设计。

扩初设计介于方案设计与施工图设计阶段之间，是对初步设计方案进行深化的过程，是方案设计完成之后的深化阶段，是园林设计不可或缺的一部分。扩初设计可以更深刻地阐述设计方案，进一步反映设计方案中园林建筑的造型，硬质材料的种类、尺寸、工艺、色彩，植物材料的种类及搭配关系等。

成果文件：一套扩初设计文本。内容包括：详细的总体规划平面图、总体竖向设计平面图、总体绿化设计平面图，建筑小品的平面、立面、剖面图（标注主要尺寸）。对于地形特别复杂的地段，应该绘制详细的剖面图。在剖面图中，必须标明几个主要空间地面的标高（路面标高、地坪标高、室内地坪标高），水面标高和水底标高。还应该有详细的水电设计说明，如有较大用电、用水设施，就要绘制给排水及电气设计平面图。

（2）扩初设计评审会

根据方案评审会的专家意见，设计方要汇报扩初文本中修改过的内容和措施。未能修改的意见，要充分说明理由，争取得到专家评委们的理解。扩初设计评审会上，专家们的意见不会像方案评审会那样分散，而是比较集中，也更有针对性。

一般情况下，经过方案设计评审会和扩初设计评审会后，总体规划平面图和具体设计内容都会基本确定，从而为施工图设计打下了良好的基础。总体来说，扩初设计越详细，施工图设计就越省力。

成果文件：扩初设计评审会会议纪要。

0.1.1.4 施工图设计阶段

对初步设计进行优化和调整后，依据方案设计、地勘报告、市政综合管网资料和国家现行的设计规范等，进行施工图设计（工程设计）。结合各工种的要求，分别绘制出能具体、准确地指导施工的各种图纸。要求在扩初设计中未完成的部分都应在施工图设计阶段完成。

施工图设计是联系设计与施工的重要环节，是对建设项目进行全面规划、实施其使用功能，对施工可行性进行研究和改进的过程，是将科学技术转化为生产力的纽带，是处理技术与经济关系的关键环节，在工程建设中意义重大。

施工图设计阶段可根据方案复杂程度适当增减施工图设计图纸，但一般都应包括封面、目录、设计说明书、施工图纸四大部分。其中，施工图纸最为重要。按照施工图设计步骤要求，图纸应包括总平面图、总索引图、竖向布置图、总平面放线图、种植设计图、详图等。施工图设计中还包括结构、给排水、电气三个方面设计，应由专业工程师设计。

（1）基地踏勘

进入施工图设计阶段，参加的人员范围会扩大，增加了建筑、结构、水、电等专业的设计人员。需要在前一次粗勘基础上，再次踏勘现场，并要求精勘。应准备施工图设计阶段测量图纸，掌握基地的地形、原有建筑物和构筑物的最新变化情况并加以研究，画出主要树木的品种、大小等。

成果文件：总平面图及放样定位图（俗称方格网图）；竖向设计图（俗称土方地形图）；一些主要的剖面图；土方平衡表（包含总进、出土方量）；水的总体上水、下水、管网布置图，主要材料表；电的总平面布置图、系统图等。

（2）施工图的设计

施工图分为施工总图和各部分工程施工详图两大部分。正常情况下，一般是先出各专业的总图，然后再出各部分工程施工详图。方案负责人往往同时承担着总体定位、竖向设计、道路广场、水体以及绿化种植的施工图设计任务，同时兼顾各个单体建筑小品的设计。这其中包括建筑、结构、水电的各专业施工图设计。施工图应能清楚、准确地表示出各项设计内容的尺寸、位置、形状、材料、种类、数量、色彩以及构造和结构。

成果文件：一套施工图纸。内容包括：封皮、目录、设计总说明、施工总平面图、竖向设计图、定位定线平面图、铺装样式图、通用结构设计图、园林建筑工程设计详图、水景工程设计详图、种植工程设计平面图（含苗木表）、给排水管线及电气设计图等。

（3）施工图预算编制

施工图预算以扩初设计中的设计概算为基础，涵盖了施工图中所有设计项目的工程费用。具体包括：土方地形工程总造价，园林建筑小品工程总造价，道路、广场工程总造价，绿化工程总造价，水、电安装工程总造价等。

严格来讲，施工图预算编制并不算是设计步骤之一，而是造价工程师的工作，但项目负责人应该时刻有一个工程预算控制度，必要时及时与造价工程师联系、协商，尽量使施工图预算能较准确地反映整个工程项目的投资状况。

0.1.1.5　工程施工阶段

在工程实施过程中，设计人员应向施工方进行设计交底，并及时解决施工过程中出现的与设计相关的问题。施工完成后，有条件时可以开展项目回访活动，听取各方面的意见，从中吸取经验教训。

（1）施工图的交底

业主拿到施工图纸后，会联系监理方、施工方对施工图进行看图和读图。看图属于总体上的把握，读图是对具体设计节点、详图的理解。再由业主牵头，组织设计方、监理方、施工方进行施工图设计会审交底会。在交底会上，业主、监理、施工各方提出看图后发现的各专业方面的问题，各专业设计人员进行答疑。要尽量结合设计图纸当场答复，当场不能回答的，应回去考虑后尽快做出答复。

（2）设计师的施工配合

设计师的施工配合是设计工作的延伸。设计师在工程建设施工过程中，应经常踏勘建设中的工地，解决施工现场暴露出来的设计问题、设计与施工相配合的问题，并对主要植物、施工材料进行选择，以保证工程进度和景观效果。

0.1.2 园林设计文件编制深度

目前，国家层面还没有单独颁发有关园林工程设计文件编制深度规定的文件。为了园林工程设计文件编制工作的管理，保证各阶段设计文件的质量和完整性，可以参照住房城乡建设部工程质量安全监管司颁发实施的《市政公用工程设计文件编制深度规定（2013 年版）》的内容要求，编制园林工程设计文件。

0.1.2.1 各阶段设计文件一般规定

（1）方案设计文件一般规定

① 方案设计时应对工程的自然现状和社会条件进行分析，确定工程的性质、功能、容量、内容、风格和特色等。

② 方案设计内容需要达到以下要求：应满足编制初步设计文件的需要；提供能源利用及与相关专业之间的衔接；能据此编制工程估算；满足项目申报有关部门审批的需要。

③ 设计文件内容的编排顺序一般为：封面、设计资质、扉页、设计文件目录、设计说明、设计图纸和投资估算。设计资质和扉页可合并。

④ 各专业、专项总平面图上，应标注图纸比例、指北针或风玫瑰图、坐标网、图例及注释等，其要求应符合《总图制图标准》（GB/T 50103—2010）的规定。

⑤ 园林方案设计文件应按《市政公用工程设计文件编制深度规定（2013 年版）》的要求编制。

（2）扩初设计文件一般规定

① 扩初设计阶段主要确定平面布局及园路场地铺装的形式、材质，明确竖向、地形、水系及土石方量，明确植物品种规格及数量，确定园林建筑的功能、位置、体量、形式、结构类型，确定园林小品的形式、体量、材料、色彩等。

② 扩初设计内容需要达到以下要求：满足编制施工图设计文件的需要；满足各专业的技术要求，协调与相关专业之间的关系；能据此编制工程概算；满足项目申报有关部门审批的需要。

③ 扩初设计文件的编排顺序一般为：封面、扉页、目录、设计说明、设计图纸、概算。封面上应写明项目名称、编制单位、编制年月。扉页上应写明编制单位法定代表人、技术总负责人、项目总负责人的姓名，并经上述人员签署或授权盖章。设计图纸按设计专业汇编，可单独成册。概算书可单独成册。

注：只有经设计单位审核和加盖初步设计出图章的设计文件才能作为正式设计文件交付使用；对于规模较大、设计文件较多的项目，设计说明和设计图纸可按专业成册；单独成册的设计图纸应有图纸总封面和图纸目录；各专业负责人的姓名和署名也可在本专业设计说明的首页上标明。

④ 各专业、专项总平面图上，应标注图纸比例、指北针或风玫瑰图、坐标网、图例及注释，要求应符合《总图制图标准》（GB/T 50103—2010）的规定。

⑤ 园林扩初设计文件应按《市政公用工程设计文件编制深度规定（2013 年版）》的要求编制。

（3）施工图设计文件一般规定

① 施工图设计阶段要按设计专业分别汇编图纸，编写设计说明（工程概况、设计条件、工程技术措施等），明确植物品种、规格及数量，确定园林硬质景观的位置、体量、形式、材料、尺寸、结构类型、色彩等。

② 施工图设计内容需要达到以下要求：满足施工、安装及植物种植需要；满足施工材料采购、非标准设备制作和施工的需要；能据此编制工程预算。

③ 施工图设计文件的编排顺序一般为：封面、目录、设计说明、设计图纸、预算书。封面上应写明项目名称、编制单位、编制年月。设计图纸按设计专业汇编，可单独成册。预算书可单独成册。经设计单位审核和加盖出图章的设计文件才能作为正式设计文件交付使用。

④ 各专业、专项总平面图上，应标注图纸比例、指北针或风玫瑰图、坐标网、图例及注释，要求应符合《总图制图标准》（GB/T 50103—2010）的规定。

⑤ 园林施工图设计文件应按《市政公用工程设计文件编制深度规定（2013 年版）》的要求编制。

0.1.2.2　各阶段设计的主要图纸内容

园林项目设计一般分为方案设计、扩初设计和施工图设计三大阶段。方案设计注重对设计总体构思、立意的把握；初步设计注重对方案设计理念、思路的深化，解决各专业的技术要求；施工图设计则注重具体的材料选择、施工工艺、具体做法。对于技术要求相对简单的工程，可在方案设计审批后直接进入施工图设计阶段。各阶段设计的主要内容及必备图纸见表 0-1。

各阶段设计文件编制内容应符合国家现行有关设计标准、规范、规程，以及工程所在地的地方规定。对于具体建设项目，可根据项目内容和设计范围对图纸内容和数量进行合理的取舍。

0.1.3　园林制图规范

为了使园林施工图设计制图规范统一，本书从《房屋建筑制图统一标准》（GB/T 50001—2017）和《风景园林制图标准》（CJJ/T 67—2015）中选取了部分适用于园林施工图设计的制图标准（注：编者对其中部分标准稍做了增减），供读者参考学习。

表 0-1 各阶段设计的主要内容及必备图纸

设计阶段	主要内容	必备图纸	选用图纸
方案设计	对用地的区位、现状自然条件、周边关系等进行分析，明确设计的目标、原则，确定设计的性质、空间布局、功能、风格特色、建筑风貌、交通组织流线、地形整理、植物布局、综合管线布置等	位置图、现状分析图、总图(总平面图)、功能分区图、竖向控制图、建(构)筑物及重点园林小品方案图、交通组织图、绿地布局图、重要景点(节点)设计图、综合管线示意图、投资估算书等	辅助方案表达的其他图纸
扩初设计	明确设计平面、铺装材质、地形竖向的控制，确定建(构)筑物内部功能划分、位置、形态、结构等，确定山石、水景、小品的形态、材质、颜色及其他基本属性，明确植物配置形式及树种类型，明确水电管线具体布置、选型及与周边管网系统的联系等	总图(总平面图)、放线控制图、竖向设计图、主要道路及广场地面铺装图、建(构)筑物及小品设计图、重点部位详图、结构布置图、植物配置图、给排水布置图、电气布置图、工程概算书等	分区平面图、场地设计地形剖面图、水景立面及剖面图、景观小品设计图等
施工图设计	确定平面布局和各景观要素的位置关系，标明平面定位尺寸，控制尺寸和地形标高，明确铺装材料、工程措施的详细做法，明确建(构)筑物、小品、水景等的详细做法；确定植物位置、种类、规格、数量，特殊树种或大型乔木的施工措施，水电管线及附件的位置、选型及特殊工艺说明等	总图(总平面图带地形)、放线图、竖向设计图(带地形)、道路广场铺装样式及详图索引平面图、子项详图、建(构)筑物及小品施工详图、建(构)筑物结构设计图、种植设计图、给排水设计图、电气设计图、工程预算书等	分区平面及索引图、绿化其他图、给排水其他图、电气干线总平面图等

0.1.3.1 图线

图线是指起点和终点之间以各种方式连接的一种几何图形，形状可以是直线或曲线，也可以是不连续的线。

根据图纸内容及其复杂程度要选用合适的线型及线宽来区分图纸内容的主次。为了统一整套图纸的风格，对图中所使用图线的线宽及线型做出以下规定。

(1) 线宽组

对于每个图样，应根据其复杂程度与比例大小，先选定基本线宽 b，再选用相应的线宽组（表 0-2)。一般情况下，园林施工图绘制选择特粗线 0.70mm、粗线 0.50mm、中线 0.25mm、细线 0.18mm。

表 0-2 线宽组

线宽比	线宽组/mm			
b	1.4	1.0	0.7	0.5
$0.7b$	1.0	0.7	0.5	0.35
$0.5b$	0.7	0.5	0.35	0.25
$0.25b$	0.35	0.25	0.18	0.13

注：1. 需要缩微的图纸，不宜采用 0.18mm 及更细的线宽。
2. 同一张图纸内，各不同线宽中的细线，可统一采用较细的线宽组的细线。

(2) 常用线型及用途

园林施工图设计制图常用线型及用途如表 0-3 所示。

(3) 图线选择一般规定

图线选择一般规定如下。

表 0-3　园林施工图设计制图常用线型及用途

名称		线型	线宽	用途
实线	粗		b	主要可见轮廓线；新建建筑物±0.000 高度线，可见平面、立面的外轮廓线，新建管线；平面图、剖面图中被剖切的主要建筑构造（包括构配件）的轮廓线
	中		0.7b 0.5b	可见轮廓线；新建构筑物、道路、桥涵、围墙等的可见轮廓线；平面图、剖面图中被剖切的次要建筑构造（包括构配件）的轮廓线；构造详图中被剖切的主要部分的轮廓线；植物外轮廓线
	细		0.25b	原有建筑物、构筑物的可见轮廓线；图案填充线；图中应小于中实线的图形线、尺寸线、尺寸界线、图例线、索引符号、等高线、坐标线
虚线	粗		b	新建建筑物、构筑物的地下轮廓线
	中		0.7b 0.5b	建筑构造及构配件不可见的轮廓线；计划预留扩建的建筑物、构筑物轮廓线；道路红线及预留用地线；分幅线
	细		0.25b	原有建筑物、构筑物、管线的地下轮廓线，图例线
单点长画线	中		0.5b	土方开挖零点线；各专业制图标准中规定的线型
	细		0.25b	中心线、对称线、定位轴线、分水线；各专业制图标准中规定的线型
双点长画线	粗		b	用地红线和规划边界
	中		0.7b	地下开采区塌落界线
	细		0.5b	建筑红线
折断线			0.25b	断开界线
波浪线			0.25b	断开界线

① 同一张图纸内，相同比例的各图样应选用相同的线宽组。

② 相互平行的图例线，其净间隙或线中间隙不宜小于 0.2mm。

③ 虚线、单点长画线、双点长画线的线段长度和间隔，宜各自相等。

④ 单点长画线和双点长画线，当在较小图形中绘制有困难时，可用实线代替。

⑤ 单点长画线和双点长画线的两端，不应采用点。点画线与点画线交接或点画线与其他图线交接时，应采用线段交接。

⑥ 虚线与虚线交接或虚线与其他图线交接时，应采用线段交接。虚线为实线的延长线时，不得与实线相接。

⑦ 图线不得与文字、数字或符号重叠、混淆；不可避免时，应首先保证文字的清晰。

0.1.3.2　绘图字体

字体是指图纸中文字的风格式样，又称书体。图纸上需书写的文字、数字、符号等，均应笔画清晰、字体端正、排列整齐；标点符号应清楚正确。

① 图样及说明中的汉字、拉丁字母、阿拉伯数字和罗马数字，宜优先采用楷体 _ GB2312 字型，其宽高比宜为 1；采用矢量字体时应为长仿宋体字型，其宽高比宜为 0.7。同一图纸中字体种类不应超过两种。大标题、图册封面、地形图等的汉字，也可书写成

其他字体，但应易于辨认，其宽高比宜为 1。

② 长仿宋体汉字、字母、数字应符合现行国家标准《技术制图字体》（GB/T 14691）的有关规定。

③ 文字字高选择：

a. 尺寸标注数字、标注文字、图内文字选用字高一般为 3.5mm；

b. 说明文字、比例标注选用字高一般为 4.8mm；

c. 图名标注文字选用字高一般为 6mm，比例标注选用字高一般为 4.8mm；

d. 图标栏内填写的部分选用字高一般为 2.5mm。

0.1.3.3　符号

园林施工图设计常用的符号主要有剖切符号、索引符号与详图符号、引出线、对称符号、连接符号、指北针和变更云线等。

（1）剖切符号

剖切符号有常用方法表示（图 0-2）和国际通用方法表示（略）两种。同一套图纸应选用一种表示方法。剖切符号标注的位置应符合下列规定：

① 建（构）筑物剖面图的剖切符号应注在±0.000 标高的平面图或首层平面图上；

② 局部剖切图（不含首层）、断面图的剖切符号应注在包含剖切部位的最下面一层的平面图上。

采用常用方法表示时，剖面的剖切符号应由剖切位置线及剖视方向线组成，均应以粗实线绘制，线宽宜为 b。剖面的剖切符号应符合下列规定。

① 剖切位置线的长度宜为 6～10mm；剖视方向线应垂直于剖切位置线，长度应短于剖切位置线，宜为 4～6mm。绘制时，剖视剖切符号不应与其他图线相接触。

② 剖视剖切符号的编号宜采用粗阿拉伯数字，按剖切顺序由左至右、由下向上连续编排，并应注写在剖视方向线的端部（图 0-2）。

③ 需要转折的剖切位置线，应在转角的外侧加注与该符号相同的编号。

④ 断面的剖切符号应仅用剖切位置线表示，其编号应注写在剖切位置线的一侧；编号所在的一侧应为该断面的剖视方向，其余同剖面的剖切符号（图 0-3）。

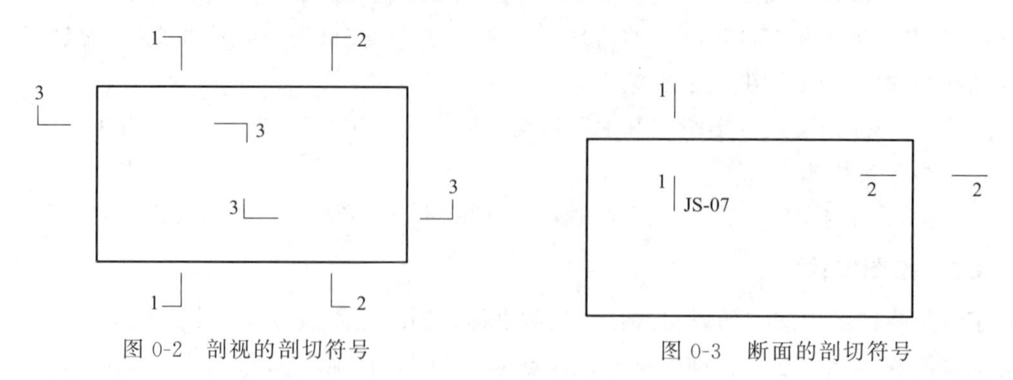

图 0-2　剖视的剖切符号

图 0-3　断面的剖切符号

（2）索引符号与详图符号

1）索引符号　图样中的某一局部或构件，如需另见详图，应以索引符号索引，如图 0-4（a）所示。索引符号应由直径为 8～10mm 的圆和水平直径组成，圆及水平直径线宽宜为 0.25b。索引符号编写应符合下列规定。

① 若索引出的详图与被索引的详图同在一张图纸内，则应在索引符号的上半圆中用阿拉伯数字注明该详图的编号，并在下半圆中间画一段水平细实线，如图 0-4（b）所示。

② 若索引出的详图与被索引的详图不在同一张图纸中，则应在索引符号的上半圆中用阿拉伯数字注明该详图的编号，在索引符号的下半圆用阿拉伯数字注明该详图所在图纸的编号，如图 0-4（c）所示。当数字较多时，可加文字标注。

③ 当索引出的详图采用标准图时，应在索引符号水平直径的延长线上加注该标准图集的编号，如图 0-4（d）所示。需要标注比例时，应在文字的索引符号右侧或延长线下方，与符号下对齐。

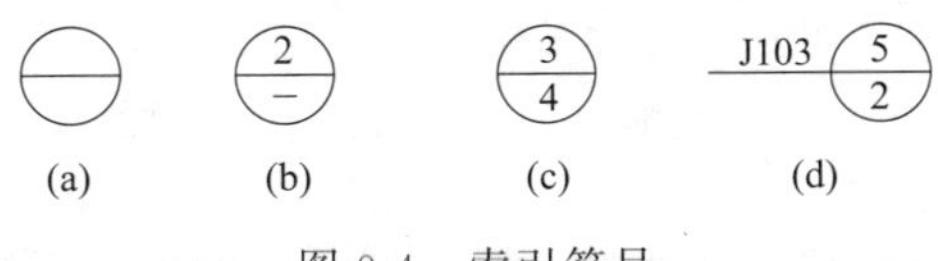

图 0-4 索引符号

2）用于索引剖视详图的索引符号 当索引符号用于索引剖视详图时，应在被剖切的部位绘制剖切位置线，并以引出线引出索引符号，引出线所在的一侧应为剖视方向。其编号应符合索引符号的规定（图 0-5）。

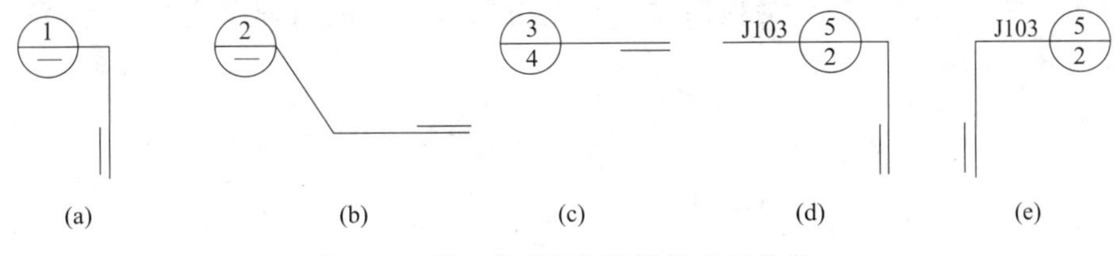

图 0-5 用于索引剖视详图的索引符号

3）构配件的编号 零件、钢筋、杆件及消火栓、配电箱、管井等设备的编号宜以直径为 4～6mm 的圆表示。圆线宽为 0.25b，同一图样应保持一致，其编号应用阿拉伯数字按顺序编写（图 0-6）。

图 0-6 构配件的编号

4）详图的位置和编号

详图的位置和编号以详图符号表示。详图符号的圆直径应为 14mm，线宽为 b。详图编号应符合下列规定。

① 当详图与被索引的图样同在一张图纸内时，应在详图符号内用阿拉伯数字注明详图的编号。

② 当详图与被索引的图样不在同一张图纸内时，应用细实线在详图符号内画一水平直径，在上半圆中注明详图编号，在下半圆中注明被索引的图纸的编号。

（3）引出线

① 引出线线宽应为 0.25b，宜采用水平方向的直线，或与水平方向成 30°、45°、60°、

90°的直线，并经上述角度再折成水平线。文字说明宜注写在水平线的上方，如图 0-7（a）所示，也可注写在水平线的端部，如图 0-7（b）所示。索引详图的引出线，应与水平直径线相连接，如图 0-7（c）所示。

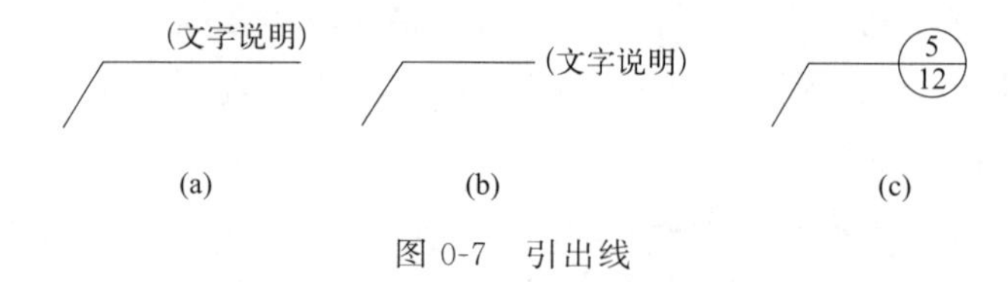

图 0-7 引出线

② 同时引出的几个相同部分的引出线，宜互相平行，如图 0-8（a）所示，也可画成集中于一点的放射线，如图 0-8（b）所示。

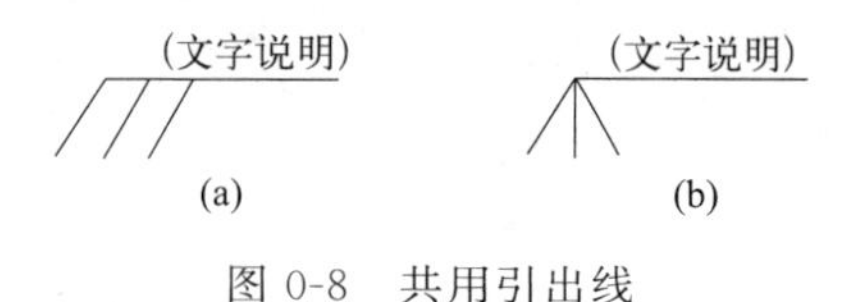

图 0-8 共用引出线

③ 多层构造共用引出线，应通过被引出的各层，并用圆点示意对应各层次。文字说明宜注写在水平线的上方，或注写在水平线的端部。说明的顺序应由上至下，并应与被说明的层次对应一致；如层次为横向排序，则由上至下的说明顺序应与由左至右的层次对应一致（图 0-9）。

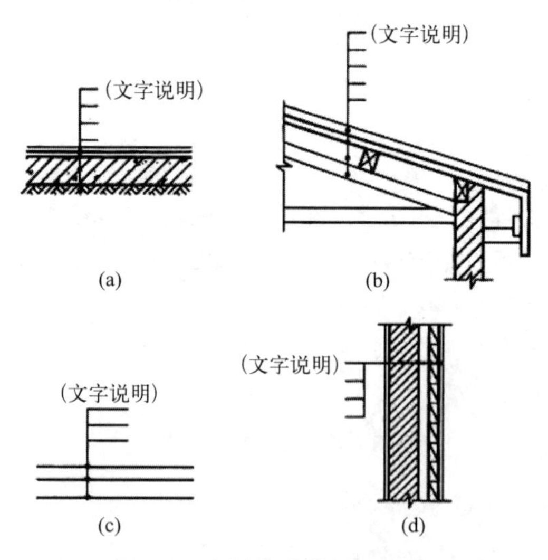

图 0-9 多层构造共用引出线

（4）其他符号

1）对称符号　由对称线和两端的两对平行线组成。对称线应用单点长画线绘制，线宽宜为 0.25b；平行线应用实线绘制，其长度宜为 6～10mm，每对的间距宜为 2～3mm，线宽宜为 0.5b；对称线应垂直平分于两对平行线，两端超出平行线宜为 2～3mm（图 0-10）。

2）连接符号　以折断线表示需连接的部分。两部位相距过远时，折断线两端靠图样一侧应标注大写英文字母表示连接编号。两个被连接的图样应用相同的字母编号（图 0-11）。

图 0-10　对称符号　　　图 0-11　连接符号

3）指北针　其圆的直径宜为 24mm，用细实线绘制；指针尾部的宽度宜为 3mm，指针头部应注“北”或“N”字，字高一般为 5mm。需用较大直径绘制指北针时，指针尾部的宽度宜为直径的 1/8（图 0-12）。总平面图也可使用风玫瑰。

4）变更云线　对图纸中局部变更部分宜采用云线，并宜注明修改版次。修改版次符号宜为边长 0.8cm 的正等边三角形，修改版次应采用数字表示（图 0-13）。变更云线的线宽宜按 0.7b 绘制。

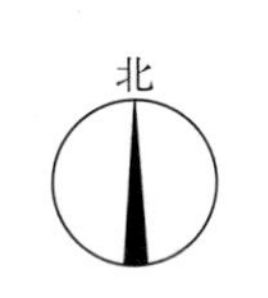

图 0-12　指北针示例

图 0-13　变更云线
（注：1 为修改次数）

0.1.3.4　尺寸标注

图样上的尺寸标注，应包括尺寸界线、尺寸线、尺寸起止符号和尺寸数字（图 0-14）。

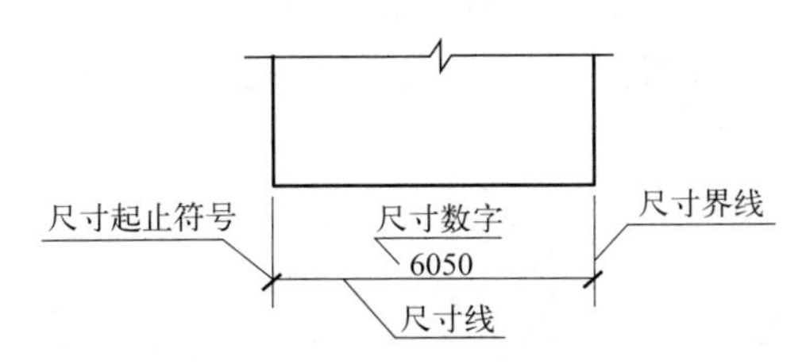

图 0-14　尺寸标注的组成示例

（1）尺寸界线

用细实线绘制，一般应与被注长度垂直。其一端应离开图样轮廓线不小于 2mm，另一端宜超出尺寸线 2～3mm。必要时，图样轮廓线也可用作尺寸界线（图 0-15）。

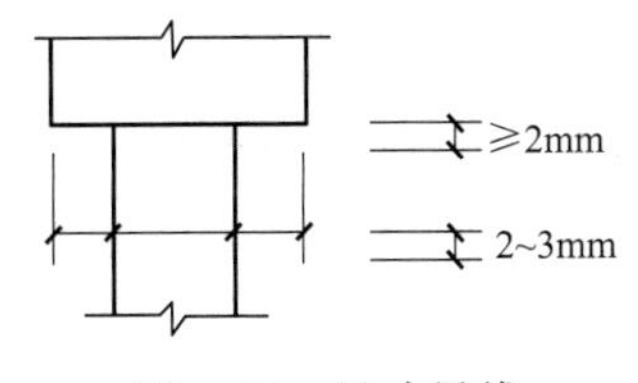

图 0-15　尺寸界线

（2）尺寸线

用细实线绘制，应与被注长度平行，两端宜以尺寸界线为边界，也可超出尺寸界线

2～3mm。图样本身的任何图线均不得用作尺寸线。

(3) 尺寸起止符号

应用中实线的斜短线绘制，其倾斜方向应与尺寸界线成顺时针45°角，长度宜为2～3mm。半径、直径、角度与弧长的尺寸起止符号宜用箭头表示。

(4) 尺寸数字

① 图样上的尺寸，应以尺寸数字为准；尺寸单位，除标高及在总平面图中的单位为米外，其他必须以毫米为单位。

② 尺寸数字应依据其读数方向写在靠近尺寸线的上方中部。如没有足够的注写位置，最外边的尺寸数字可在尺寸界线外侧注写，中间相邻的尺寸数字可上下错开注写，可用引出线表示标注尺寸的位置（图0-16）。

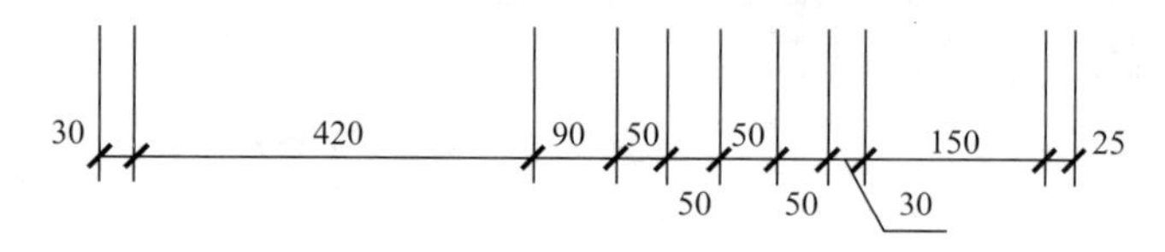

图0-16　尺寸数字的注写位置

(5) 尺寸的排列与布置

① 尺寸宜标注在图样轮廓以外，不宜与图线、文字及符号等相交。

② 互相平行的尺寸线，应从被注写的图样轮廓线由近向远整齐排列，较小尺寸应离轮廓线较近，较大尺寸应离轮廓线较远。

③ 图样轮廓线以外的尺寸界线，距图样最外轮廓之间的距离不宜小于10mm。平行排列的尺寸线的间距宜为7～10mm，并应保持一致。

④ 总尺寸的尺寸界线应靠近所指部位，中间的分尺寸的尺寸界线可稍短，但其长度应相等（图0-17）。

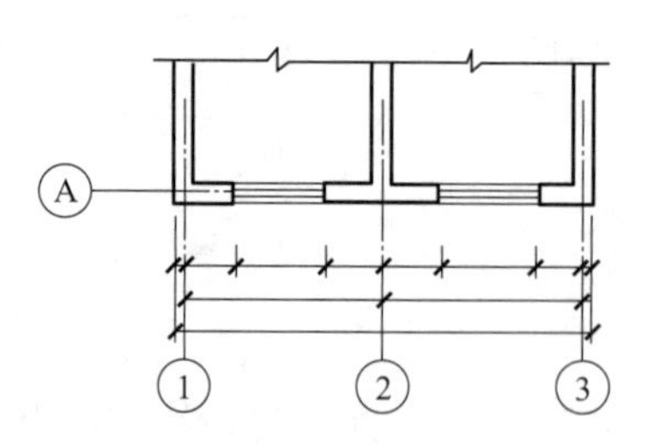

图0-17　尺寸的排列

0.1.3.5　标高标注

① 标高符号应以等腰直角三角形表示，并应按图0-18（a）所示形式用细实线绘制，如标注位置不够，也可按图0-18（b）所示形式绘制。标高符号的具体画法可按图0-18（c）、（d）所示。

② 总平面图室外地坪标高符号宜用涂黑的三角形表示，具体画法可按图0-19所示。

③ 标高符号的尖端应指至被注高度的位置。尖端宜向下，也可向上。标高数字应注写在标高符号的上侧或下侧（图0-20）。

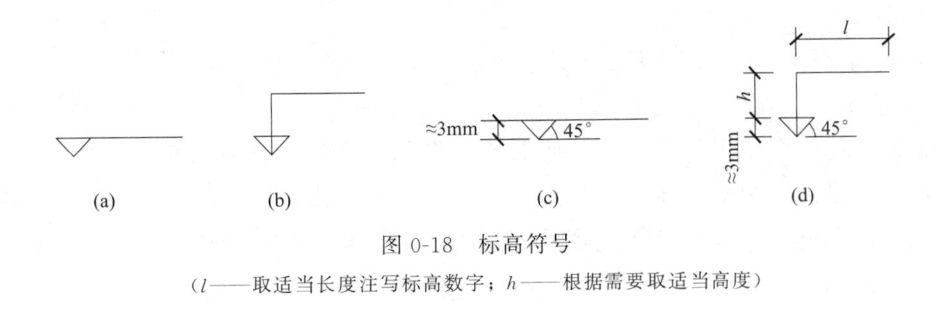

图 0-18　标高符号

（l——取适当长度注写标高数字；h——根据需要取适当高度）

图 0-19　总平面图室外地坪标高符号　　图 0-20　标高的指向

④ 标高数字应以米为单位，注写到小数点以后第三位。在总平面图中，可注写到小数点以后第二位。

⑤ 零点标高应注写成±0.000，正数标高不注“+”，负数标高应注“−”，例如 3.000、−0.600。

⑥ 在图样的同一位置需表示几个不同标高时，标高数字可按图 0-21 的形式注写。

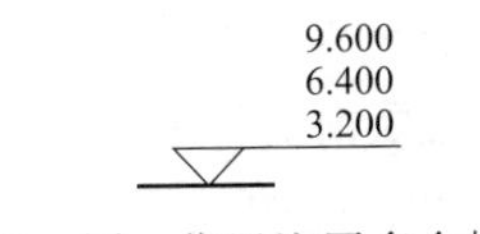

图 0-21　同一位置注写多个标高数字

0.1.3.6　使用 CAD 绘图的要求

（1）布局与比例

图纸应按上北下南方向绘制，根据场地形状或布局，可向左或向右偏转，但不宜超过 45°。在 CAD 模型空间内按 1∶1 比例绘制，出图打印前，在 CAD 布局中选用合适比例把各详图合理布置在标准图框内。

（2）单位

在 CAD 模型空间中绘制施工图，一般都以毫米为单位。总平面图的坐标、标高、距离宜以米为单位，并应至少取至小数点后两位，不足时以 0 补齐。详图除了标高以米为单位，其他宜以毫米为单位。如不以毫米为单位，应另加说明。

（3）图层

绘图前，根据项目负责人的统一要求，应预先设置一些基本图层，然后根据需要再进行图层添加。每层都应有自己的专门用途，合理利用 CAD 绘制图层，方便对图纸进行管理。

（4）图线

在绘制园林施工图时，应该根据具体内容采用不同的图线，具体要求请参照本节前面的介绍。

（5）字体

采用相同字体、字高，按照比例确定字高，汉字与数字要等高。

（6）图例

绘制园林施工图使用的图例，具体参见《房屋建筑制图统一标准》（GB/T 50001—2017）和《风景园林制图标准》（CJJ/T 67—2015）中列出的建筑物、构筑物、道路、铁路及植物等的图例。如果由于某些原因必须另行设定图例，则应该在总图上绘制专门的图例表进行说明。

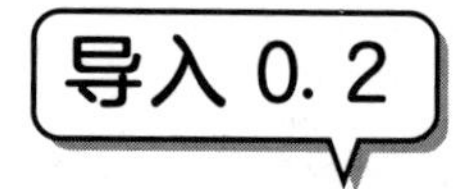

课程项目概述

砺精园建设项目的园林设计为现代中式风格。建设主要目的有两个：一方面为实训基地住宿师生提供休闲、娱乐场所，成为实训基地的附属休闲公园；另一方面，直观展示部分园林建筑物和构筑物的剖面做法，为教学活动的实施开展提供重要的活动场所和载体。

现假设砺精园方案设计和扩初设计两个阶段已经完成，通过了建设单位审查，目前正进入施工图设计阶段的工作。设计单位根据设计方案、扩初设计和国家现行工程设计规范的要求，编制砺精园施工图设计任务书，并按进度计划安排完成园林施工图设计任务。

0.2.1 了解园林设计项目整体情况

砺精园建设项目位于沈阳市苏家屯区林盛教学实训基地，总投资约 120 万元。项目总占地面积 3324m^2，其中园林硬质景观占地面积 878m^2，软质景观占地面积 2127m^2，水体面积 319m^2。项目地块紧邻学生生活区，整体地势平坦，场地内有部分现状树木，土壤肥沃。无地下障碍物，外部综合管道布置状况良好。

砺精园施工图设计合同已签订。合同中需要注意的是：①施工图设计周期安排为 30 日内向委托人提交所有施工图设计文件和工程预算书；②施工图设计文件的审查、修改及批复，在提交施工图文件后 15 日内完成；③设计后续服务年限为自签订合同之日开始至工程竣工验收合格之日止。

0.2.2 接收园林扩初设计阶段图纸

项目负责人在施工图设计开始前，组织相关人员进行图纸交接（内部），对图纸内容和园林建筑物模型进行推敲。参与施工图设计的全体人员，需要充分了解方案设计构思，以便能在施工图设计中，深化体现方案设计理念，做到整体设计与局部设计的协调统一。负责人要把风险点及问题列出来，设计人员提出自己的想法、建议及问题。有条件的可以建模推敲，然后反馈方案设计师及甲方，确定最终方向（图 0-22）。

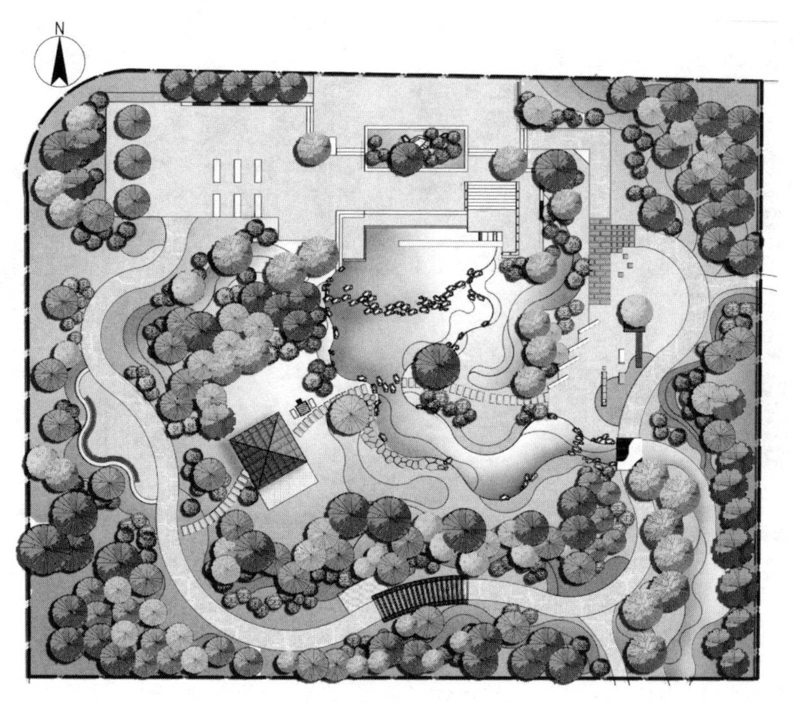

图 0-22　砺精园方案设计总平面图（见彩图）

0.2.2.1　定位构思

（1）休闲公园

砺精园设计方案以自然山水景观为主，园林设计手法上运用曲线构图，围合出一个个开敞或半开放的景观空间，搭配有序的植物种植，形成小游园内相对轻松自由、静谧休闲的主题空间。以曲折变化的自然湖面水系景观作为各景观空间之间的纽带，将不同景致联系在一起。蓝天、碧水、绿树、小品，让行走于此的人们置身于大自然的怀抱之中，成为师生课下休闲、娱乐的场所。

（2）教学场所

砺精园设计方案追求整体空间环境的营造和精致的细节处理。在保证景观完整性和美观性的前提下，满足园林建筑物和构筑物剖面结构展示功能，加深学生对理论知识实用性的认识，让学生更直观地学习园林工程设计知识，成为简约时尚的教学实践场所（图 0-23）。

0.2.2.2　景观性质

砺精园景观以大面积的绿地、水体、地形等要素形成自然山水本底，嵌入现代广场铺装、园亭、花架、景墙、坐凳、种植池等人文景观元素，是林盛教学实训基地内重要的教学和休闲场所。

0.2.2.3　设计原则

（1）人性化原则

砺精园以水体为景观中心点，将水系渗透到各景点，景观布置围绕整个水系展开，

图 0-23　砺精园鸟瞰图（见彩图）

营造自然的园林环境。注重人与景观的互动，充分利用水系结合亲水广场、自然式草坡、卵石滩、跌水和喷泉等景点，体现人与自然的互动。

（2）生态性原则

在园林景观设计中应该严格遵守合理的生态设计原则，充分尊重场地原始的自然生态环境，做到修复为先，合理建设。

（3）经济性原则

设计上力求使用常规工程材料，降低施工难度，以独特简单的手法营造简约雅致的空间。植物选择以乡土树种为主，降低后期养护成本，结合季相搭配，使整体景观四季分明。重点强化水景区、主入口景观区和亭廊休闲区。

0.2.2.4　功能分区设计

（1）主入口空间

园区主入口处设置集散广场（图 0-24），采用现代、简洁的线条构图和精致的细部处理，营造简洁、高品质的入口空间形象。广场铺装采用灰色调的石材和砖材铺贴，使规

图 0-24　砺精园主入口效果图（见彩图）

则的铺装形式显得更为细腻精致，经得起推敲。在广场中心设有一个综合花坛，花坛中置石点出园子的题名。广场的东侧设有园区导向展示牌，用以展示园区的总平面图和设计说明。

(2) 中心景区

园区的中心区设置水系，是组织景观的轴线，景观布置围绕水系进行（图 0-25）。该区域的设计理念是“以湖为心，绿意为衬”。水系以北侧规则式跌水景墙作为起点和水的源头，跌落至中间的开阔水面，再以自然生态式水景呈现。周围的景观依水系合理布局，充分考虑到疏密和构图的美观性，在周边设置了跌水、汀步、木桥、亲水浅滩等设施。水系设计注重亲水性，关注人与景观的互动。水系与景观之间以自然草坡、乱石滩等多种形式连接，使水岸景观更加自然生动。

图 0-25　砺精园水景设计效果图（见彩图）

(3) 安静休息区

该区位于园区的西部，主要以坡地和植物配置结合的形式，利用地形和密林分隔、围合，形成较为封闭的静态空间，为师生休闲、晨读提供场所。广场采用“下沉式”设

图 0-26　砺精园安静休息区矮墙坐凳效果图（见彩图）

计，边缘设有矮墙坐凳，后面种植大型乔木，成为人们休息遮阴的场所（图 0-26）。在地形的最高处设有景亭。亭顶采用半木半玻璃形式，可以透过玻璃看到梁、檩条以及亭顶的连接方式，供学生直观了解亭子的各部分构造。

（4）建筑结构展示区（图 0-27）

在园区东南部小广场中设置建筑结构展示区。展示区设有几种高低不同的景墙，包括砖墙、钢筋混凝土景墙、设有过梁和圈梁的景墙，以及带有漏花窗的景墙。将景墙的断面裸露，展示墙体内部的不同构造。

图 0-27　砺精园建筑结构展示区效果图（见彩图）

0.2.2.5　植物配置设计

本着因地制宜、适地适树的原则，以自然布局为主，整个园林植物设计注重植物的生态效益和景观效果。植物配置考虑庇荫、分隔、防尘、景观等多种功能，使园内春花烂漫、夏荫浓郁、秋色绚丽、冬景苍翠。根据公园设计的总体立意，植物配置遵循以下几个原则。

① 主要选择能够适应本地区环境条件的乡土树种，在栽植数量和分布上保持其主体地位，形成全园植物景观构成的基础。合理引进优良品种，形成亮丽新颖的绿地特色。

② 以组群配置方式为主，同时采用多种植物配置形式。注意从总体上把握空间组织，形成疏密有致、张弛有度的韵律变化，避免平铺直叙。如规则式场景布局采用规则的绿地形式，自由式的区域布局则用自然种植形式与之协调，使绿地与各区域形成一个统一和谐的整体。

③ 以背景、主景、配景相结合的形式合理组合种植植物。绿地配置讲究群体色彩效应，乔、灌、草相结合，形成复合式绿化层次，各区的过渡都结合自然植物群落进行，使每一个区块都掩映在绿树丛中，增强自然气息。

④ 充分利用植物的季相变化来增加园区的色彩和时空变幻，做到四季景致鲜明。常绿树和落叶树灵活运用，观花、观叶、观干树种的协调搭配，可以使植物景观更加绚丽多彩，效果更加丰富多样。

0.2.3　施工图设计准备

在进行施工图设计之前，需要接收方案设计和扩初设计阶段图纸，对工程项目的内容、设计原则、原始资料等进行详细了解。全面掌握具体条件、建设要求以及工作重点等，为开展下一阶段工作做好充分准备。

0.2.3.1　技术准备

① 了解上阶段设计（初步设计）的内容，如总平面布置、竖向布置、铺装设计等。

② 深入了解上阶段设计成果的相关审批意见。

③ 检查原始资料，并对现场进行调查研究，如对地形、地质、气象、水文等自然条件资料进行全面系统的研究。

④ 搜集与该工程类似的设计图纸、有关的复用图纸和标准图纸（即通用设计图纸）。

⑤ 专题研究上阶段设计中遗留的问题、设计审批中指出的问题，以及可能产生的新问题，并为此搜集有关资料。

⑥ 准备计算机辅助制图相关软件和绘图工具。

⑦ 查阅并学习有关园林施工图设计的标准、规范，以及工程制图标准和有关的参考资料等。

0.2.3.2　整理底图（总平面图）

园林施工图设计涉及很多不同的专业，如绿化专业、建筑专业、结构专业、给排水专业、电气专业等。为了避免参加的设计人员较多时做法不统一，保证制图质量，提高工作效率，负责人拿到扩初设计图纸之后，应该先做好如下工作。

（1）整理一套项目图框

明确图纸幅面、标题栏、图形线、绘图比例、字体等要求，编制项目编号，确定时间节点。

（2）整理底图

将底图调成以毫米为单位，找到正确坐标，删除红线范围外的元素和没用的图层。把标准拷贝到CAD软件图层（BASE层）中，按照标准修改图层及线型，尽量让BASE图层占用的空间最小。

（3）落实建（构）筑物平面

落实建筑一层平面、现状构筑物（车库、防倒塌楼梯、各种井等）平面。具体内容如下。

① 可将所有建筑一层平面图拷贝至一个CAD文件中，统一整理。把柱网填充、布置器具等无用图例清理干净，保留建筑物功能说明性文字，最后仅保留建筑一层轴线、建筑层文字、建筑一层平面3个图层。

② 将整理好的平面图落入底图，如果建筑有轴线坐标，可通过轴线坐标定位落建筑一层。如果没有，可通过地下车库等参照物的轴线落建筑一层平面。

③ 确定建筑落位后，进行建筑物描边；明确地下车库、通风井等构筑物露出地面情况，确定覆土厚度，便于绿化水电设计布置。

0.2.3.3 设计内容及进度安排

设计文件包括施工图、文字说明和工程预算。其中，施工图可分为总图和详图两大部分。总图的大部分图纸在扩初阶段已经有基础了，在施工图设计阶段只需根据实地勘察的具体情况进行修改就可以了。施工总图表明的是各景物的位置及部分材料，具体尺寸和做法等还需要通过施工详图来说明。施工详图应精确、明白地反映出施工对象各部分的形状、构造、大小及做法。它是施工现场的重要依据，只有准确、规范的施工图，才能正确地指导施工。

（1）明确设计内容

园林施工图设计主要包括园建施工图设计、植物种植施工图设计和水电施工图设计。根据建设项目的性质、规模等，图纸内容和数量可有所增减。具体图纸内容如下。

① 封皮、目录设计。

② 园建施工图设计：设计说明、总平面及索引图、尺寸定位图、坐标及方格网定位图、竖向设计图、铺装样式图、通用设计图、园林建筑与小品详图、园林水景工程详图、结构设计说明、水景结构详图。

③ 植物种植施工图设计：植物种植设计说明、植物种植总平面图、植物种植大样图。

④ 水电施工图设计：给排水设计说明、给排水设计总平面图、给排水设计详图、电气设计说明、电气设计平面图、配电系统图、灯座基础详图。

（2）制定工作计划

① 项目负责人根据不同地区情况确定基础及垫层（有冻土地区确定冻土线深度）的统一做法，交代项目组成员。

② 项目负责人提出制图要求。例如：在CAD模型中按1∶1比例绘制，并把线型比例、图层以及文字样式、标注样式、填充样式都按公司标准文件整理，不得建立自己的图层及样式；使用个人的图块时，须将图块整理为零图层后方可使用；任何人不能移动、旋转底图坐标，如果为了方便绘图，可以使用UCS、PLAN命令，但不能为了方便，在同一个CAD文件里复制两个底图。

③ 确定设计图纸的内容、计划图纸张数及工作量。

④ 根据工程项目的总计划，制定各张图纸的设计进度（包括给有关专业提供的资料图）。砺精园施工图设计工作计划见表0-4。

表0-4 砺精园施工图设计工作计划

序号	图纸编号	图纸名称	图幅	工作进度安排/天
	总施(ZS)			
1	ZS-SM	设计说明		
2	ZS-01	总平面及索引图		
3	ZS-02	尺寸定位图		
4	ZS-03	坐标及方格网定位图		
5	ZS-04	竖向设计图		
6	ZS-05	铺装样式及定线图		
	园施(YS)			

续表

序号	图纸编号	图纸名称	图幅	工作进度安排/天
7	YS-01	铺装结构详图		
8	YS-02	种植池详图		
9	YS-03	矮墙坐凳详图		
10	YS-04	景墙详图		
11	YS-05	花架详图		
12	YS-06	景亭详图		
13	YS-07	水景详图		
	结施(JS)			
14	JS-01	结构设计说明		
15	JS-02	水景结构详图		
	绿施(LS)			
16	LS-01	种植设计说明		
17	LS-02	种植设计总平面图		
18	LS-03	种植定线定位图		
19	LS-04	植物种植材料明细表		
	水施(SS)			
20	SS-01	给排水设计说明		
21	SS-02	给排水管道布置图		
22	SS-03	给排水安装大样图		

拓展阅读

开启智慧化园林新时代

当前我国各地都在进行园林建设，“互联网＋”“智慧园林”等园林信息化建设也开始飞速发展。城市建设由此迎来发展契机，从蜿蜒巍峨的优美地形，到全面修复河流流域生态；从阐述园林造园技术，到传承我国悠久历史和灿烂文化；从口袋公园到街巷庭院；从道路沿线到生态廊道。全面统筹推进“山水林田湖草沙”系统治理，处处呈现出蓝绿交织、人与自然和谐共处的生态之美。

生态文明建设是我国未来重要的战略规划，而“绿水青山就是金山银山”是我国未来发展的沉淀，生态文明建设主旋律越来越响亮。

在此背景下，园林绿化建设转变传统观念，在当今的园林管理与建设中，不断提高重视，合理规划，积极管理。开始广泛应用互联网、大数据、GIS空间分析等“智慧化”园林技术。创新智慧园林，实施口袋公园、城区河渠整治绿化建设等一系列城市园林绿化工程，着力打造绿色低碳城市，与先进科技力量的应用一同有效推进我国智慧化园林的发展，积极探索提升城市生态品质，全面推进生态文明建设。

思考与练习

① 园林设计的过程一般可分为哪几个阶段？各阶段的工作内容是什么？
② 园林施工图设计文件的一般规定是什么？
③ 园林施工图设计主要包括哪些图纸内容？
④ 园林施工图设计前需要哪些准备工作？

笔 记

项目1

园建总图部分施工图设计

技能目标

① 根据砺精园设计方案内容，合理绘制总平面图、定位放线平面图，设计确定竖向布置图、铺装物料平面图。

② 会使用相关设计规范，确定总平面图中全部的设计范围，无缺失漏画；画出园林建筑、道路等出地面部分，位置尺寸准确。

③ 会利用设计等高线法、设计标高法等表达竖向设计内容，以及场地标高与排水坡度的关系。

④ 能对总平面图中各硬质景观与道路广场给出准确的坐标定位。

⑤ 能对不同场所的园路路面铺装类型进行合理选择，能够合理运用建筑材料及尺寸要求。

⑥ 能应用 AutoCAD 等软件绘制园建总图部分施工图。

知识目标

① 理解《城市居住区规划设计标准》(GB 50180—2018)、《建筑地面设计规范》(GB 50037—2013)、《无障碍设计规范》(GB 50763—2012)等有关园林施工图设计的相关规范。

② 掌握定位放线平面图的内容和表达方法。

③ 掌握竖向布置图的内容和表达方法。

④ 掌握铺装物料平面图设计的特点、内容与表达。

工作情景

现进入施工图设计阶段，根据业主（建设单位）审查确认并提供的现场资料、技术条件、物资参数、扩初设计方案，按照制定的任务书进行每个局部的技术设计。遵守国家、行业相关的设计规范和标准图集，确定砺精园园建总图部分施工图设计深度和具体做法，包括确定施工材料、形状、色彩和尺寸，以及施工结构和方法。采用学生主体、教师引导的工学一体化教学方法，帮助学生实践操作完成任务。

通常将园林施工图设计分成土建（园建）和植物种植设计等部分。土建方面主要包括施工图设计说明、部分总图与详图设计。无论是简单的铺装还是复杂的建筑小品，都是体现整个园林设计方案思路与风格的重要元素，所以在施工图设计前期要与方案设计人员沟通，熟悉整个设计方案的每个细节，力求做到景观与自然的美好结合。植物种植设计方面，需要清楚标明植物种类、株行距、栽植位置、栽植密度、植物规格、植物数量。对于植物种植设计较复杂的地段，可分为乔木种植图、灌木种植图以及地被种植图。苗木统计表应包括序号、中文名称、拉丁学名、苗木规格、苗木数量，以及对苗木的特殊要求。施工图设计时要严格按照设计步骤，使图纸详细清晰，不漏项，确保读图者能够依照图纸顺利指导现场施工。

总图是新建景观的位置、平面形状，以及周围环境基本情况的水平正投影图，将所有专业要落到地面上的内容都汇总在一张图上，清楚地表达平面及竖向的关系。总图设计是园林施工图重要的组成部分，是反映园林工程总体设计意图的主要图纸，也是绘制其他专业图纸和详图部分施工图的重要依据。总图也是在扩初设计图纸的基础上完成的，是对扩初设计阶段图纸的进一步深化加工。总图的数据要求与实地实物的情况密切接轨，不能有半点马虎。施工总图设计要做到：①各专业图纸之间相互统一，不可自相矛盾（如各建筑小品的位置与植物配置的结合）；②各专业总图与局部景点图纸之间准确衔接，度量、位置统一。

园林专业总图涵盖的设计内容较多，在一张图上难以表达全面和清晰。因此，在实践中往往将总平面图的内容拆分为园林土建（园建）施工总平面图、植物种植总平面图、水电施工总平面图等几个单项进行表达。根据设计内容的繁简和图纸表达的需要，有时会对单项总平面图进行增减。本项目主要完成园建总图部分施工图设计任务，植物种植和水电施工总图将在后续任务中实施。

园建总图部分施工图设计主要包括以下内容。

1）园林总平面图（又称规划总图） 它是一个区域范围内各园林要素及周围环境的水平正投影图。反映了园林各个组成部分之间的平面关系及长宽尺寸，是表明园林工程总体设计意图的主要图纸，也是绘制其他图纸及工程施工的依据。

2）索引平面图（含分区索引平面图） 是总平面图的细化，总平面图上局部表现不清楚的，就要把该部分索引出来将比例放大进行绘制。

3）定位放线平面图（含分区定位放线平面图） 能准确描述园林建（构）筑物的平面定位尺寸，标注总平面图中各部分设施、道路、构筑物等的详细尺寸。

4）园林竖向布置图（含分区竖向布置图） 表示地形在竖直方向上的变化情况及各园林要素之间位置高低的相互关系。标明总平面图中各部分的顶标高、底标高、设施构筑物标高、水面及水底标高等；标明地面雨水排水方向、坡度以及雨水收集口的位置。

5）铺装物料平面图（含分区铺装物料平面图） 主要表示园路、广场的铺贴面图案，面层材料的形式、尺寸、颜色、规格等；清楚标注出各铺装材料的名称、肌理、规格，以及铺贴面图案的做法。

6）设施布置平面图（含分区设施布置平面图） 表示花钵、灯具、垃圾桶等小品设施的摆放位置及其样式。

任务 1.1 设计园林总平面图

1.1.1 园林总平面图设计的相关知识

中国古典园林历史悠久，极具艺术魅力。它是中国五千多年文明史造就的艺术珍品，是中华民族内在精神品格的生动写照，是我们今天需要继承与发展的瑰丽事业。中国园林艺术以追求自然精神境界为最终和最高目的，“虽由人作，宛自天开”。例如，拙政园的建造特别注意强调山水画般的情趣与境界。经过整整 16 年的苦心经营，以水景为主，花木为辅，庭院错落，自然典雅的拙政园才最终建成（图 1-1）。中国古典园林设计平面图是以文人墨客的画作为主手段，而现代随着信息技术的发展，园林设计经常以计算机制图为主手段。

图 1-1　明代文徵明《拙政园三十一景册》——湘筠坞

园林总平面图包括总体规划、建筑、小品、道路、水体、植物、地形系统等内容。如果在总平面图中使用的比例较小，部分节点体现不清楚，则宜增加索引至详图，使节点表现更明确。索引平面图主要介绍各个景点的名称和位置，便于迅速查找。

施工图设计阶段的园林总平面图以审批后的扩大初步设计为设计依据，能准确描述新建园林项目的位置、尺寸、±0.000 相对标高、道路竖向标高、排水方向及坡度等。它是单体建筑施工放线、确定开挖范围及深度、场地布置，以及水、暖、电管线设计的主要依据，也是道路及围墙、绿化、水池等施工的重要依据。

1.1.1.1　园林总平面图的用途

① 表示新建园林项目的平面位置、朝向、与原有建筑物的关系，以及周围道路、绿化、给排水、供电条件等方面的情况。

② 指导后期竖向布置图、场地排水图、综合管线图的设计，能结合现场实际情况用于施工。

③ 作为当地各主管部门重点审查的主要图纸。城市规划条件的落实和城市道路与现状的衔接关系等，是否满足各主管部门的要求。

④ 是其他专业工作的母图，在平面布局上控制其他专业。其他专业工作和平面布局有关系时，必须在园林总平面图上反映，如：出入口的确定、各专业系统配置的设施等。

1.1.1.2 园林总平面图设计内容及绘制要求

园林总平面图反映的是拟建设地段总的设计内容，包括地形、水体、建筑和植物种植等各种构景要素的表现。此外，在园林总平面图中还通常配有简要的文字说明和相关的设计指标。

园林总平面图包括以下具体内容。

（1）用地红线

给出设计用地的范围，用红色粗双点画线标出，即规划红线范围。

（2）场地内及四周环境的反映

包括四周原有及规划的建筑物、城市道路、坐标，场地内需保留的现有地下管线、建筑物、古树名木，现有地形与标高、水体、不良地质情况等。

（3）拟建地形水体

对原有地形地貌等自然状况的改造和新的规划。绘制地形等高线、水体的轮廓线，并填充图案与其他部分区分。水体一般用两条线表示，外面的一条是水体边界线（即驳岸线），用粗实线绘制；里面的一条是水位线，用细虚线绘制。

（4）拟建园林建筑和小品

在园林总平面图中应该标示出建筑物、构筑物的红线（用实线画可见轮廓）及其出入口、围墙的位置，并标注建筑物的编号。此外，也可采用屋顶镜像投影法绘制平面图来表示（仅适用于坡屋顶和曲面屋顶），用粗实线画出外轮廓，用细实线画出屋面。对花坛、花架等建筑小品用细实线画出投影轮廓。山石应采用其水平投影轮廓线概括表示，以粗实线绘出边缘轮廓，以细实线概括绘出皴纹。

（5）拟建园林道路和广场

园路用细实线画出路缘，对铺装路面也可按设计图案简略示出。标示主要的出入口位置及其附属设施停车库（场）位置，以及广场的位置、范围、名称等。广场、活动场地的铺装在园林总平面图中可不表示，或只表示外轮廓范围，详细的铺装纹样在铺装物料平面图中表示。

（6）拟建绿地

绿地可以用不同的填充图样或图例表示，在园林总平面图中标注名称。在植物平面图中，图例按成龄的树冠投影大小绘制。如果是成片的树丛，可以仅标注出林缘线。

（7）标注定位尺寸和坐标网、坐标值

场地范围控制物的测量坐标（或定位尺寸）、道路红线、建筑控制线、用地红线等的位置；场地四邻原有及规划的道路、绿化带等的位置（主要坐标或定位尺寸）。

（8）其他

场地内如有需要保护的文物、古树名木等，其名称、保护级别、保护范围应注明。标题、绘图比例、指北针、图纸说明等内容，可参考本书0.1.3节中的制图标准。

需要说明的一点是，园林总平面图还要作为“基础图”为后面各张图纸提供“外部参照”。即后面的索引图、定位图、竖向图等都可以引用此张图为参照图纸，在此基础上加以绘制。

1.1.1.3 索引平面图设计内容

当较大园林项目的总平面图纸使用比例较小时，在图纸上局部表现不清楚，就需要通过索引平面图把该部分索引出来将比例放大进行绘制。较小项目可以省略索引平面图。

索引平面图可分为分区索引平面图和详图索引平面图。在图纸上用索引符号指示被索引图的位置，便于通过平面图快速查找到对应图纸，获取图纸信息。

在实际项目中，索引平面图有时会和园林总平面图放在一张图中。

（1）分区索引平面图

园林总平面图需要表达的内容、细节很多，一般当设计比例小于1∶500时，标注就会显得混乱。如果园林总平面图选用A0图幅还不能清楚地表达设计内容，则需要分区表达，即将园林总平面图划分为若干分区平面图，如A区、B区、C区平面图，或者Ⅰ区、Ⅱ区、Ⅲ区平面图等。平面图分区应明确，不宜重叠，不应有缺漏，尽量保证节点在分区内的完整性，一般按平面图的相对独立或功能的相对完整等原则来划分区域。分区平面图中的内容与总平面图内容一致。对于需要划分分区平面图的项目，还需在园林总平面图的基础上绘制对应的分区索引平面图。图中应明确表示出分区范围线，标明分区区号，并且分区索引平面图中的分区区号要与分区平面图的分区区号保持一致。

（2）详图索引平面图

详图索引平面图与分区索引平面图的目的相同，都是标示园林总平面图中各设计单元或元素的详图在该套施工图文本中所在的位置。详图索引平面图的索引对象是在园林总平面图或分区平面图中的一些重要区域或节点（如特色广场、景观平台、水池等），以及一些园林小品和构筑物（如栏杆、排水沟、廊架等）。索引时，应绘制索引符号，并在引出线上注明具体名称。

1.1.2 园林总平面图设计的实践操作

1.1.2.1 任务分析

园林总平面图表明了一个园林项目的总体规划设计内容，反映园林景观各部分的平面关系及长宽尺寸，是表现总体布局的图样。绘制施工图设计阶段园林总平面图的依据是扩初方案设计的平面图，以手绘方案图或计算机软件制作的效果图为主。拿到方案图首先要看懂方案表达的设计内容，然后分析设计方案的合理性和施工的可行性。

有时设计师为了表达效果好看，会把景观树画得大些，人物画得小些，从而使整个平面图看起来景观效果较突出、丰富。因此，手绘方案图的比例尺寸会和实际有偏差，而施工图设计者需要按实际比例和尺寸来绘制图纸。

有些设计师实践经验不足，方案构思得很好，但绘制成图时脱离实际，很难施工。因此，扩初方案设计阶段出现的问题，需要在绘制施工图时再做推敲调整。所以说，施工图也是设计方案的再次深化。

本次设计任务的方案平面图为手绘图纸（图 1-2），需要转换为 CAD 图纸。园林总平面图的具体内容包括：用地区域现状及规划的范围、水景布局、建筑物位置、广场等主景区位置、道路网、公用设施及小品的位置、植物配置。

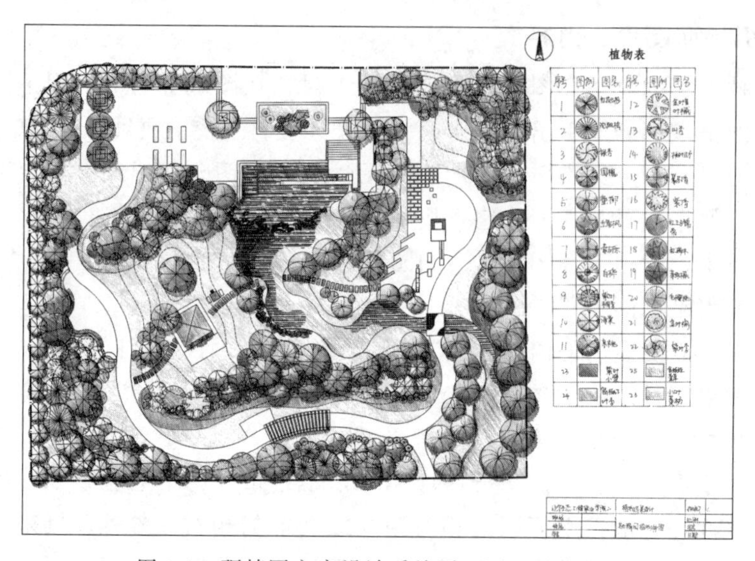

图 1-2 砺精园方案设计手绘平面图（见彩图）

1.1.2.2 任务实施

（1）第一步：将方案手绘图转换为 CAD 图纸

① 在看懂规划图纸和方案手绘图的前提下，进行两者的结合。按照相关制图标准，将现状地形及主要地上物描在图上。

② 将设计好的道路系统、活动场地用中实线绘制在图上，并注明道路的设计尺寸。规则广场注明长宽尺寸，圆形广场注明圆心和半径。道路铺装需分为铺装分割线和铺装材质填充两个图层绘制。

③ 将水体驳岸线（粗实线）和水位线（细虚线）绘制在图上。如果没有特别说明，要用双线表示园林水体。

④ 将园林建筑、园林设施的外轮廓线用中或粗实线绘制在图上，并用细点画线画出轴线关系。若以方格网作为放线依据，则图中园林建筑及设施的坐标位置应注清。

⑤ 在园林施工图设计过程中，选择明显可靠的地上物作为定点放线的依据。没有明显标志的，可参考游园附近已有建筑、道路、电线杆、树的位置等，注明它们与新设计建筑、场地、道路、设施之间的距离尺寸，以此作为施工放线依据。

描图的时候要注意：边画边思考、边修改。如果方案手绘图尺寸较实际有偏差，绘图时应根据场地实际情况调整为合理的尺寸。方案阶段平面图植物图例多为效果示意，在将手绘图转换为 CAD 图纸时，植物图例可不描出，在后续植物种植施工图设计时重新进行植物种植设计。

（2）第二步：检查与修改园林总平面图

① 在描图的过程中，经常需要修改和完善设计方案。这就需要多与该项目的设计师交流意见和施工经验，力求在绘制施工图之前解决方案设计缺陷，避免施工过程中因出现较大的施工障碍而迫使方案重调。

② 检查图纸是否涵盖全部的设计范围，无缺失漏画，位置准确。

③ 分析园路系统的布局形式，在国家标准规定的园路宽度范围内按照需要确定园路宽度；检查各道路广场是否均注明了铺装面层的材质（含尺寸、厚度、色彩）；不能完全注明材质的区域要给出大样索引图号，在大样图中标明道路广场铺装的材质；各种铺装可采用不同的填充图案加以区分，不同铺装分界处要画出明确的分界线；要给出物料统计表，列出各种铺装的面积及具体材质。

④ 检查构筑物和建筑物的平面尺寸。各种建筑出地面部分要全部画出，位置尺寸准确。图纸要涵盖全部的设计范围，无缺失漏画。

⑤ 为了更清楚地表达设计意图，必要时园林总平面图上可书写说明性文字，如图例说明，公园的方位、朝向、占地范围、地形、地貌、周围环境，及建筑物室内外绝对标高等。

⑥ 最后添加指北针（或风玫瑰），图名，比例尺（绘图比例），景点、建筑物或构筑物的名称，图例表，尺寸标注等。

（3）第三步：校核及整理出图

整体检查各种建筑物是否已全部画出，位置尺寸是否准确；图纸要涵盖全部的设计范围，无缺失漏画；图纸中要包含设计的全部硬质景观，且尺寸与大样图一致，位置准确；确保指北针与比例尺正确；道路等要满足规范的要求。

使用设计公司标准 A3 图框，在 CAD 布局中选用合适比例将砺精园总平面图合理布置在标准图框内。根据图样的大小选择合适的出图比例，保证打印后图纸的尺寸、文字标注和图样清楚。该设计图比例选择为 1∶250，为出图打印作准备（图 1-3）。

1.1.2.3 任务小结

在施工图设计阶段绘制园林总平面图，需要设计者先熟悉方案设计，再进行以下工作。

① 检查、细化园林总平面图：出入口，广场铺装，道路及停车场，座椅、垃圾桶等公共设施，庭园绿地；水景、照明等标识性景观，及其他景观设施的平面布局基本形式、定位。一般使用出图比例 1∶300 左右。

② 如果设计范围较大，必要的时候可以使用分区详细平面图（总图所示诸要素的分区设计详图）、各景观分区设计详图（一般使用出图比例 1∶100）。

③ 明确场地四界的城市坐标和场地建筑坐标（或尺寸）。

④ 注明建筑物和构筑物（人防工程、化粪池等隐蔽工程以虚线表示）定位的场地建筑坐标（或相互关系尺寸）、名称（或编号）、室内标高及层数。

⑤ 标记拆除旧建筑的范围边界，相邻单位的有关建筑物，构筑物的使用性质、耐火等级及层数。

⑥ 施工图设计说明应包括尺寸单位、比例、城市坐标系统和高程系统的名称、城市坐标网与场地建筑坐标网的相互关系、补充图例、施工图的设计依据等。

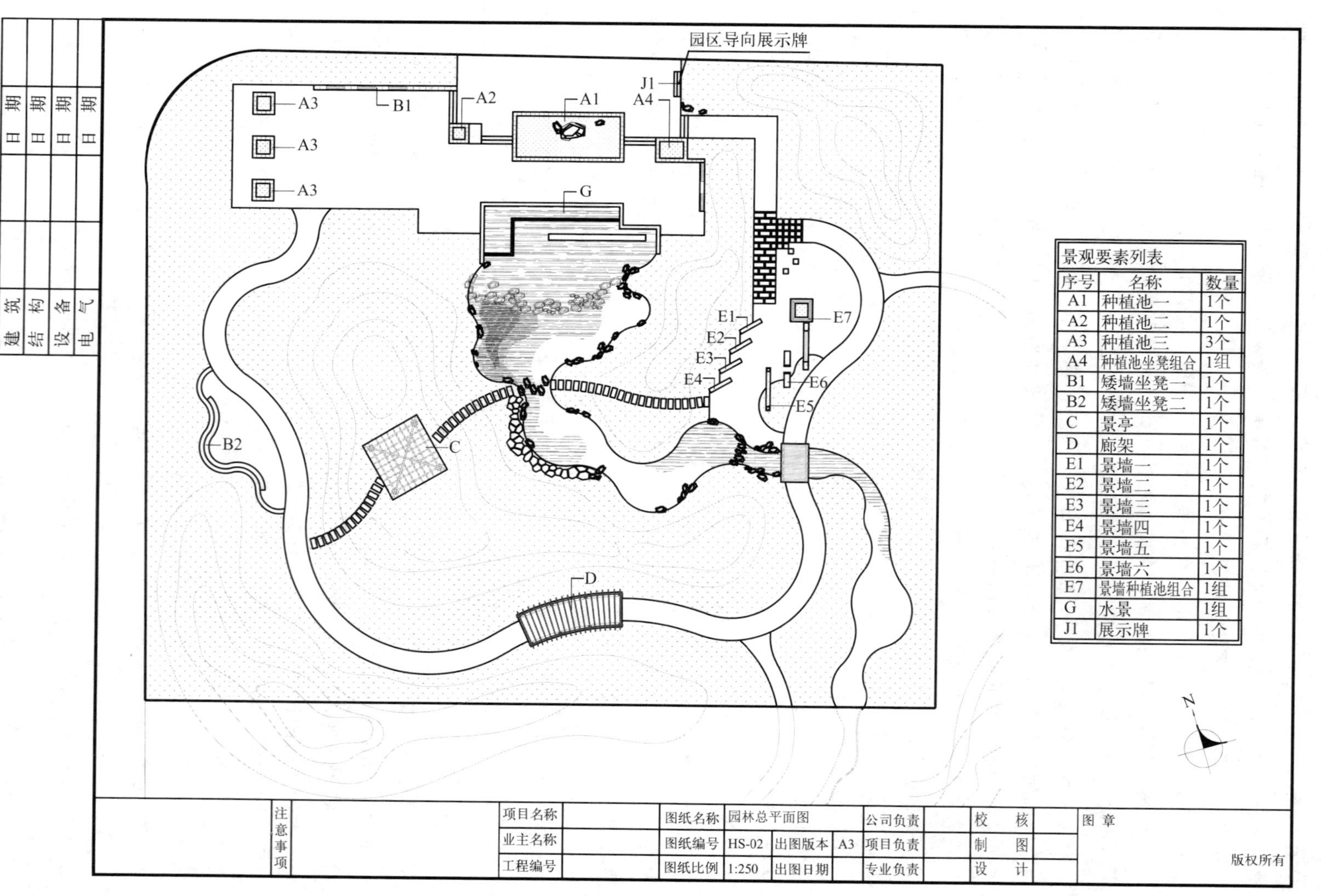

景观要素列表

序号	名称	数量
A1	种植池一	1个
A2	种植池二	1个
A3	种植池三	3个
A4	种植池坐凳组合	1组
B1	矮墙坐凳一	1个
B2	矮墙坐凳二	1个
C	景亭	1个
D	廊架	1个
E1	景墙一	1个
E2	景墙二	1个
E3	景墙三	1个
E4	景墙四	1个
E5	景墙五	1个
E6	景墙六	1个
E7	景墙种植池组合	1组
G	水景	1组
J1	展示牌	1个

图1-3 园林总平面图

⑦ 绘制指北针、风玫瑰，注写标题栏。

⑧ 绿化种植设计、园区水电管线系统设计等专业可以再单独列出总平面布置图。

任务1.2 设计园林竖向布置图

1.2.1　园林竖向布置图设计的相关知识

竖向设计（或称垂直设计、竖向布置）是指在一块场地上，根据建设项目的使用功能要求，结合场地的自然地形特点、平面功能布局与施工技术条件，因地制宜，对场地地面及建（构）筑物等的高程做出垂直方向的设计与安排。园林竖向布置图应在园林总平面图的基础上进行深化设计。设计依据包括详勘后的施工图方案设计，城市道路及市政管线的衔接条件批文，城市常水位、设计洪水位、内涝水位以及防洪标准等。

在建园过程中，原地形往往不能完全符合建园的要求，所以必须在充分利用原有地形的基础上对其进行适当改造。可根据其不同功能和纵向变化，对地形种类进行区分，主要包括陆地和水体两大类。其中，陆地又可分为平地、坡地和山地三类。结合场地的自然地形特点、平面功能布局与施工技术条件，在研究建（构）筑物及其他设施之间的高程关系的基础上，充分利用原有地形，减少工程填挖土方量，因地制宜地确定建筑、道路的竖向位置，合理地组织地面排水，有利于地下管线的敷设，并解决好场地内外的高程衔接。园林竖向布置图设计的基本任务是：

① 进行场地地面的竖向布置；

② 确定建（构）筑物的高程；

③ 安排场地标高、土方工程与排水方案；

④ 设计坡度满足无障碍设计规范要求；

⑤ 进行有关构筑物（挡土墙、边坡）与排水构筑物（排水沟、排洪沟、截洪沟等）的具体设计。

1.2.1.1　园林竖向布置图的用途及设计原则

园林竖向布置图的用途是表达基地与现状地形、城市道路、相邻基地、基地内各要素之间的竖向关系，是道路设计、管线设计、场地汇水排水设计、台阶挡土墙设计、土方量精确计算的依据之一。其主要目的是营造舒适宜人的环境和解决好场地排水问题。一项好的竖向设计应是以充分体现设计意图为前提，能够根据原始地形图和设计等高线计算土方量。当土方量过大，或填、挖方不平衡而导致土源或弃土困难，或超过技术经济指标要求时，应调整修改竖向设计，使土方量接近平衡。竖向设计要因地制宜、就地取材，体现为工程量少、见效快、环境好的整体效果，应遵循的基本原则如下：

① 满足建（构）筑物的使用功能要求；

② 结合自然地形，减少土方量；

③ 满足道路布局的合理技术要求；

④ 解决场地排水问题；

⑤ 满足工程建设与使用的地质、水文条件，满足建筑基础埋深、工程管线敷设的要求。

1.2.1.2 园林竖向布置图的设计要点

园林工程竖向设计是一项细致而繁琐的工作，设计必须服从整体规划布局的要求，因此园林竖向布置图设计的调整、修改工作量很大，设计过程应注意以下要点。

（1）全面收集、核实相关设计资料

要全面收集、了解、熟悉各种现状资料，主要包括建设用地范围、现状地形图（1∶500或1∶1000）、整体规划图纸、建筑总平面布置图等基础图纸资料，还应收集建设场地的地质、气象、土壤、植物等的现状和历史资料，市政建设及其地下管线资料，相关地区的园林工程施工技术水平与施工机械化程度等方面的参考资料。

资料收集后，应通过现场踏勘进行资料复核，不符之处要进行完善和修正。记录保留和可利用的地形、水体、建筑、文物古迹、古树名木等。核实地形现状以及整体规划中场地雨水的汇集规律和集中排放方向及位置，道路、综合管线等与场地的接口位置等情况。

（2）总体竖向布局

在园林设计的方案构思阶段，就应该对地形设计和竖向布置进行考虑。总体竖向布局是基于对现状环境和场地地形的充分研究、分析，结合场地的功能组织、结构布局、建筑物设计、构筑物设计、交通系统、管线综合、园林绿化布置及辅助设施的安排等，初步拟订场地的竖向处理形式和雨水排水的组织方式，做出统筹安排。

（3）场地具体竖向布置方案

① 整体工程项目方案初步确定后，在总体规划布局的基础上，深入进行场地的竖向高程设计，明确表达设计地形，正确处理各高程控制点的关系。

② 根据场地内排水组织的要求设计地形坡向，确定排水方向，与整体工程及排水系统有机结合，形成有组织的排水系统。

③ 根据场地周边道路标高和场地防洪排涝要求，合理确定场地设计标高以及道路的纵坡度和坡长，定出主要控制点（交叉点、转折点、变坡点）的设计标高，应与周边道路合理衔接。

④ 确定建筑室内外标高，合理安排建筑、道路和室外场地之间的高差关系，确定建筑物的室内地坪及四角标高。

⑤ 确定各活动场地的设计标高和场地间高程的衔接，确定景观各组成部分的竖向布置。在场地边界，尽可能保证场地内外地面地形的自然衔接，令设计等高线与用地边界相邻的等高程点平滑连接，或以边坡、挡土墙等设施加以处理。

此外，园林竖向布置方案还包括场地竖向的细部处理，如边坡、挡土墙、台阶、排水明沟等的设计；在地形复杂、高差大的地段，还应设置排洪沟，并注明排洪沟的位置及排洪方向；确定集水井位置、井底标高及与城市管道衔接处的标高等。

1.2.1.3 园林竖向布置图设计的内容及要求

施工图设计阶段的竖向设计内容更具体和准确，并要求扩初设计中未完成的部分都应在施工图设计阶段完成。

园林竖向布置图（高程图）用以表明各设计要素的高差关系，如山峰、丘陵、高地、缓坡、平地、溪流、河湖岸边、池底等的具体高程，以及各景区的排水方向、雨水的汇集点及建筑、广场的具体高程等。一般绿地坡度不得小于0.5%，缓坡坡度为8%～12%，陡坡在12%以上。

园林竖向布置图应包含以下内容。

① 拟建设场地的原地形图。一般是甲方提供设计任务书时随带，原地形图是园林竖向设计的图底和依据，一般以极细线表达。

② 场地四邻的道路、河渠和地面的关键性标高。以道路标高为基准控制标高，尤其是与本工程入口相接处的标高。

③ 建筑物和构筑物的名称或编号、室内外地面设计标高、地下建筑的顶板面标高及覆土高度限制；建筑物一层室内外地面设计标高；建筑物如有室外散水，则应标注建筑物四周转角或两对角的散水坡脚处的标高；构筑物标注其有代表性的标高，并用文字注明标高所指的位置。

④ 园路及场地的设计标高。道路、排水沟的起点、变坡点、转折点、终点的设计标高（路面中心和排水沟沟顶及沟底），两控制点间的纵坡度、纵坡距、纵坡向。园路标明双坡面、单坡面、立道牙或平道牙，必要时标明道路平曲线和竖曲线要素。

⑤ 水景的控制性标高。包括水体的常水位、最高水位与最低水位、水底标高等，以及水体驳岸顶部和底部的设计标高与坡度。

⑥ 场地的控制性标高。场地平整标注其控制位置标高，铺砌场地标注其铺砌面标高。

⑦ 用坡向箭头标明地面坡向。当对场地平整要求严格或地形起伏较大时，可用设计等高线表示。人工地形（如山体和水体）需要标明等高线、等深线或控制点标高，以及地形的汇水线和分水线。

⑧ 重要景点及坡度变化复杂的地段要绘制其地形断面图，并标注标高、比例尺等。

⑨ 当工程比较简单时，园林竖向布置图可与定位放线平面图合并。

⑩ 绘制标题、指北针、图纸说明等内容，可参考本书0.1.3节中的制图标准。注意图纸说明中应该包括标注单位、绘图比例、高程系统的名称、补充图例等内容。

1.2.1.4 园林竖向布置图的表达方法

园林竖向布置图有三种常用表达方法：设计标高法、设计等高线法和断面法（局部剖面法）。

（1）设计标高法

也称高程箭头法，该方法根据地形图上所指的地面高程，确定道路控制点（起止点、交叉点）与变坡点的设计标高和建筑室内外地坪的设计标高，以及场地内地形控制点的标高，将其注在图上。设计道路的坡度及坡向，反映为以地面排水符号（即箭头）表示不同地段、不同坡面地表水的排除方向。

设计标高法可用绝对标高和相对标高两种方式。标高单位为米，数值至少取至小数点后两位。设计标高法的表达内容如下。

① 根据竖向设计的原则及有关规定，在总平面图上确定设计区域内的自然地形。

② 注明建（构）筑物的坐标与四角标高、室内地坪标高和室外设计标高。

③ 注明道路及铁路的控制点（交叉点、变坡点）处的坐标及标高。

④ 注明明沟沟底面起坡点和转折点的标高、坡度，以及明沟的高宽比。

⑤ 用箭头表明地面的排水方向。

⑥ 对于较复杂地段，可给出设计剖面图。

（2）设计等高线法

用等高线反映原地形和设计地形特征的方法。等高线是一组垂直间距相等、平行于大地水平面的假想面，与地形地貌相交切所得的交线在平面上的投影，如图 1-4 所示。设计等高线法是用等高线表示设计地面、道路、广场、停车场和绿地等的地形设计情况。设计等高线法能较完整表达设计用地的高程情况，在地形设计中最常用，也最能反映地形特征，不足之处是施工标高不能直接反映。在施工图设计中，常常与方格网法相结合。

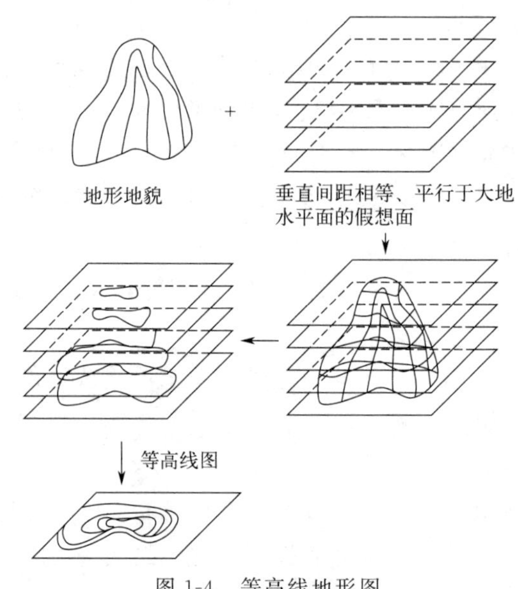

图 1-4　等高线地形图

等高线具有以下特点。

① 所有等高线总是各自闭合的。

② 在同一条等高线上，所有点的高程都相等。

③ 等高线的疏密表示地形的陡缓。等高线越密，表示地形倾斜度越大；反之，等高线越疏，则表示地形倾斜度越小。当等高线水平距离相等时，则表示该地形坡面倾斜角度相同。

④ 等高线一般不相交或重叠，只有在悬崖处等高线才可能出现相交。

⑤ 相邻的两条等高线，两者的水平距离称为等高线间距，两者的垂直距离称为等高距。在同一张图纸上等高距要相等。

在园林施工图设计阶段，原有等高线一般用虚线表示，拟定坡度的新等高线用实线表示。山顶的最高点或谷底的最低点都用点标高来表示。

（3）断面法（局部剖面法）

该方法可以反映重点地段的地形情况，如地形的高度、材料的结构、坡度、相对尺寸等。此方法可以更加直接地表达台阶分布、场地设计标高及支挡构筑物等的设置情况。对于复杂的地形，必须采用此方法表达设计内容。注意剖切线的设置要充分体现设计内容，如图 1-5、图 1-6 所示。

图 1-5　断面设计示意图

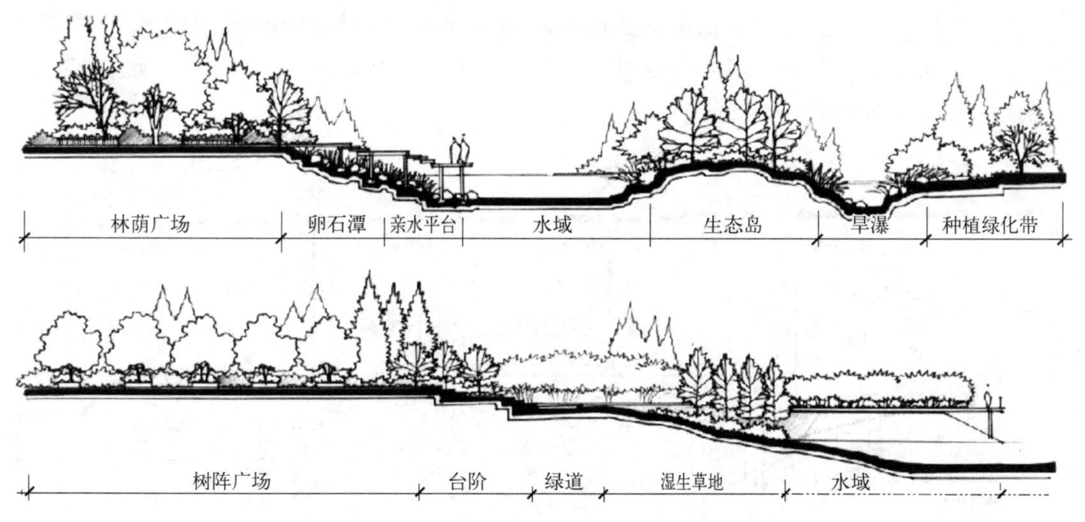

图 1-6　景观剖立面设计图

1.2.2　园林竖向布置图设计的实践操作

1.2.2.1　任务分析

本次设计任务的园区（砺精园）内部现状场地平坦，缺乏空间变化。设计的重点之一就是利用竖向设计重新梳理地形、水系关系。首先从水系入手，整理园区水系形态。采用 HDPE 膜结合覆土，在解决水量存蓄问题的同时栽种水生植物。通过自然驳岸的打造，营造跌水、漫滩的优美水景。其次，营造局部的微地形。在建造自然水系驳岸的同时，利用产生的土方进行水系周边微地形的营造；不仅解决排水不佳导致的植物长势不良的问题，还增加了空间层次。另外，在地形上营造建筑物，形成全园景观的最高控制点。

砺精园的景观结构主要包括中心水景、出入口广场、安静休息场地、节点展示广场等部分。其竖向设计具有以下特点。

（1）根据游人活动特点确定园林地形类型

考虑小游园出入口、节点展示广场、活动草地等区域人流活动密集，其适用地形类型以平地和缓坡为主；考虑安静休息区等区域人流活动较少，增加地形高度，突出其围合感。

（2）根据水景的类型确定园林地形类型

自然式水系的形成通常要以地形为依托。通过地形的高差变化，营造瀑布、溪流、跌水等动态水景；依托平地和缓坡地形，营造平静的湖面、水池，以及缓慢流动的河流和小溪等。

（3）根据园区的排水组织确定园林地形类型

起伏多变的地形设计，不仅有利于地面水排除，而且还能满足园林设计审美的需要。在设计中，要考虑地面坡度不能过陡，同一坡度的坡面不宜过长，并利用盘山道、谷线等拦截和组织排水。

1.2.2.2 任务实施

（1）第一步：设置工作基点，确定地形的类型

在园林竖向设计中，需要根据现场周围环境确定竖向设计基准点。为了方便后期施工，本次基准点设置在场地四周的道路上，假定高程点±0.000m。以此点为起点进行竖向设计控制高程的推算，如图1-7所示。

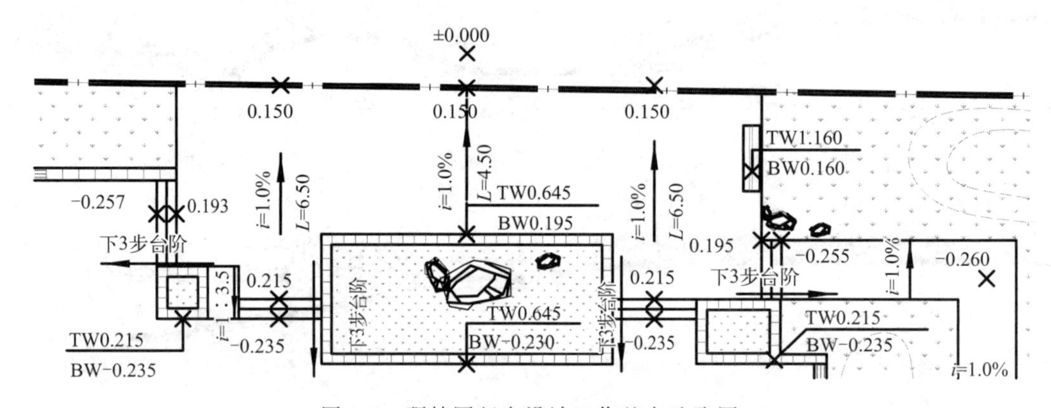

图1-7　砺精园竖向设计工作基点选取图

根据设计分析，确定中心水景区、驳岸等为中坡地形；南入口广场、节点展示广场等为平地及缓坡地形。考虑小游园立面构图的视线要求，通常会设置一个构图中心，作为全园的最高控制点。该园的景亭即为本次竖向设计的最高控制点。

（2）第二步：设计确定出入口广场、道路、绿地高程

假定砺精园四周道路设计标高为±0.000m，则原地形平整场地标高为−0.150m。主入口广场高程要与周围道路的设计高程合理衔接，因此设计确定靠道路一侧入口广场设计标高为0.150m，设计坡度为1.0%，单坡面向场地外排水。通过计算得出广场上的花坛底面设计标高为0.195m，花坛顶面设计标高为0.645m。

在扩初图纸交接过程中，方案设计师要求主入口广场两侧道路使用下沉式设计。依据《民用建筑设计统一标准》（GB 50352—2019）对台阶、坡道和栏杆的规定，设计台阶踏步数为2级，踏步高度为0.15m。通过推算，两侧道路设计标高分别为−0.257m和−0.255m。

在公园绿地中，园路两侧的绿地一般比园路高0.10m左右。绿地与园路的高程差通过路缘石衔接，这样有利于地面排水。因此，绿地土壤的基本控制高程设计为−0.155m。

抬升的绿地导致道路和广场下凹，雨洪时期径流冲刷的污染物堆积路面，会对公园的运作和维护造成一定影响。由于绿地自身具备海绵属性，因此也可选择下凹绿地系统设计，并衔接场地整体竖向与排水设计（图1-7）。

（3）第三步：设计确定溪流、水系的常水位高程

通过设计分析，水系北起壁泉水景，经三处跌水向东南方向流出园区。园林中主要水景的水面控制高程不宜高于场地外围四周道路的设计高程，以免形成悬湖。同时应考虑场地内湖池高程与场地外市政排水管网高程的合理衔接；如果场地外周围有水体，也应考虑水体间的高程关系（本设计不考虑）。由此确定砺精园水系源头水面设计基本高程为±0.000m，三处跌水消力池的常水位设计高程分别为：－0.400m、－0.800m、－1.200m（图1-8）。

根据《公园设计规范》（GB51192—2016）的要求，无防护设施的园桥、汀步所在水体的水深不得大于0.5m。因此确定水源池设计水深为0.3m，三个消力池的设计水深均为0.4m。

（4）第四步：用设计等高线表示坡度地形

通过设计分析已知，砺精园西南侧安静休息区的地形坡度类型为中坡（坡度值为10%～15%）和陡坡（坡度值为25%～50%）。原设计场地平整，人工挖湖堆山，考虑土方基本平衡和土方量的控制，使地形与植物配置结合形成封闭和半封闭的安静空间。景亭是该园立面构图中心，地形具有分割空间、阻隔视线的作用，地形起伏高度控制在1m左右。

砺精园安静休息区的地形由2个土丘组成，设计高程分别为0.9m、0.35m。以绿地基本控制高程－0.155m为基准，土丘高度控制在1.055m、0.505m，土丘最高处用设计标高法表示（图1-9）。通过地形等高线中水平距离最近的相邻等高线水平距离与等高距的比值（即土丘最大坡度）计算，两个土丘最大坡度分别为24%、16%。土丘之间有主次之分，且互相呼应。

（5）第五步：设计确定园林建筑的室内地坪高程

园林建筑的高程设计应根据建筑周围已设计绿地自然地形及与其联系的园路、广场的设计高程为主要依据，确定其设计高程。以南侧休息花架的高程设计为例：与其衔接的广场设计控制高程为－0.310m，考虑雨天避免雨水倒灌影响游人，休息花架的地坪标高宜高于室外0.10～0.20m，或者和衔接的广场地坪相一致，由此确定此花架的地坪设计标高为－0.310m（图1-10）。其他园林建筑高程设计方法同上。

（6）第六步：计算土石方工程量，并进行设计标高的调整

已知砺精园场地比较平缓，对场地设计标高无特殊要求，可按照“挖填土方量相等”的原则确定场地设计标高。在原地形图等高线上标注高程，利用方格网法可求得设计标高，或在实地测量得到。通过土方量的大小找到最佳设计平面，调整地形、水系等设计标高。

（7）第七步：校核及整理出图

完成砺精园竖向设计后，进行整体检查与修改，特别注意相邻等高线的等高距要相同；所标注的标高表示方法要统一，绝对禁止相对标高与绝对标高同时出现的情况；场地标高与排水坡度不能有矛盾；不能有标注错误；所有场地不能有漏标；各坡度要满足无障碍设计规范的要求；水景深度、防护墙体要满足设计规范要求。检查后，判断是否需要设计说明。

使用设计公司标准A3图框，在CAD布局中选用合适比例，将砺精园的园林竖向布

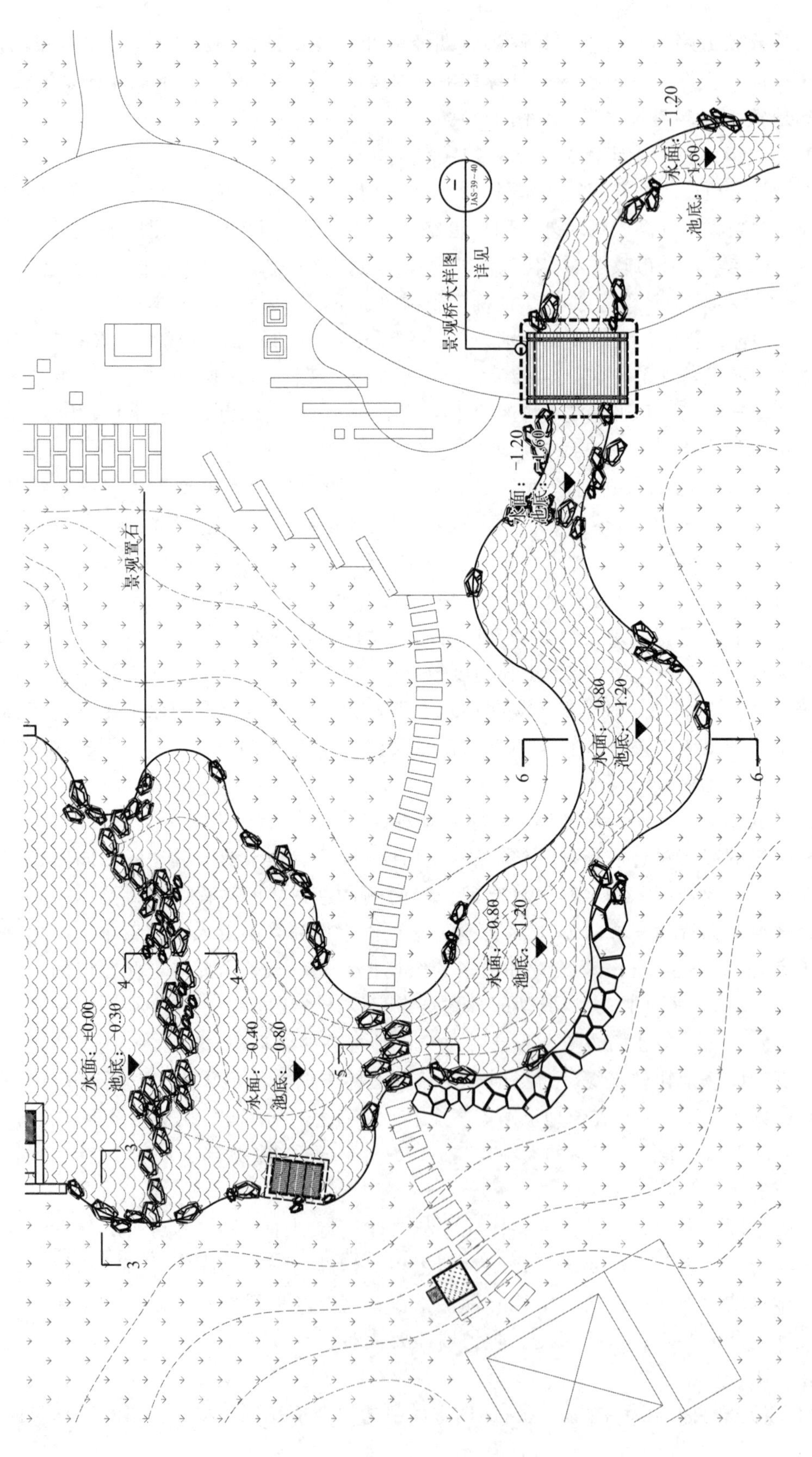

图1-8 溪流、水系的高程设计

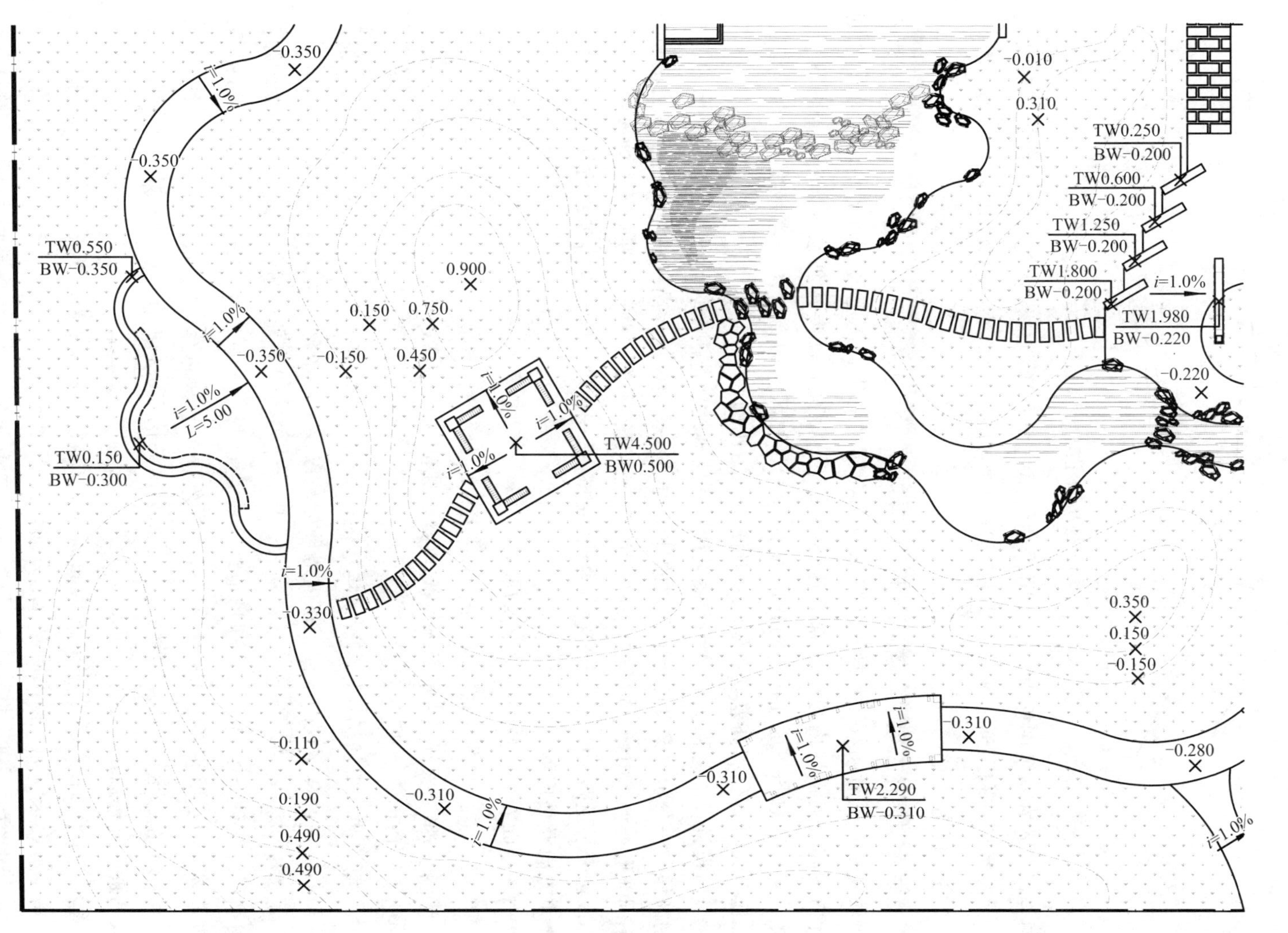

图1-9 安静休息区地形高程设计

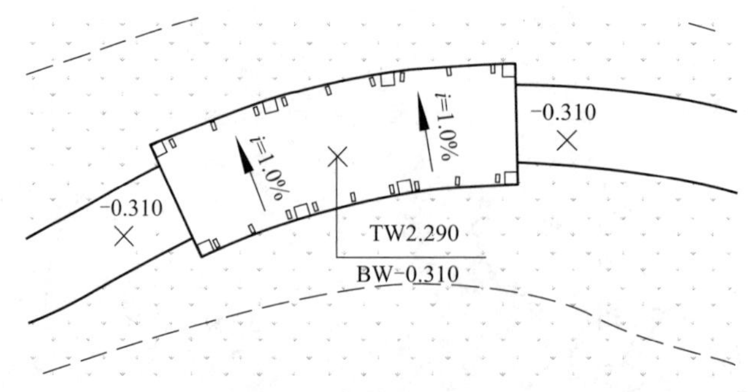

图 1-10　砺精园花架高程设计

置图合理布置在标准图框内。根据图样的大小选择合适的出图比例，保证打印后图纸的尺寸及文字标注和图样清楚。该设计图比例选择为 1∶250，为出图打印做准备（图 1-11）。

1.2.2.3　任务小结

在中小型园林工程中，竖向设计一般可以在园林总平面图中表达。但是，当园林地形比较复杂，或者园林工程规模比较大时，在园林总平面图上就不易清楚地把总体规划设计内容和竖向设计内容同时都表达得很清楚。因此，就要单独绘制园林竖向布置图。园林竖向布置总图一般使用出图比例为 1∶300，分区竖向布置图，道路纵向、横向剖面图（应含关键部位和高差改变处）一般使用出图比例为 1∶100。

竖向设计基本思路为：熟悉方案设计——明确设计范围及设计外围衔接道路等的已有控制高程——分析方案设计要求营建的地形类型——用设计等高线法和设计标高法正确表达不同地形类型：山地、坡地、平地、河流、溪涧、瀑布、跌水、湖泊、水池等——用设计标高法表示道路、广场、建筑物室内地坪的高程——对广场、道路等硬质场地用箭头表示排水方向及坡度值。

园林竖向布置图绘制步骤总结如下。

① 第一步：在设计总平面底图上，用细实线绘出自然地形。

② 第二步：根据道路标高确定与道路相邻的场地标高，注明园路的纵坡度、变坡点和园路交叉口中心的坐标及标高。

③ 第三步：根据场地标高确定场地内建筑的室内标高，标注园林内各处场地的控制性标高、主要园林建筑的坐标、室内地坪标高以及室外平整标高。

④ 第四步：在进行地形改造的地方，用设计等高线对地形进行重新设计，设计等高线可暂以绿色线条绘出。在处理场地地形标高过程中，可以反过来再调整道路的标高。一般来讲，与道路相邻的场地标高＜建筑室外标高＜建筑室内标高。

⑤ 第五步：进行土方工程量计算，根据算出的挖方量和填方量进行平衡；如不能平衡，则应调整部分标高，使土方总量基本达到平衡。

⑥ 第六步：注明排水明渠的沟底面起点和转折点的标高、坡度，以及明渠的高宽比。用排水箭头“↓”标出地面排水方向。

⑦ 第七步：将以上设计结果汇总，这样由道路至地形，再由地形至道路，经过几次反复调整，并对不同方案的土石方计算结果进行分析比较，最后确定合理的方案，绘出园林竖向布置图。

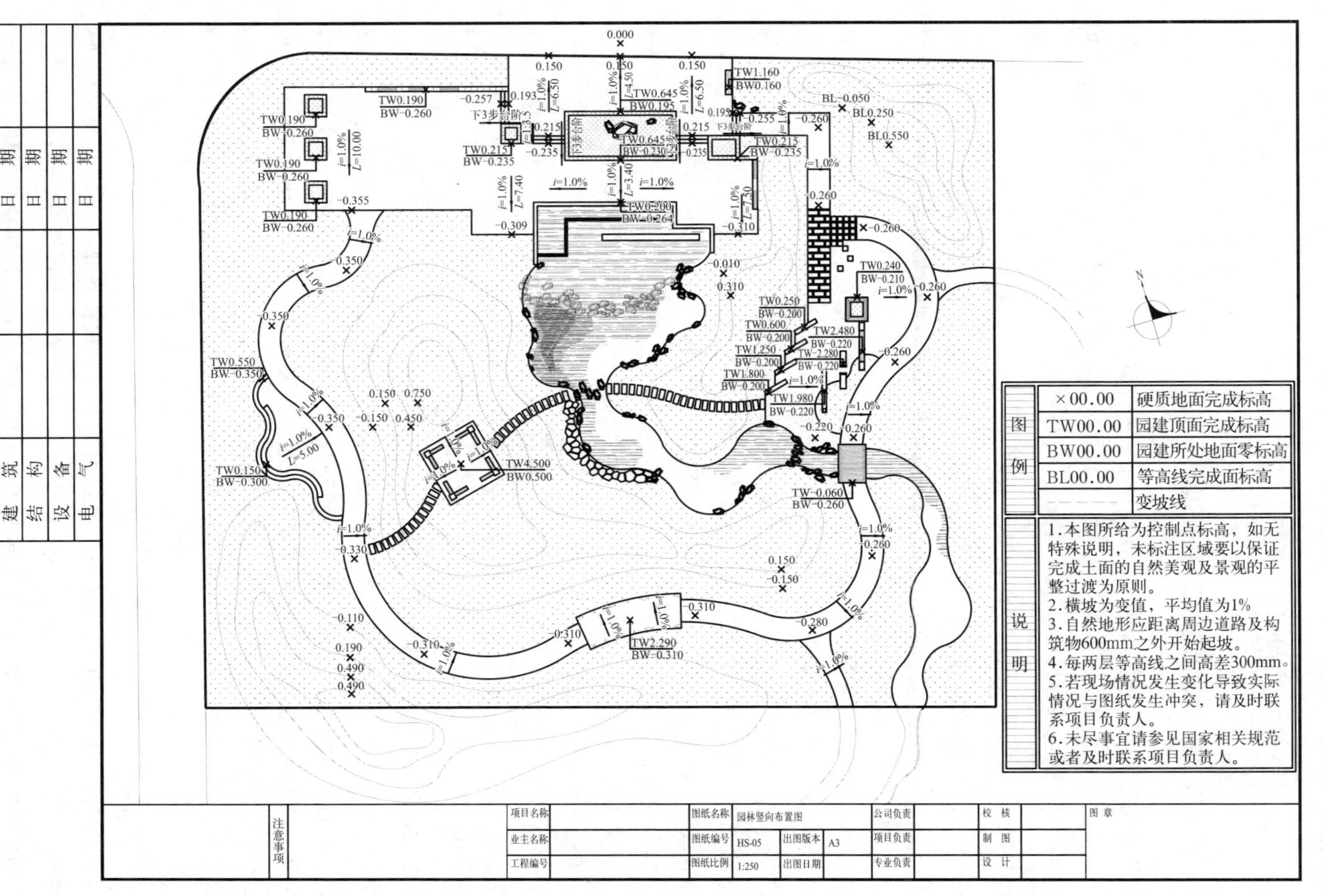

图1-11　园林竖向布置图

任务1.3 设计定位放线平面图

1.3.1 定位放线平面图设计的相关知识

定位放线平面图主要表达新建景观在场地中的位置和尺寸，指导施工单位进行放线。如通过定位放线平面图确定道路、水体、小品等主要控制点的角度、尺寸及方位，用以指导项目施工时的放线和打桩等。

1.3.1.1 定位放线平面图设计的内容及要求

定位放线平面图中应包括以下内容。

① 定位放线平面图主要标注各设计元素的定位尺寸和外轮廓总体尺寸，定形尺寸和细部尺寸在局部放大平面图或详图中标出。

② 道路定位时，应用道路中线定位并标注道路中线的起点、终点、交叉点、转折点的坐标，以及转弯半径、路宽（应包含道路两侧道牙）。对于路宽小于4m的园路，也可用道路一侧距离建筑物的相对距离定位，路宽包含路两侧道牙宽度。

③ 水景区域的边界、主要节点的控制点坐标及控制尺寸。对自然式或曲线式设计，可标注其城市坐标系坐标值并结合施工坐标网定位和定形。

④ 园林建筑、小品的控制点坐标及控制尺寸。

⑤ 对于无法用标注尺寸准确定位的自由曲线园路、广场等，应做该部分的局部放线详图，用放线网表示，但须有控制点坐标。

定位放线平面图主要用于表达物体的形状、大小及相互位置，由物体的视图及所注尺寸来反映。因此，标注尺寸时应该做到完整清晰，注法要符合园林制图国家标准中有关尺寸标注法的基本规定，注写正确并有助于读图。

1.3.1.2 定位放线平面图的表达方法

定位放线平面图有三种常用表达方法：网格定位法、坐标定位法和尺寸定位法。对于比较简单的园林总平面图，可以将两种或者三种定位方式放在一张图纸中表示；对于特别复杂的园林总平面图，为了表达清楚园林要素的位置，方便施工，可以分别绘制尺寸定位平面图、网格定位平面图和坐标定位平面图；对于较复杂的园林总平面图，一般情况下，可以绘制两张定位放线平面图，分别为尺寸定位平面图和坐标网格定位平面图。

（1）网格定位法

网格定位法以工程范围内的某一定位点为基准点，根据场地大小进行网格状放线，网格间距在大尺寸处一般为10m、15m等大单位。放线采用A-B相对坐标系，A为纵坐标，B为横坐标，放线基准点即坐标原点（$A=0$，$B=0$），并标注该点坐标。图中坐标以米为单位，尺寸标注以毫米为单位。

此法多用于面积较小、地面平坦、定位点较多的情况，如微地形、不规则场地等。

通过网格定位法，施工人员可以在图纸上快速测算相应的距离、宽度。

（2）坐标定位法

坐标定位法是通过标注点的坐标进行定位，要提供原点坐标和控制点坐标。坐标分为绝对坐标和相对坐标。测量坐标采用绝对坐标，测量坐标网应画成交叉十字线，坐标代号宜用“X，Y”表示；施工坐标采用相对坐标，根据现场施工情况设定坐标轴线，坐标代号宜用“A，B”表示。

1）绝对坐标（大地坐标）　绝对坐标又可分为地理坐标和平面直角坐标。由于园林工程中用地理坐标定位的较少，特别是在小区域内精确度较差，所以在园林景观设计中通常不用地理坐标而用平面直角坐标定位。由于园林景观设计所涉及的作业范围较小，因此通常仅标注到小数点前 5 位，小数点后 3 位，单位为米。利用坐标定位法定位放线的工具通常是全站仪和经纬仪。

2）相对坐标（假设坐标）　由于园林设计是相对于建筑物或者是已有地物周围的景观，要求相对位置准确，因此，在没有绝对坐标资料时，可以假设坐标系实现定位放线。具体方法是，将现地的明显地物点标注在图纸上，作为坐标原点。由该点至现地能清晰找到的参考点为方向起始线，图纸上所有点的坐标都是由此假定坐标原点和坐标起始线计算而来。

（3）尺寸定位法

尺寸定位法主要是标注重要控制点、园林要素与已建建筑物的关系。一般来说，建筑的施工都是在园林施工之前，所以在绘制园林定位放线平面图时，可利用已建建筑的定位和坐标点来绘制。

1）利用地表尺定位法　利用地表尺定位法就是利用现有地物（如建筑物、道路等），在地表虚设一把尺子，准确标定出地表尺 2 个端点的位置，确定现有地物的尺寸线，设计图纸上的尺寸线由所定地物的尺寸线确定。

2）利用直长地物定位法　利用直长的线状地物做参考时，可以用辅助线分段截取每一个定位点的距离，从而达到定位的目的。此方法是利用地表尺定位法的进化，它省略了在现地布尺的工序，所反映的定位点数据就是现地与直长地物的关系。其前提是现地有已经完成的直长地物，如道路、围墙等。

3）距离交会法　距离交会法是依据现地可以利用的地物明显点，在设计图纸上标出两个地物点分别到定位点的距离，交会出要定点的位置。这种方法的使用条件是交会角大于 30°，小于 150°，两条距离边的和小于 50m，通常用于独立地物的确定和乔木定位。

4）极距法　极距法是用一个角度和距离来确定点位的方法，在图纸上需要一个现地较精确的点和一条现地能找到的起始方位边。施工员可将经纬仪架设在现地和图纸共有点上，然后转动仪器向方位起始点瞄准，再按图纸给定的条件定下各点。利用此方法可以在一个控制点上放样多个定位点。

5）截距法　要定位的点在两个明显地物点之间，通过连接两个明显地物点间的线段和距该点的距离来截取定位点的位置。此种方法可同时确定线段上多个点的位置，特别适合楼间景观的定位放线。

1.3.2 定位放线平面图设计的实践操作

1.3.2.1 任务分析

在待建地块已有地物定位点较少、面积较大的情况下，定位放线平面图经常使用坐标定位法和尺寸定位法进行定位放线设计。在园林总平面图的基础上（隐藏种植设计图层）详细标注图中各类建筑物、构筑物、广场、道路、平台、水体、主题雕塑等的主要定位坐标控制点及相应尺寸。

在待建地块已有地物定位点较多，面积较小的情况下，定位放线平面图经常使用网格定位法和尺寸定位法进行定位设计。在园林总平面图的基础上确定基点及两条相互垂直的直线，然后以相同的网格间距画出方格网。

本次设计任务（砺精园）待建地块面积较小，北侧是市政道路，因此采用了网格定位和尺寸定位的方法进行定位放线平面图的设计。网格主要用于定线，尺寸主要用于施工现场的定位检验。

1.3.2.2 任务实施

（1）第一步：选择、设置定线定位基准点（原点）

基准点是进行建筑变形测量工作的基础和参照，为施工放线测定监测点提供支持。因此，在设计定位放线平面图时，最少要给出两个稳定可靠的基准点。根据已知基准点，确定工作基点（图 1-12）。定线定位基准点应选用建筑等已有固定标志物的明显部位。并注明基准点的标高及其在测量坐标网上的坐标，根据需要还应注明放线网格与测量坐标网夹角的角度。

（2）第二步：建立施工坐标系（方格网原点）

根据确定的基准点和现场参照物的情况，在设计定位放线平面图的时候，首先应找准起始点，起始点须为整个施工过程中较为固定（且无障碍）的点。再决定两条相互垂直的直线，按比例以相同的网格间距画出已有线段的平行线。水平方向从左向右排列为正；垂直方向从下向上排列为正。由此可以得到设计网格坐标。最后对方格网的主要轴线进行标注，如图 1-13 所示。

（3）第三步：标注主要节点的尺寸

网格定位法使用在不规则图形或稍小的景观；尺寸定位法可直接在场地内标示出道路、建筑和景观节点的尺寸、弧度等；坐标定位法可用于标定主景观位置，次要景观、构筑物可用联系尺寸定位。

（4）第四步：校核及整理出图

定位放线平面图绘制完成后，需要检查各种设计要素的平面关系和它们的准确位置，以及放线坐标网、基点、基线的位置。特别注意相邻等高线的等高距必须相同。

使用设计公司标准 A3 图框，在 CAD 布局中选用合适比例将砺精园总平面图合理布置在标准图框内。根据图样的大小选择合适的出图比例，保证打印后图纸的尺寸及文字标注和图样清楚。该设计图比例选择为 1∶250，为出图打印作准备（图 1-14）。

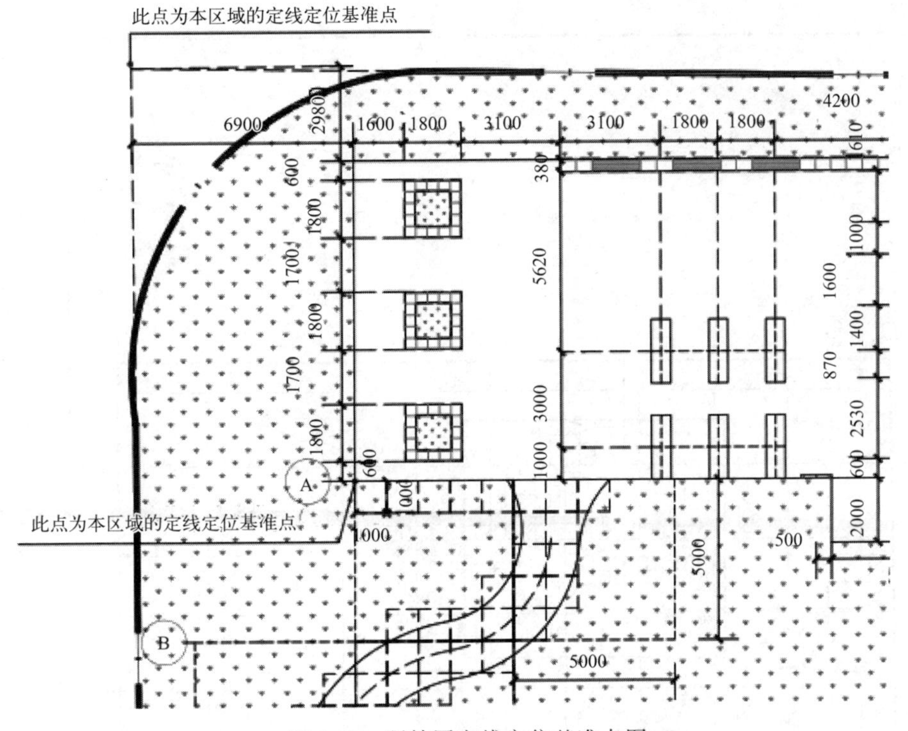

图 1-12　砺精园定线定位基准点图

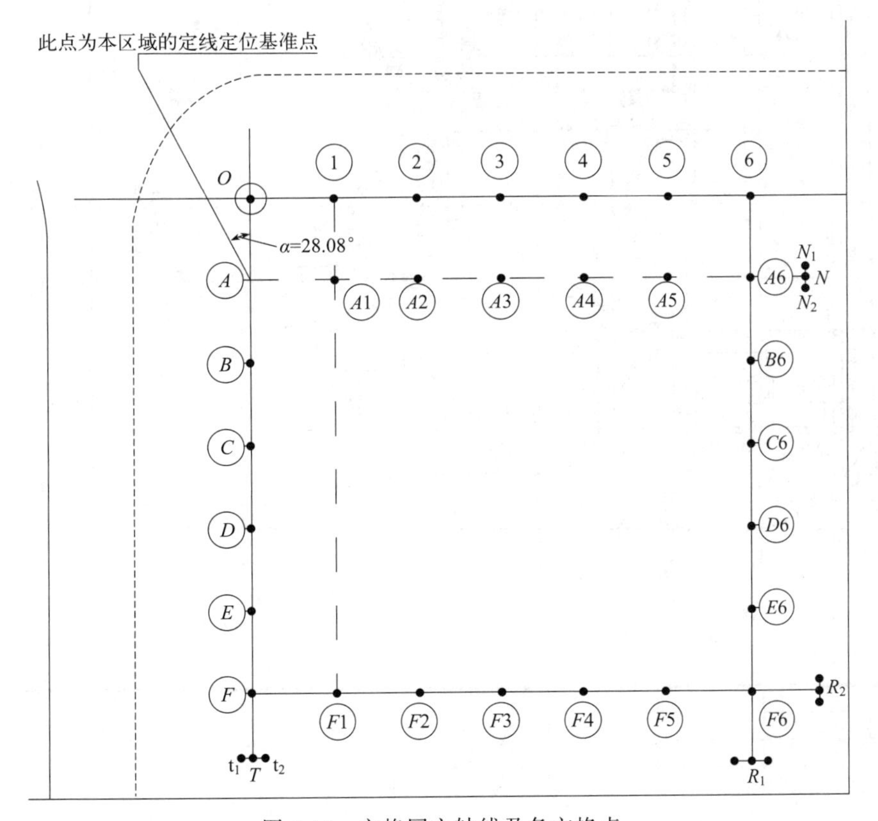

图 1-13　方格网主轴线及各方格点

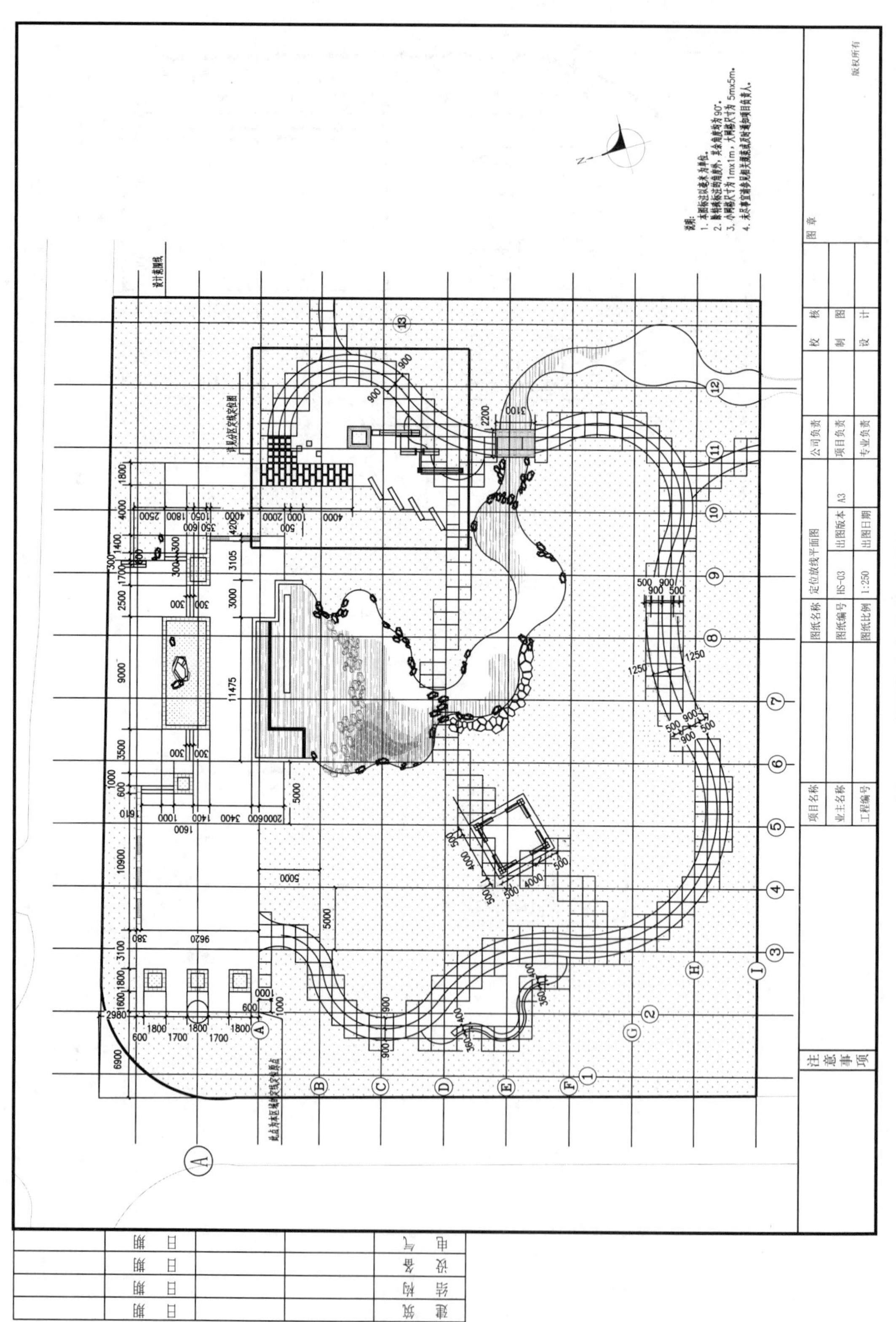

图1-14 砺精园定位放线平面图

1.3.2.3　任务小结

设计定位放线平面图（方格网）首先选择主轴线。方格网的主轴线应尽可能选择在场区的中心线上（宜设在主要建筑物的中心轴线上）。其次选择方格网点。建筑方格网的主轴线应考虑控制整个场地，当场地较大时，主轴线可适当增加。选择主轴线时应考虑以下因素。

① 主轴线原则上应与周边市政主干道的主轴线或主要建筑物基础的轴线一致或平行。主轴线中纵横轴线的长度应在建筑场地采用最大值，即纵横轴线的各个端点均应布置在场区的边界上。

② 主轴线应避开地下管线、管沟，避免落入建筑物、构筑物上或者土方工程区内，并使其不受邻近挖掘基础壕沟的影响，以便于施测和保存。

③ 主轴线的数量及布设采用的图形应满足图形强度相关要求；方格网的边长不宜太长，一般小于100m，宜取10m的倍数。

④ 标桩应能够长期保存。

任务1.4 设计铺装物料平面图

1.4.1　铺装物料平面图设计的相关知识

在中国古典园林中，“路径”是十分普遍且非常重要的。园林中的路径极富曲、折、窄、幽的美学特征，而铺面则更是中式园林意境的重要组成部分。明代造园艺术家计成在《园冶》中就提到：“惟厅堂广厦中铺，一概磨砖，如路径盘蹊，长砌多般乱石，中庭或宜叠胜，近砌亦可回文。八角嵌方，选鹅子铺成蜀锦……”。花街铺地是中国古典园林铺地的重要组成部分，它色彩丰富，用砖、瓦、石等材料组成精美的图案。除了用料简单、乡土自然以外，花街铺地也是一门考验匠人技艺的艺术。它以精湛的工艺技术、深厚的文化底蕴、精美的视觉效果和独特的意境含蕴丰富着中国古典园林的内涵，如图1-15所示。

园林铺装是在园林环境中运用自然或人工的铺装材料，按照一定的方式铺设于地面形成的地表形式。作为园林景观的一个组成部分，园林铺装主要通过对园路、空地、广场等进行不同形式的组合，贯穿游人游览过程的始终，在营造空间的整体形象上具有极为重要的作用。多样的质地、精美的图案、强烈的光影效果，不仅可以“因景设路”，而且能“因路得景”。它作为空间界面的一个部分而存在着，与其他园林要素共同构成优美的园林景观。此外，园林铺装还可以表示空间用途及活动性质，地面铺装类型（线条、轮廓、质地、图案、色彩及铺设方式）的变化，可以暗示空间的转换以及开展活动性质的转变。

对于比较小的项目来说，可以用铺装物料总平面图来表达整个项目的铺装设计情况。

图 1-15 “十字金钱纹”铺地图案

铺装的图案、尺寸、材料、规格、拼接方式等都可以在总的铺装物料平面图里表达清楚。对于大的项目来说，项目中涉及的各种铺装不可能在一张图纸上就表达清楚，这时可以把每个分区具体的铺装物料平面图放到相应的分区分别绘制，即铺装物料分区平面图。铺装物料分区平面图详细绘制各分区内的硬质铺装，详细标注各铺装的材料材质及规格。如果还不能表达清楚，再增加索引图引出局部铺装平面图详图绘制，详细标注铺装放样尺寸、材料材质规格等。铺装详图上要表示排水组织方向及排水坡度。对于图案复杂、纹理特殊的铺装物料平面图还要标注网格定位。

1.4.1.1 常用的园林铺装材料及其特点

园林铺装应有柔和的光线和色彩，减少反光、刺眼的感觉，故应选择合适的材料。常用园林铺装材料有石材、砖、砾石、混凝土、防腐木板、塑胶等。这些铺装材料的颜色、质感以及铺设的形式都各不相同。

(1) 铺装的色彩

不同材质色彩各异，相同材质也有不同的颜色。铺装的色彩要与周围环境的色调相协调，色彩的应用要在统一中求变化，即铺装的色彩要与整个园林景观相协调，同时遵循园林艺术的基本原理，用视觉上的冷暖节奏变化以及轻重缓急节奏的变化，打破色彩千篇一律的沉闷感。最重要的是做到稳重而不沉闷，鲜明而不俗气。

(2) 铺装的尺度

铺装材料可以订做不同的尺寸，获得不一样的空间效果。不同尺寸的铺装图案以及不同色彩、质感的材料，能影响空间的比例关系，可构造出与环境相协调的布局。通常大尺寸的花岗岩、抛光砖等材料适宜用于大空间，而中小尺寸的地砖和小尺寸的马赛克更适用于一些中小型园林空间。

(3) 铺装的质地

铺装质地给人们传输各种感受，体现质感。一般大空间要做得粗犷些，应该选用质地粗糙、厚实，线条较为明显的材料。小空间则应该采用较为细小、圆滑、精细的材料。不同质地的铺装材料具有不同的效果，在同一园林空间中出现时必须注意其调和性，恰当地运用相似与对比原理，组成统一和谐的园林景观。

（4）铺装的图案纹样

园林铺装可以通过多种多样的图案纹样来衬托和美化环境，增加园林的景致。铺装图案纹样因环境和场所的不同而具有多种变化，不同的铺装图案纹样给人们的心理感受也是不一样的。如使用天然块石、陶瓷砖及预制水泥混凝土块能设计出多种图案纹样。

常见的园路铺装形式有以下几种，它们可以形成变化丰富的铺装图案纹样。

1）整体路面　包括现浇水泥混凝土路面和沥青混凝土路面。彩色混凝土透水路面在保证路面透水性能和承载要求的前提下，使路面可以呈现出不同的色彩搭配。整体路面适用于广场、人行道、景观道、消防通道、轻重型停车场等地（图1-16）。

图1-16　整体路面

2）块料路面　包括天然块石、陶瓷砖及预制水泥混凝土块料路面。块料路面坚固、平稳，图案纹样和色彩丰富，装饰性好，适用于广场、游步道和通行轻型车辆的地段（图1-17）。

图1-17　块料路面

3）花街铺地　以规整的砖为骨架结构，不规则的石板、卵石、碎瓷片、碎瓦片等废料相结合，组成色彩丰富、图案精美的各种地纹（图1-18）。

4）嵌草路面　把天然或各种形式的预制混凝土块铺成冰裂纹或其他花纹，铺筑时在块料间留3～5cm的缝隙，填入培养土，然后种草，如冰裂纹嵌草路、花岗岩石板嵌草路、梅花形混凝土嵌草路等（图1-19）。

5）卵石路面　采用卵石铺成的路面耐磨性好、防滑，具有活泼、轻快、开朗等风格特点（图1-20）。

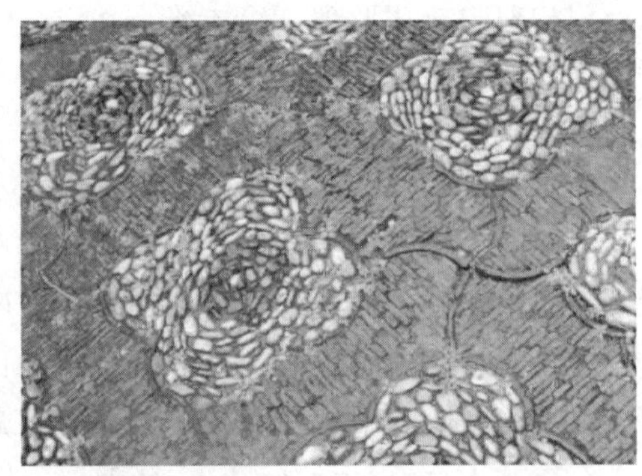

图 1-18　花街铺地

图 1-19　嵌草路面

6）雕砖卵石路面　又被誉为“石子画”，它是选用精雕的砖、细磨的瓦或预制混凝土和经过严格挑选的各色卵石拼凑成的路面，图案内容丰富，是我国园林艺术的杰作之一（图 1-21）。

图 1-20　卵石路面

图 1-21　雕砖卵石路面

1.4.1.2　铺装物料平面图的设计内容及绘制要求

铺装物料平面图主要用于表达铺装形式、地面标高、材料名称、材料规格、拼花样式及有特殊要求的工艺做法。铺装物料平面图所表达的主要内容如下。

① 各功能空间地面的铺装形式、规格，饰面材料的名称、拼花样式。如果需要详图，则要画出地面的拼花造型图案大样图索引符号。已经有索引铺装详图的区域不需重复定

位及标注材料，以免与详图冲突。

② 根据地面铺装平面图，绘制地面装饰分层构造剖面图索引符号。同种规格不同材质或面层的，需用点状填充加以区分。

③ 路面及广场高程、路面纵向坡度、路中标高、广场中心及四周标高和排水方向。

④ 雨水口位置、雨水口详图（或注明标准图索引号）。

⑤ 标注尺寸，完成面铺装规格尺寸、标高，图纸名称、比例，材料名称、规格与工艺做法等文字说明。

⑥ 描粗整理图线，园路面层剖切轮廓线用中实线表示，地面铺贴及其他图线用细实线表示。

对于比较复杂的大项目来说，铺装物料平面图又可拆分为铺装尺寸平面图、铺装竖向标高平面图和物料平面图。

（1）铺装尺寸平面图

用以明确园路、广场铺装细部之间的尺寸关系。铺装尺寸平面图的尺寸标注较总图应更为详尽，铺装铺贴样式及材料分割线均需要体现。如果图案中有异型的面层材料，则要给出异型面层材料的大样图（要标明详细尺寸）。

（2）铺装竖向标高平面图

用以确定铺装场地内的竖向关系。铺装竖向标高平面图设计包括以下几个方面。

① 合理选择竖向布置方式，确定各级变坡点的标高，标注起坡线和止坡线，相邻变坡点标高之间应标注两点之间的长度、坡向及坡度。

② 在满足景观要求的前提下，尽量达到场内挖填方平衡，减少土石方工程量。

③ 确定排水方式，防止场地积水或水淹。

④ 合理确定附属工程构筑物（护坡、挡土墙）及排水构筑物（散水坡、排水沟）。

⑤ 确定场地排水方向，并在图中标注。

（3）物料平面图

用以注明路面铺装使用的材料种类、规格。物料标注一般为尺寸规格（长×宽×厚，图中尺寸单位为毫米）在前，材料名称和面层做法在后，也可通过索引的方式进一步说明设计的细节。

1.4.2 铺装物料平面图设计的实践操作

1.4.2.1 任务分析

根据砺精园设计方案分析可知，小游园用地总面积约为3300m^2，依据园路的布局特点，确定了小游园的园路系统。园内部不通行机动车辆，主园路宽度为2m。主园路贯穿各广场和分区，形成闭合环状，是全园道路系统的骨架；次园路宽度为1～1.5m，联系各景点，以主园路为依托，为游人游览观景提供服务；游步道宽度为0.8m，分布在景点内部，布置灵活多样，如水边汀步、嵌草块石小道等。

砺精园有4个广场，本次任务以出入口广场为例。出入口广场由于人车集散，交通功能较强，因此绿化用地就不能太多，一般都在10%～30%之间，其路面铺装面积常达到 70%以上。园路广场的铺装在设计中占重要地位，常用整体现浇的混凝土铺装，各种抹面、贴面，以及镶嵌和砌块铺装的方法进行装饰。园林场地的常见地面装饰类型有：图案式地面装饰、色块式地面装饰、线条式地面装饰、台地式分色地面装饰等。

1.4.2.2 任务实施

（1）第一步：广场铺装样式设计（以出入口广场为例）

砺精园出入口广场的场地平面形状为规则的长方形，周边设置有规则的种植池。可对广场进行规则的线条式铺装设计。

首先，整个广场以 400mm×400mm×25mm 的芝麻灰烧面花岗岩贴面对缝，形成冷色调的基底，再用 100mm×100mm×25mm 的中国黑烧面花岗岩收边，宽 100mm，保持广场地面的整体性。为了强调和装饰入口，采用 300mm×300mm×25mm 的锈石黄烧面花岗岩 45°铺砌一个长方形，使用 100mm×100mm×25mm 中国黑烧面花岗岩收边，宽 200mm。该处也可设置成装饰性更强的图案式地面装饰，可选择与小游园主题或性质相符的图案，如图 1-22 所示。

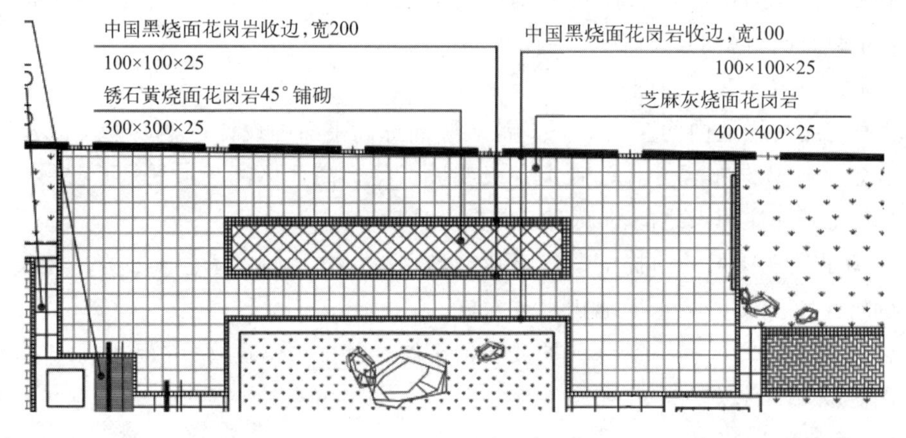

图 1-22 入口广场铺装样式平面图

（2）第二步：园路铺装样式设计

依据景点的园林意境及艺术特色，选择合理的园路铺装形式。由于不同路面铺装使用材料的特点不同，其应用场所也有所也不同。砺精园的主园路设计宽度为 2m，为了使主园路在保证一定承载功能的同时具有美观性，并考虑与砺精园意境相符合，设计确定主园路铺装采用花岗岩和烧结砖两种材料，通过材料规格、颜色等的搭配组合和铺装样式的变化，呈现丰富的观赏效果。在不同位置观赏会获得不一样的视觉感受。主园路及游步道铺装平面样式如图 1-23 所示。

游步道功能上只满足 1 人游览通行，考虑该处为主园路和广场连接的延伸，位置处于较平整的草地上，因此选用规则的圆弧曲线布置，材料选用规整的石板。同时考虑到园路与草坪的自然融合，该处游步道的铺装类型选用砌块嵌草铺装。

（3）第三步：铺装物料明细表制作

统计所有园路铺装材料的材质、颜色、规格、名称、数量，并制作铺装物料明细表，如图 1-24 所示。

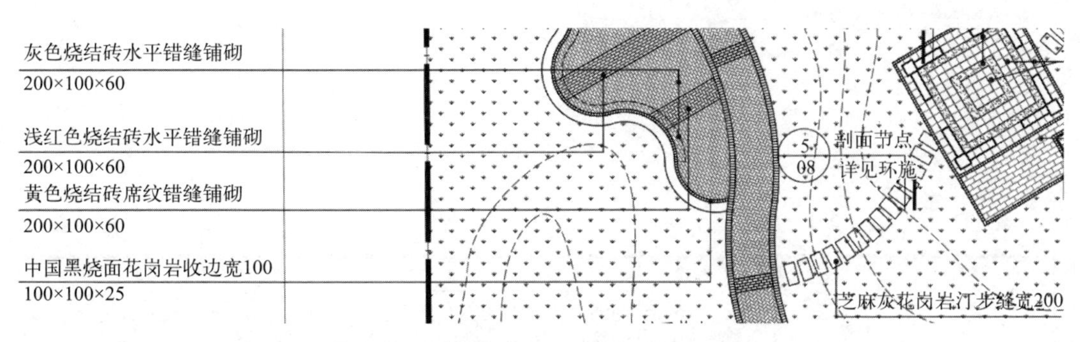

图 1-23　主园路及游步道铺装样式平面图

铺装物料明细表				
类型	编号	材料名称	规格	数量
铺装	1	黄色板岩碎拼	(300～500)mm×(100～300)mm 缝宽10mm，大于4个面 厚25～30mm	10m²
	2	青色板岩碎拼	(300～500)mm×(100～300)mm 缝宽10mm，大于4个面 厚25～30mm	4m²
	3	芝麻灰烧面花岗岩	600mm×300mm×25mm	27m²
			400mm×400mm×25mm	177m²
			400mm×200mm×25mm	240m²
			300mm×300mm×25mm	30m²
			300mm×150mm×25mm	16m²
			200mm×200mm×25mm	5m²
			200mm×100mm×25mm	13m²
	4	芝麻灰拉丝面花岗岩	300mm×300mm×30mm	2m²
	5	锈石黄烧面花岗岩	300mm×300mm×25mm	33m²
			200mm×100mm×25mm	6m²
	6	石岛红烧面花岗岩	300mm×300mm×25mm	11m²
	7	青色花岗岩碎拼	厚50mm	10m²
	8	中国黑烧面花岗岩	400mm×400mm×25mm	1m²
			100mm×100mm×25mm	57m²
	9	青色烧结砖	200mm×100mm×60mm	38m²
	10	浅红色烧结砖	200mm×100mm×60mm	97m²
	11	黄色烧结砖	200mm×100mm×60mm	35m²
	12	灰色烧结砖	200mm×100mm×60mm	28m²
汀步	13	芝麻灰花岗岩汀步	800mm×400mm×80mm	49块
	14	中国黑花岗岩汀步	850mm×400mm×80mm	23块
			400mm×400mm×80mm	32块
边石	15	花岗岩边石	500mm×100mm×100mm	47延米

说明：本设计铺装量为理论值，不包括施工损耗及地形起伏带来的误差。

图 1-24　铺装物料明细表

（4）第四步：整理出图

整体检查与修改，使用设计公司标准A3图框，在CAD布局中选用合适比例把铺装物料平面图合理布置在标准图框内。一般以文字、尺寸清晰可见为标准，依据图样与图框的大小设置出图比例，出图打印（图1-25）。

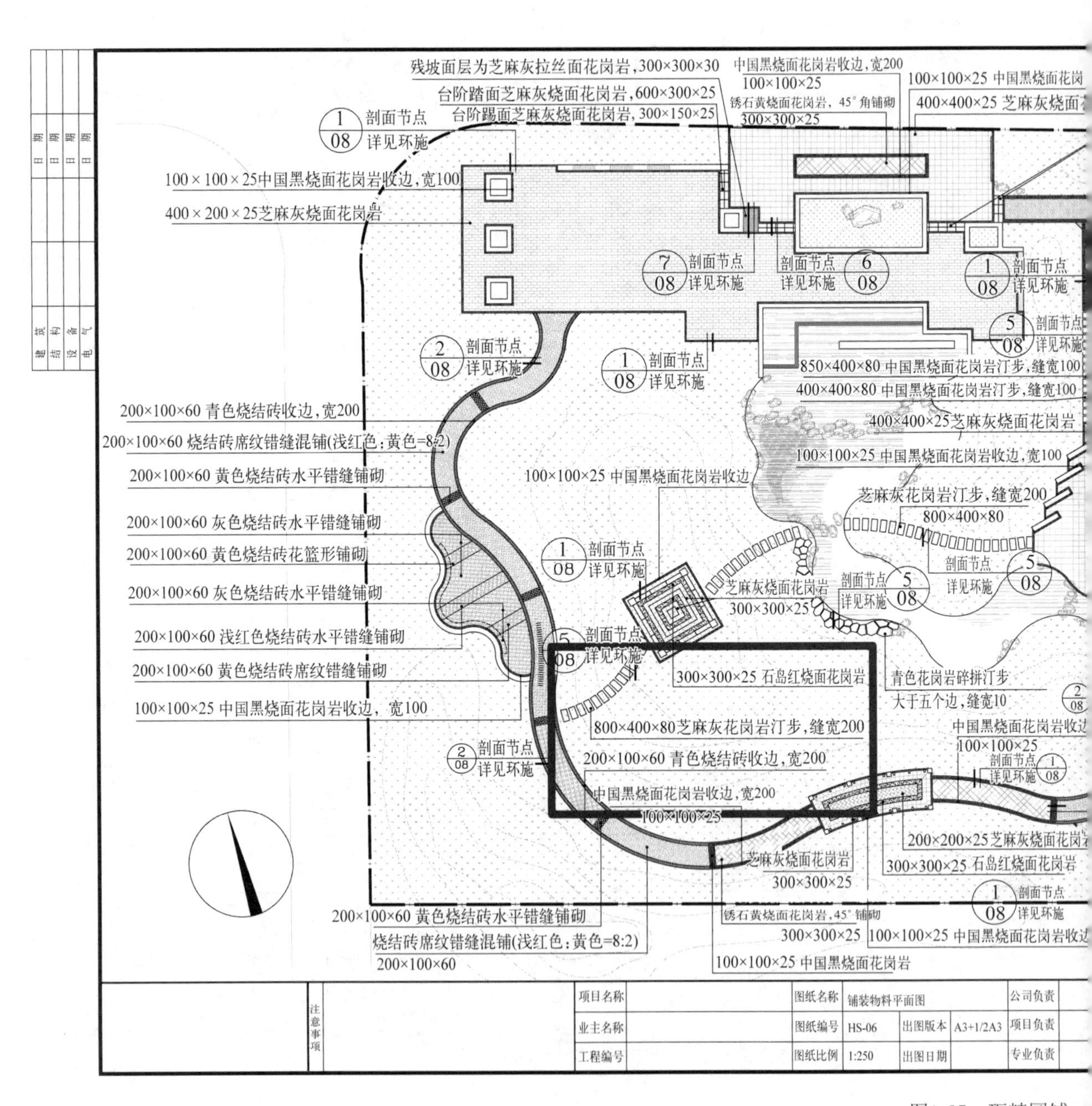
残坡面层为芝麻灰拉丝面花岗岩，300×300×30
台阶踏面芝麻灰烧面花岗岩，600×300×25
台阶踢面芝麻灰烧面花岗岩，300×150×25
中国黑烧面花岗岩收边，宽200
100×100×25
锈石黄烧面花岗岩，45°角铺砌
300×300×25
100×100×25 中国黑烧面花岗
400×400×25 芝麻灰烧面
剖面节点
详见环施
100×100×25中国黑烧面花岗岩收边，宽100
400×200×25芝麻灰烧面花岗岩
850×400×80 中国黑烧面花岗岩汀步，缝宽100
400×400×80 中国黑烧面花岗岩汀步，缝宽100
400×400×25芝麻灰烧面花岗岩
100×100×25 中国黑烧面花岗岩收边，宽100
200×100×60 青色烧结砖收边，宽200
200×100×60 烧结砖席纹错缝混铺(浅红色：黄色=8:2)
200×100×60 黄色烧结砖水平错缝铺砌
100×100×25 中国黑烧面花岗岩收边
芝麻灰花岗岩汀步，缝宽200
800×400×80
200×100×60 灰色烧结砖水平错缝铺砌
200×100×60 黄色烧结砖花篮形铺砌
200×100×60 灰色烧结砖水平错缝铺砌
芝麻灰烧面花岗岩
300×300×25
200×100×60 浅红色烧结砖水平错缝铺砌
200×100×60 黄色烧结砖席纹错缝铺砌
300×300×25 石岛红烧面花岗岩
青色花岗岩碎拼汀步
大于五个边，缝宽10
100×100×25 中国黑烧面花岗岩收边，宽100
800×400×80芝麻灰花岗岩汀步，缝宽200
中国黑烧面花岗岩收边
100×100×25
200×100×60 青色烧结砖收边，宽200
中国黑烧面花岗岩收边，宽200
100×100×25
200×200×25芝麻灰烧面花岗岩
芝麻灰烧面花岗岩
300×300×25
300×300×25 石岛红烧面花岗岩
200×100×60 黄色烧结砖水平错缝铺砌
烧结砖席纹错缝混铺(浅红色：黄色=8:2)
200×100×60
锈石黄烧面花岗岩，45°铺砌
300×300×25
100×100×25 中国黑烧面花岗岩收边
100×100×25 中国黑烧面花岗岩
建筑
结构
设备
电气
日期
注意事项
项目名称
业主名称
工程编号
图纸名称
铺装物料平面图
图纸编号
HS-06
图纸比例
1:250
出图版本
A3+1/2A3
出图日期
公司负责
项目负责
专业负责

图1-25　砺精园铺

00
台阶踏面芝麻灰烧面花岗岩，600×300×25
台阶踢面芝麻灰烧面花岗岩，300×150×25
0×25芝麻灰和锈石黄烧面花岗岩席纹铺砌(7:3掺铺)
100×100×25 中国黑烧面花岗岩收边，宽200
400×400×25 中国黑烧面花岗岩
200×100×60 青色烧结砖收边，宽200
200×100×60 烧结砖席纹错缝混铺(浅红色：黄色=8:2)
500×100×100 花岗岩边石
剖面节点 4/08
详见环施
200×200×25 中国黑烧面花岗岩收边，宽200
板岩碎拼(黄色70%青色30%)厚25～30
(300～500)×(100～300)缝宽10大于4个面
200×100×60 黄色烧结砖水平错缝铺砌
200×100×60 青色烧结砖收边，宽200
剖面节点 4/08
详见环施
200×100×60 青色烧结砖收边，宽200
200×100×60 烧结砖席纹错缝混铺(浅红色：黄色=8:2)
200×100×60 黄色烧结砖水平错缝铺砌
剖面节点，详见环施 3/08
100×100×25 中国黑烧面花岗岩收边，宽100
板岩碎拼(黄色70%青色30%)厚25～30
(300～500)×(100～300)缝宽10大于4个面

铺装物料明细表

类型	编号	材料名称	规格	数量
铺装	1	黄色板岩碎拼	(300～500)mm×(100～300)mm 缝宽10mm，大于4个面 厚25mm～30mm	10 m^2
	2	青色板岩碎拼	(300～500)mm×(100～300)mm 缝宽10mm，大于4个面 厚25mm～30mm	4 m^2
	3	芝麻灰烧面花岗岩	600mm×300mm×25mm	27 m^2
			400mm×400mm×25mm	177 m^2
			400mm×200mm×25mm	240 m^2
			300mm×300mm×25mm	30 m^2
			300mm×150mm×25mm	16 m^2
			200mm×200mm×25mm	5 m^2
			200mm×100mm×25mm	13 m^2
	4	芝麻灰拉丝面花岗岩	300mm×300mm×30mm	2 m^2
	5	锈石黄烧面花岗岩	300mm×300mm×25mm	33 m^2
			200mm×100mm×25mm	6 m^2
	6	石岛红烧面花岗岩	300mm×300mm×25mm	11 m^2
	7	青色花岗岩碎拼	厚50mm	10 m^2
	8	中国黑烧面花岗岩	400mm×400mm×25mm	1 m^2
			100mm×100mm×25mm	57 m^2
	9	青色烧结砖	200mm×100mm×60mm	38 m^2
	10	浅红色烧结砖	200mm×100mm×60mm	97 m^2
	11	黄色烧结砖	200mm×100mm×60mm	35 m^2
	12	灰色烧结砖	200mm×100mm×60mm	28 m^2
汀步	13	芝麻灰花岗岩汀步	800mm×400mm×80mm	49块
	14	中国黑花岗岩汀步	850mm×400mm×80mm	23块
			400mm×400mm×80mm	32块
边石	15	花岗岩边石	500mm×100mm×100mm	47延米

说明：本设计铺装量为理论值，不包括施工损耗及地形起伏带来的误差。

核		图章
图		
计		

装物料平面图

1.4.2.3 任务小结

铺装在园林设计中非常重要，一个好的铺装设计可以将园林景观与周围环境有机结合在一起。在园林设计中，地面铺装从柔软翠绿的芳草地，到坚实、沉稳的砖、石、混凝土，从采用的材料到表现的对象，其形式与内容都很丰富。园路铺装样式设计在满足使用功能的前提下，常常采用图案、色彩、材质搭配等手法为使用者提供活动的场所或者引导行人到达某个既定的地点。

设计铺装物料平面图时应注意以下几点。

① 园路铺装使用的不同材料的类型和尺寸都应进行注明；园路的主要宽度尺寸也应标注出来。

② 尺寸线起止符号应用中实线的斜短线绘制。互相平行的尺寸线，应从被注写的图样轮廓线由近向远整齐排列。较小尺寸应离轮廓线较近，较大尺寸应离轮廓线较远。

③ 图样上的尺寸单位，除标高及总平面图中的尺寸以米为单位外，其他必须以毫米为单位。

④ 应在铺装平面详图上标记索引符号，方便与该铺装的结构详图相对应。

拓展阅读

园林在发展中传承中国传统文化

园林艺术是中国传统文化艺术宝库中不可或缺的一部分，通过一定的形式符号来表达中国文化。从传统文化中提取设计元素进行演绎，赋予现实意义后融入现代园林要素中，成为园林设计中主要的设计方法之一。随着民族文化意识的提高，越来越多的经典设计传承了中国传统文化，因为设计作品的成功与否取决于设计作品所表达的内容能否与公众产生共鸣，而立足于历史经典，演绎发展而来的作品才可能是最打动人心的。

在现代园林的设计中，中国古典文化元素屡见不鲜，并且逐渐变成一种时尚。对古典元素进行应用，复活了中国传统文化。比如：北京奥林匹克公园中心区下沉花园，坚持将中国红元素作为核心，并充分考虑老北京四合院主体色调，使七个院落形成丰富的色彩组合。建筑外墙采用传统元素——镂空花格片，将其贯穿于整个建筑体系当中。尽管不同院落采用的设计手法各不相同，但都是对传统文化元素的提炼与萃取，然后又进行了转化。对不同元素，如材料、乐器和图案进行创新性融合，以此向当代人充分展示传统文化内涵。

又例如，2010 年上海世界博览会中国馆设计（图 1-26），采用极富中国建筑文化特点的红色“斗冠”造型展馆建筑外观，设计灵感来自中国古建筑的斗拱形式和中华的华的繁体“華”。这两个设计元素都是中国传统文化的组成部分——古建构件、汉字。

图 1-26　2010 年上海世界博览会中国馆

思考与练习

① 园建总图部分施工图包括哪几个部分？
② 索引平面图的作用是什么？
③ 施工图设计阶段的竖向设计内容有哪些？
④ 园林地形有哪些类型？是怎样分级的？各地形类型在园林中是怎样应用的？
⑤ 园路铺装类型有哪些？各类型铺装式样的常用材料及尺寸规格是怎样的？
⑥ 铺装物料平面图的设计目的是什么？
⑦ 举例说明园建总图部分施工图设计的相关设计规范？

笔 记

项目 2

园建详图部分施工图设计

技能目标

① 会根据小游园设计方案和总平面图，分析小游园中园林建筑物、构筑物及构配件的布置形式和结构，设计完成材料选择，确定尺寸及做法等。

② 会使用相关设计规范，根据不同等级园路的功能要求，合理设计园路的结构形式。

③ 会根据景墙、种植池造型，合理选择材料类型、规格及设计构造做法。

④ 会根据小游园亭廊的设计特色、功能、造型风格和人体尺度，确定亭廊合理的尺寸。

⑤ 能设计防腐木亭廊的详细结构及构造做法。

⑥ 会根据小游园总体方案和水景特点，确定水景的平面位置、尺寸和形状，设计出合理的详细结构及构造做法。

⑦ 能根据园林水景设计要求合理布置管线，设计给排水位置。

⑧ 会应用 AutoCAD 等软件绘制园建详图部分施工图。

知识目标

① 理解有关园林施工图设计的标准图集：《环境景观：室外工程细部构造》（15J012-1）、《环境景观：绿化种植设计》（03J012-2）、《 环境景观：亭廊架之一》（04J012-3）、《环境景观：滨水工程》（10J012-4）、《建筑场地园林设计深度及图样》（06SJ805）等。

② 掌握园路各结构层的作用、材料选择、做法，及不同类型铺装对其结构和材料的要求。

③ 掌握园林景墙、种植池的造型、装饰形式和尺寸要求。

④ 掌握园林亭廊的造型风格、基本结构及构造做法。

⑤ 掌握不同类型水景的平面、立面、剖面设计及管线布置设计的方法与要求。

工作情景

现进入施工图设计阶段，根据园林总平面图，按照制定的任务书，进行每个局部的技术设计。遵守国家、行业相关的设计规范和标准图集，确定砺精园详图部分施工图设计深度和具体做法，包括确定施工材料、形状、色彩和尺寸，以及施工结构和方法。采用学生主体、教师引导的工学一体化教学方法，由学生实践操作完成任务。

园建详图部分施工图设计一般包括园路铺装结构详图设计、园林建筑结构及构造详图设计和园林小品结构及构造详图设计等。

（1）园路

园林中的道路即为园路，它是园林景观的基本组成要素之一。园路、广场、游憩场地等的形态和铺装，组成了园林的硬质景观。园路工程设计与施工的主要内容包括车行道、人行道、隔离带、道牙、道路排水系统，以及台阶、停车场、广场、平台等。

园路施工图主要包括平面图和断面（剖面）图，具体为铺装总平面图、铺装大样图、铺装结构剖面图。其中“铺装总平面图”在前面章节中已有介绍，铺装大样图是在铺装总平面图的基础上，针对某一特定区域进行特殊放大标注，较详细地表示出来，根据施工需要选定区域，合理布局输出即可。铺装结构剖面图是说明园路结构材料及做法的图纸。

（2）园林建筑

园林建筑是指在园林绿地内具有使用功能，同时又与园林环境构成优美的景观，以供游人游览和使用的各类建筑物或构筑物。园林建筑根据其自身的特征归纳起来有五个主要的特点。

① 园林建筑的功能要求主要是满足人们的休憩和文化娱乐生活，艺术性要求高，因此园林建筑应该有较高的观赏价值并富于诗情画意。

② 由于园林建筑具有很强的休憩游乐生活多样性和观赏性，因此在设计方面的灵活性特别大，可以说是无规可循，构园无格。

③ 园林建筑所提供的空间要能适合游人在动中观景，做到步移景异。

④ 园林建筑是园林与建筑有机结合的产物，无论是在风景区还是市区内造园，出自对自然景色固有美的向往，都要使建筑物的设计有助于增添景色，并与园林环境相协调。

⑤ 组织园林建筑空间的物质手段，除了建筑营建之外，筑山理水、植物配置也非常重要。它们之间不是彼此孤立的，应该紧密配合，达到一定的景观效果。

园林建筑的形式和种类非常丰富，是园林中重要的造园要素。常见的园林建筑有亭、台、榭、廊、阁、轩、楼、舫、厅堂等。按其使用功能可分为以下四类。

① 游憩性建筑：供游人休息、游赏用的建筑，它既有简单的使用功能，又有优美的建筑造型，如亭、廊、花架、榭、舫等。

② 文化娱乐性建筑：供在园林中开展各种活动用的建筑，如游船码头、游艺室、各类展厅等。

③ 服务性建筑：为游人在游览途中提供生活服务的建筑，如各类型小卖部、茶室、餐厅、接待室、公用卫生间等。

④ 管理性建筑：供园林管理使用的建筑，如公园大门、办公管理室等。

（3）园林小品

园林小品是指体量较小、以装饰园林环境为主，注重外观形象的艺术效果，又兼有一定使用功能的小型设施，如园椅、园灯、景墙、花池、栏杆、雕塑等。按其使用功能可分为以下五类。

① 供人休息的小品。包括各种造型的园椅、园凳、园桌等。常结合环境，用自然块石或用混凝土制作仿石、仿树墩的凳、桌，或利用花坛、花台边缘的矮墙来制作椅、凳等；围绕大树基部设椅凳，既可休息，又能纳凉。

② 装饰性小品。包括固定的和可移动的花钵、饰瓶，装饰性的花格、雕塑，各种景墙、景窗等，在园林中起到点缀作用。

③ 展示性小品。包括布告板、导游图板、指路标牌，以及动物园、植物园和文物古建筑的说明牌、阅报栏、图片画廊等，对游人有宣传、教育的作用。

④ 服务性小品。包括为游人服务的饮水泉、洗手池、时钟塔等；为保护游人和园林设施的栏杆、花坛绿地的边沿装饰等；为保持环境卫生的废料箱等。

⑤ 结合照明的小品。包括各种形状、材料的园灯等。园灯的基座、灯柱、灯头都有很强的装饰作用。

任务2.1 设计铺装结构详图

2.1.1　铺装结构详图设计的相关知识

园林场地或园路的铺装一般由路基和路面两部分组成。路基是在地面上按铺装场地或路线的平面位置和纵坡要求开挖或填筑成一定断面形状的土质或石质结构体。路面结构铺筑于路基顶面的路槽之中。路面常常是分层修筑的多层结构，按所处层位和作用的不同，路面结构层由上至下主要有面层、基层、垫层等结构。在采用块料或粒料作为面层时，常需要在基层上设置一个结合层来找平或黏结，以使面层和基层紧密结合。在铺装结构详图中，除标高以米为单位以及特殊说明以外，其余尺寸单位均为毫米。

2.1.1.1　铺装结构及材料选择

铺装一般由面层、结合层（找平层）、基层（结构层）、垫层、路基和附属工程等部分组成。

（1）面层

设计要求：坚固、平稳、耐磨耗，具有一定的粗糙度，少尘、不反光、不渗水、易清扫，有色彩要求和足够的强度，一般厚度为30～200mm。

材料选择：青页岩、红页岩、石块（板）、花岗石、石灰岩、卵石、碎石、碎大理石等天然材料；混凝土（彩色、本色）、沥青混凝土、青砖、方砖、水磨石、斩假石、碎砖、瓦、瓷片等人造材料。

（2）结合层（找平层）

设计要求：在面层和基层之间，为了结合和找平而设置的一层。在设计采用块料铺筑面层时需设此层，一般厚度为30～50mm。

材料选择：白灰砂浆、水泥砂浆、混合砂浆、白灰干砂、粗砂。

（3）基层（结构层）

设计要求：一般在垫层之上，作用是承重和传递荷载，支承由面层传下来的荷载，再把此荷载扩散传给路基，厚度150～300mm，一般为200mm左右。

材料选择：素混凝土、钢筋混凝土、级配砾石、碎石、灰土、各种工业废渣等。

（4）垫层

设计要求：传递荷载，解决排水、隔热、防冻的问题，用于整体性路面、地下水位高的地方，以及北方寒冷地区。

材料选择：炉灰渣、碎石、矿渣、石灰土等。

（5）路基

设计要求：路基为路面提供平整的基面，承受荷载，保障路面的强度和稳定。按照经验，一般黏土或砂性土开挖后夯实3遍，如无特殊要求，就可直接作为路基。在严寒地区，严重的过湿冻胀土或湿软呈橡皮状土，宜采用1∶9或2∶8灰土加固路基，厚度一般为150mm。

材料选择：岩石、碎石土、砂土、黏性土4大类天然地基土，是不需要人工加固的天然土层；石屑、砂、混合灰土等，是需要人工处理或改良的地基。

（6）附属工程

1）道牙（路缘石）　道牙一般分为立道牙和平道牙两种形式，如图2-1所示。它们安置在路面两侧，衔接路面与路肩，并能保护路面，便于排水。道牙一般用砖、混凝土或花岗岩制成，在园林中也可以用瓦、大卵石等材料。

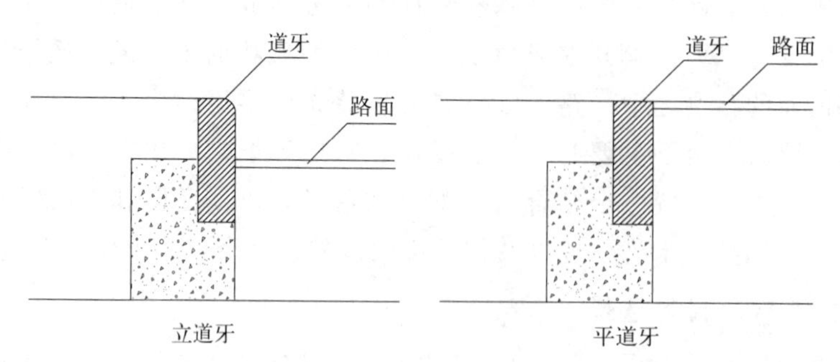

图2-1　道牙形式图示

2）明沟和雨水井　是为收集路面雨水而建的构筑物，在园林中常用砖块砌成。

3）台阶、礓礤、蹬道　具体内容如下。

① 台阶。当路面坡度超过15%时，为了便于行走，在不通行车辆的路段上，可设台阶。台阶的宽度与路面相同，每级踏步的高度为12～17cm，宽度为30～38cm。一般台阶不宜连续使用，如地形许可，每10～18级踏步后应设一段平坦的地段，使游人有恢复体力的机会。为了防止台阶积水、结冰，每级踏步应有1%～2%的向下坡度，以利排

水。在园林中，根据造景的需要，台阶可以用天然山石、预制混凝土做成木纹板、树桩等各种形式，装饰园景。

② 礓䃺。在坡度较大的地段上，一般纵坡超过 15%时，本应设台阶，但为了能通行车辆，将斜面做成锯齿形坡道，称为礓䃺。其形式和尺寸如图 2-2 所示。

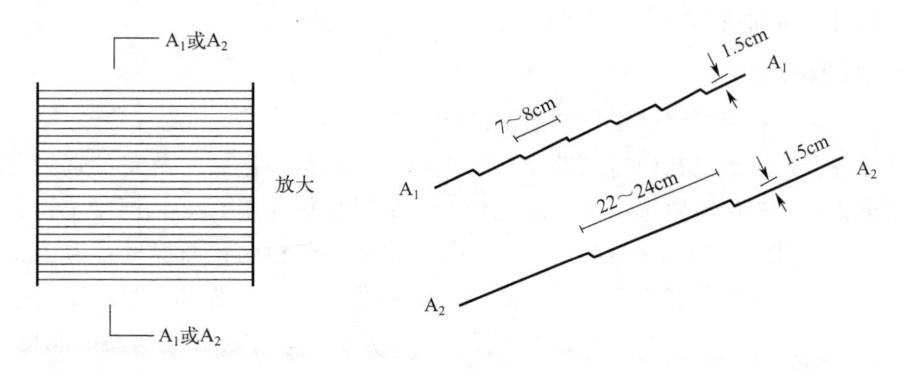

图 2-2　礓䃺做法

③ 磴道。在地形陡峭的地段，可结合地形或利用露岩设置蹬道。当其纵坡大于 60%时，应做防滑处理，并设扶手栏杆。

2.1.1.2　铺装结构详图的设计内容及绘制要求

（1）立面图及剖面图

为了直观地反映出园林道路、广场的结构和做法，在园路广场施工图中通常要绘制立面图及剖面图。图中需要标注高程，表层、基础做法，以及对应的剖切符号、索引符号、尺寸、材料、图名、比例尺等。

（2）结构图

① 设定 x、y 方向轴线，以利于施工定位。在 x 轴方向上用阿拉伯数字表示，从左至右依次标记，在 y 轴方向上用大写字母表示，从下至上依次标记。

② 合理地标记柱、梁等的细节尺寸，也可用索引的方式进行深入说明，如角度、配筋直径、间距、顶标高等细节。

③ 结合场地实际现状，有补充说明的文字需在图纸旁边进行备注强调。

（3）绘制要求

铺装结构为多层结构，采用引出线标注各层材料类型、厚度、做法等。引出线宜共用，应通过被引出的各层。文字说明宜注写在水平线的上方，或注写在水平线的端部。说明的顺序应由上至下，并应与被说明的层次相一致。当铺装剖面较长，且沿长度方向的形状相同时，可断开省略绘制，断开处应该以折断线表示。铺装剖面图中，各层材料宜采用规定的图例来表示。图例表达要正确、清楚。

2.1.2　铺装结构详图设计的实践操作

2.1.2.1　任务分析

已知砺精园的园路不通行机动车，因此园路对承重要求不高，设置结构主要功能是保护路面不沉降。已确定主园路铺装采用花岗岩和烧结砖两种面层材料。该类型铺装一般都是采用现浇的混凝土作为基层，在混凝土基层上铺垫一层水泥砂浆，起到路面找平和结合作用。砺精园建设地点在沈阳市，需考虑防冻、区域土壤、地下水位等问题，确定是否增加垫层。由于路面边缘容易破碎和脱落，因此该类型铺地最好设置道牙，以保护路面，同时使路面更加整齐、美观。

2.1.2.2 任务实施

（1）第一步：花岗岩园路结构剖面图设计

通过任务分析，确定花岗岩园路结构为五层，再进行各层施工材料的选择：路基材料选用素土夯实；垫层材料选用天然级配砂石；基层材料选用 C20 素混凝土；结合层材料选用 1∶5 干硬性水泥砂浆先找平，再用 1∶1 水泥砂浆粘贴；面层材料为 25mm 厚的花岗岩板，再用素水泥浆擦缝，低于板面 3mm。按照“薄面、强基、稳基土”的设计原则，路基一定要充分夯实，基层的强度和厚度一定要够用，才能保证园路的质量。另外，为了降低造价，应尽量使结构设计经济、合理、耐用，如图 2-3 所示。本任务中的园路是人行路，紧临绿地，为了保持面层设计图案的整体性，直接使用面层材料收边，作为道牙使用。

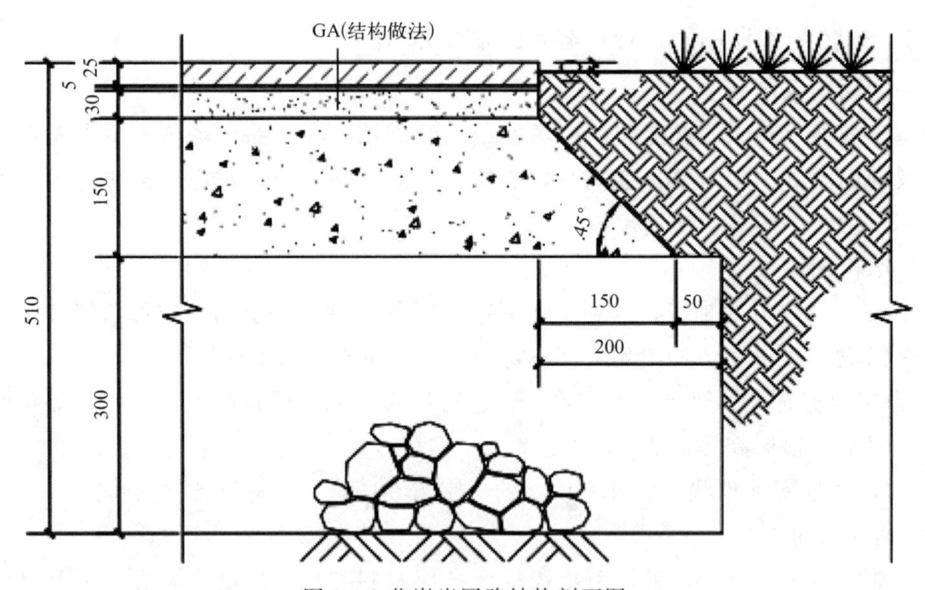

图 2-3　花岗岩园路结构剖面图

（2）第二步：烧结砖园路结构剖面图设计

已知部分园路铺装采用整形 60mm 厚的烧结砖面层材料。该类面层材料可作为道路结构面层，其下直接铺 50mm 厚的粗砂作为找平层，C20 素混凝土作为基层（保护路面），250mm 厚天然级配砂石作为垫层，路基为素土夯实。为了保护路面、便于排水，采用花岗岩条石收边，使路面与路肩在高程上衔接，如图 2-4 所示。

（3）第三步：游步道结构剖面图设计

依据任务分析，确定该小游园游步道结构设计为：路基为原土夯实，采用 40mm 厚

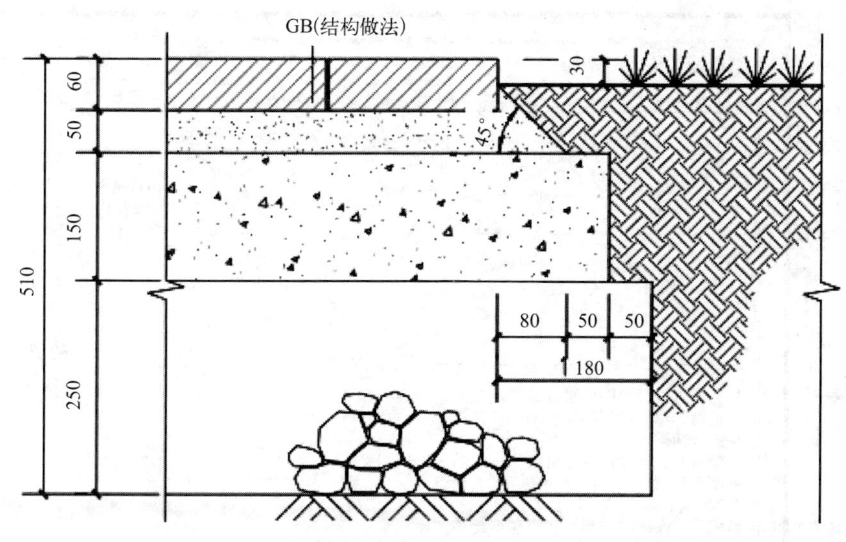

图 2-4 烧结砖园路结构剖面图

的中砂作为垫层和找平，面层选用 80mm 或 50mm 厚的花岗岩；不设置道牙，如图 2-5 所示。

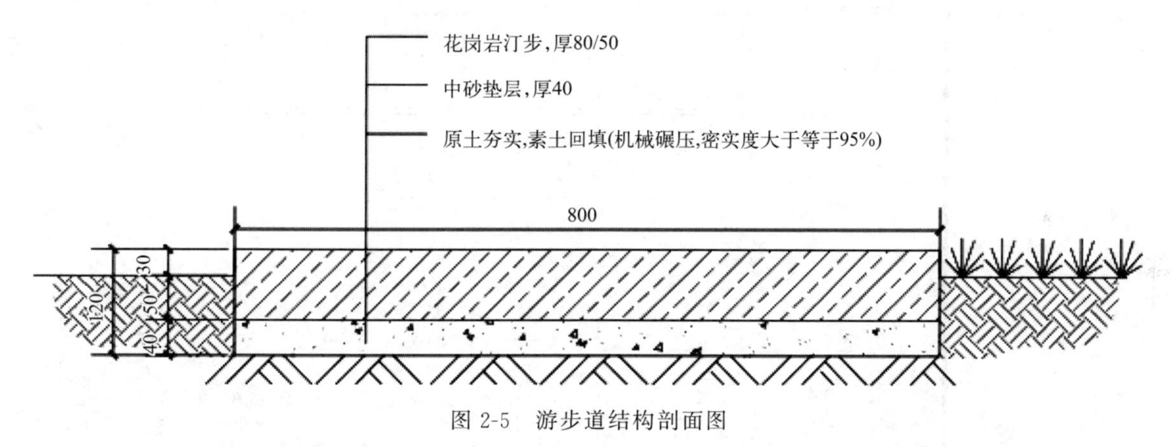

图 2-5 游步道结构剖面图

（4）第四步：其他及整理出图

编写必要的设计说明，完善园路台阶等的结构设计，整体检查与修改道路铺装剖面图设计。使用设计公司标准 A3 图框，在 CAD 布局中选用合适比例把园路铺装剖面图合理布置在标准图框内。一般以文字、尺寸清晰可见为标准，依据图样与图框的大小设置出图比例，出图打印（图 2-6）。

2.1.2.3 任务小结

为了使铺装结构经济、合理，提高面层质量，设计时最好采用“薄面层、强基层、稳基土”的铺装结构。在铺装结构设计上，重视路基的强度，根据需要合理设计结构层。在材料选择上，尽可能地使用当地材料，例如：近山区宜选用片石、块石等；近江河区宜选用卵石、河沙等；近工业区宜选用工业废渣、废料等；近砖瓦窑区宜选用砖、瓦等。

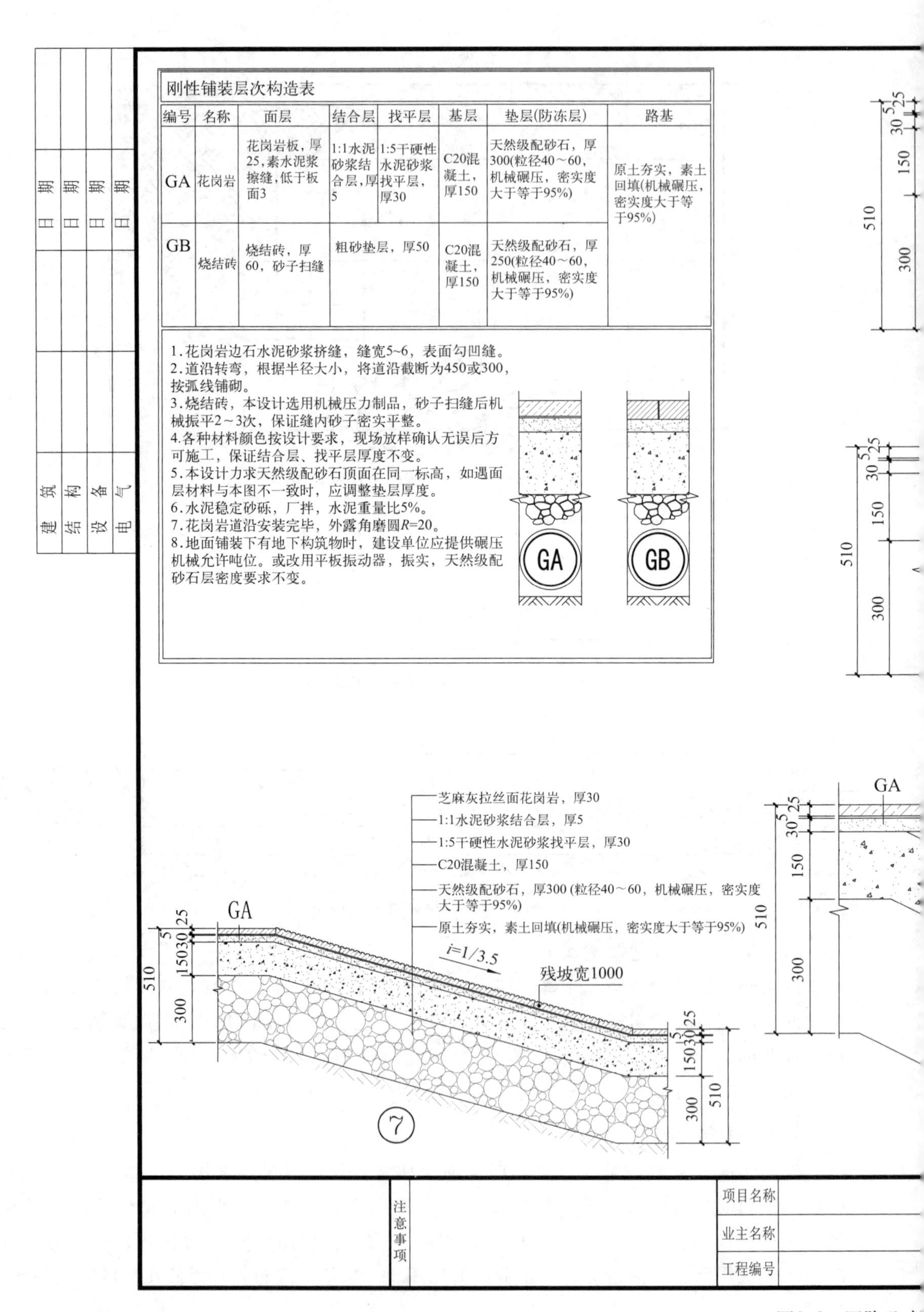

刚性铺装层次构造表

编号	名称	面层	结合层	找平层	基层	垫层(防冻层)	路基
GA	花岗岩	花岗岩板，厚25，素水泥浆擦缝，低于板面3	1:1水泥砂浆结合层，厚5	1:5干硬性水泥砂浆找平层，厚30	C20混凝土，厚150	天然级配砂石，厚300(粒径40～60，机械碾压，密实度大于等于95%)	原土夯实，素土回填(机械碾压，密实度大于等于95%)
GB	烧结砖	烧结砖，厚60，砂子扫缝	粗砂垫层，厚50		C20混凝土，厚150	天然级配砂石，厚250(粒径40～60，机械碾压，密实度大于等于95%)	

1.花岗岩边石水泥砂浆挤缝，缝宽5~6，表面勾凹缝。
2.道沿转弯，根据半径大小，将道沿截断为450或300，按弧线铺砌。
3.烧结砖，本设计选用机械压力制品，砂子扫缝后机械振平2～3次，保证缝内砂子密实平整。
4.各种材料颜色按设计要求，现场放样确认无误后方可施工，保证结合层、找平层厚度不变。
5.本设计力求天然级配砂石顶面在同一标高，如遇面层材料与本图不一致时，应调整垫层厚度。
6.水泥稳定砂砾，厂拌，水泥重量比5%。
7.花岗岩道沿安装完毕，外露角磨圆R=20。
8.地面铺装下有地下构筑物时，建设单位应提供碾压机械允许吨位。或改用平板振动器，振实，天然级配砂石层密度要求不变。

图2-6 园路及广

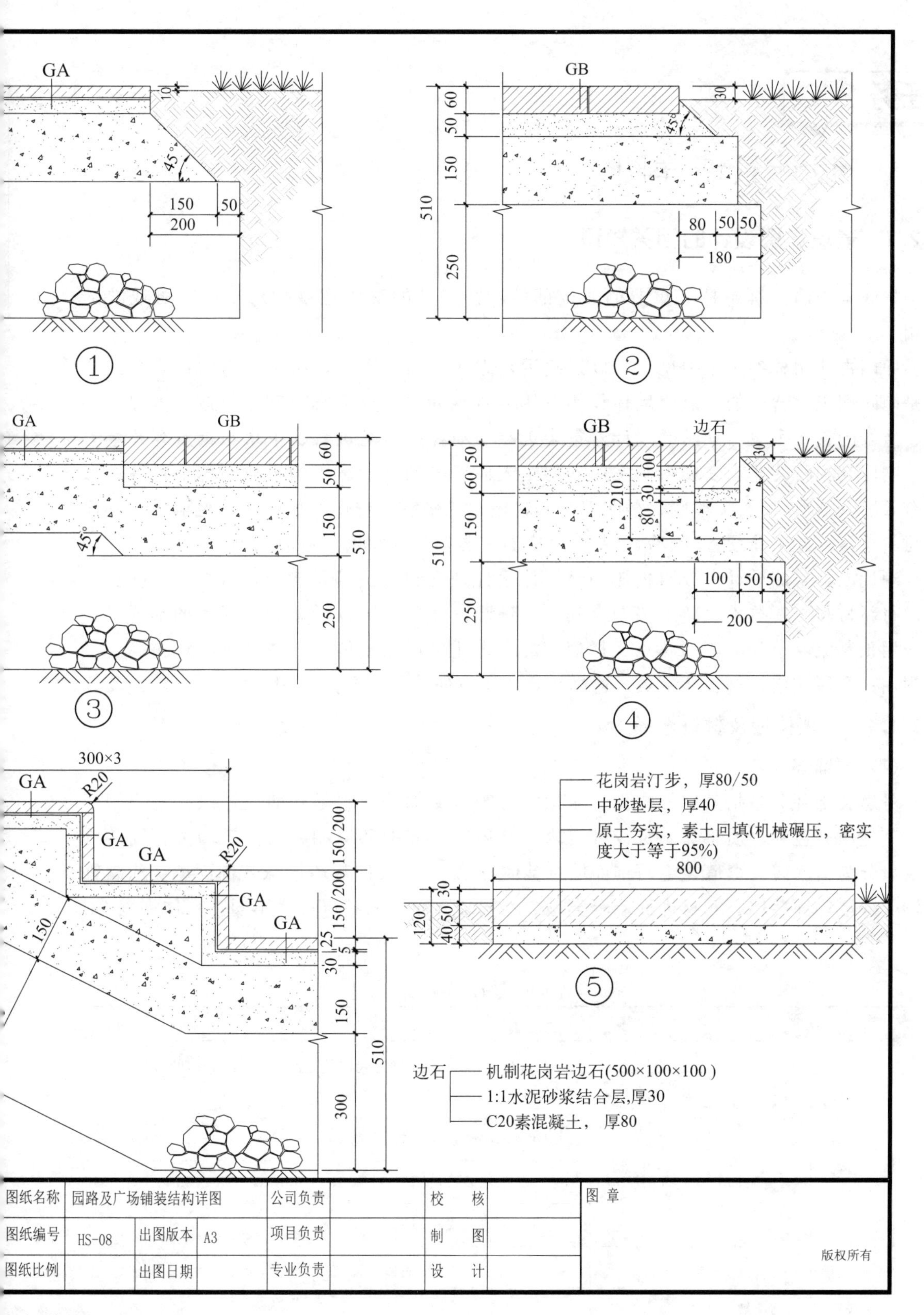

图纸名称	园路及广场铺装结构详图			公司负责		校　核		图 章
图纸编号	HS-08	出图版本	A3	项目负责		制　图		
图纸比例		出图日期		专业负责		设　计		版权所有

场铺装结构详图

任务 2.2 设计景墙详图

2.2.1 景墙详图设计的相关知识

景墙是中国古典园林中重要的建筑部件，在园林的整体意境构筑中有不可或缺的作用。

中国古典园林善于小中见大，以近喻远，方寸之间见天下，所以院内的每一个细节都是园匠们极力营造的重点。墙体作为常用的景观元素，是园林景观中过渡、分隔、装饰、造景的重要手段。景墙的设计着重表现在藏与漏、看与被看、主从与重点等几个方面，它以其独特的艺术表现力和实用功能给人们以美的感受。中国古典园林中景墙的形式有云墙（波形墙）、梯形墙、漏明墙、白粉墙、花格墙、虎皮石墙、竹篱笆墙等。其建造材料丰富，施工简便。《园冶》中说："宜石宜砖，宜漏宜磨，各有所制。"

现代园林景墙设计在汲取古典园林墙体设计理念和技法的基础上，推敲、重构、传承，将新材料、新技术、新工艺融合其中。景墙设计多采用较低矮和较通透的形式，普遍应用预制混凝土和金属的花格、栏栅。混凝土花格可以整体预制或用预制块拼砌，经久耐用；金属花格栏栅轻巧精致，遮挡少，施工方便，小型公园应用较多。

2.2.1.1 景墙构造及材料选择

（1）装饰部分

景墙装饰部分是指景墙外饰面、压顶等外观可见部分。它是景墙设计风格的直观表现，其材质、色彩、质感除满足设计要求外，还应与周围环境相融合。景墙按不同装饰面层可分为清水砖勾缝墙、毛石饰面墙（整体石墙）、一般抹灰墙或抹灰饰面墙、涂料饰面墙、外墙饰面砖墙、石材饰面墙等类型。不同装饰面层的基层做法不同，具体如表 2-1 所示。

表 2-1 常见景墙饰面做法

序号	类别		基层墙体	做法	备注
1	清水砖勾缝墙	/	普通砖、空心砖砌块、多孔砖	—清水砖墙 1∶1 水泥砂浆勾凹缝，缝宽 10～15mm，凹入 3～5mm	
2	毛石饰面墙	勾缝装饰	石块墙	—1∶2 水泥砂浆勾平缝，缝宽 20～25mm，凸出 3～4mm	
				—1∶2 水泥砂浆勾凹缝，缝宽 10～25mm，凹入 5～8mm	
				—1∶2 水泥砂浆不勾缝	
3	一般抹灰墙	水泥砂浆饰面墙	不限定	—6mm 厚 1∶2.5 水泥砂浆面层 —12mm 厚 1∶3 水泥砂浆打底扫毛或划出纹道 —聚合物水泥砂浆一道（砖墙基面可省略）	

续表

序号	类别		基层墙体	做法	备注
4	抹灰饰面墙	彩色饰面砂浆	非黏土多孔砖墙、混凝土墙、混凝土砌块墙、加气混凝土墙	—无机粉末剂 —无机饰面砂浆 —无机抗渗界面剂 —1∶2.5 水泥砂浆找平	
		水刷石墙面，普通水泥、白色或彩色水泥	非黏土多孔砖墙、混凝土墙、混凝土砌块墙	—8mm 厚 1∶1.5 水泥石子(小八厘)或 8 厚 1∶2.5 水泥石子(中八厘)面层 —素水泥浆一道(内掺水重 5%建筑胶) —12mm 厚 1∶3 水泥砂浆中层底抹平，扫毛或划出纹道 —聚合物水泥砂浆一道(砖墙基面可省略)	
		水刷小豆石墙面，普通水泥、白色或彩色水泥		—12mm 厚 1∶1.5 水泥小豆石(粒径 5～8)面层 —素水泥浆一道(内掺水重 5%建筑胶) —12mm 厚 1∶3 水泥砂浆中层底抹平，扫毛或划出纹道 —聚合物水泥砂浆一道(砖墙基面可省略)	
5	涂料饰面墙	无机建筑涂料、合成树脂乳液涂料、溶剂型外墙涂料等	非黏土多孔砖墙	—外涂 —6mm 厚 1∶2.5 水泥砂浆 —12mm 厚专用 1∶3 水泥砂浆打底，扫毛或划出纹道	
			大规模混凝土墙	—外涂 —12mm 厚 1∶2.5 水泥砂浆 —素水泥砂浆一道(内掺水重 5%建筑胶) —5mm 厚专用 1∶3 水泥砂浆打底，扫毛或划出纹道 —聚合物水泥砂浆一道	
			混凝土砌块墙、混凝土空心砌块墙	—外涂 —聚合物水泥砂浆修补平整	
6	外墙饰面砖墙	陶瓷饰面砖、墙面劈开砖、墙面彩色釉面砖	非黏土多孔砖墙	做法一(水泥砂浆) —1∶1 水泥(或白水泥掺色)砂浆(细砂)勾缝 —贴 8～10mm 厚外墙饰面砖，随贴随涂刷一道混凝土界面处理剂 —6mm 厚 1∶2.5 水泥砂浆(掺建筑胶) —12mm 厚 1∶3 水泥砂浆打底，扫毛或划出纹道 做法二(丁苯乳胶黏结剂) —丁苯乳胶改性双组分填缝剂 —8～10mm 厚外墙砖 —3～6mm 厚丁苯乳胶改性双组分胶黏剂 —10～20mm 厚丁苯乳胶改性双组分预拌砂浆找平	
			大规模混凝土墙	做法一(水泥砂浆) —1∶1 水泥(或白水泥掺色)砂浆(细砂)勾缝 —贴 8～10mm 厚外墙饰面砖，随贴随涂刷一道混凝土界面处理剂 —聚合物水泥砂浆修补平整 做法二(丁苯乳胶黏结剂) —丁苯乳胶改性双组分填缝剂 —8～10mm 厚外墙砖 —3～6mm 厚丁苯乳胶改性双组分胶黏剂 —10～20mm 厚丁苯乳胶改性双组分预拌砂浆找平 —1～3mm 厚丁苯乳胶改性双组分界面剂	

续表

序号	类别		基层墙体	做法	备注
6	外墙饰面砖墙	陶瓷饰面砖、墙面劈开砖、墙面彩色釉面砖	混凝土砌块墙、混凝土空心砌块墙	做法一(水泥砂浆) —1∶1水泥(或白水泥掺色)砂浆(细砂)勾缝 —贴8～10mm厚外墙饰面砖,随贴随涂刷一道混凝土界面处理剂 —6mm厚1∶2.5水泥砂浆(掺建筑胶) —素水泥一道(内掺水重5%建筑胶) —5mm厚1∶3水泥砂浆打底,扫毛或划出纹道 —聚合物水泥砂浆一道 做法二(丁苯乳胶黏结剂) —丁苯乳胶改性双组分填缝剂 —8～10mm厚外墙砖 —3～6mm厚丁苯乳胶改性双组分胶黏剂 —10～20mm厚丁苯乳胶改性双组分预拌砂浆找平 —1～3mm厚丁苯乳胶改性双组分界面剂	
		陶瓷锦砖墙面、玻璃马赛克墙面	非黏土多孔砖墙	做法一(水泥砂浆) —白水泥擦缝或1∶1彩色水泥细砂砂浆勾缝 —5mm厚陶瓷(玻璃)锦砖(贴前锦砖用水浸湿) —3mm厚建筑胶水泥砂浆(或专用胶)黏结层 —素水泥一道(用专用胶黏结时无此工序) —9mm厚1∶3水泥砂浆打底,压实抹平(用专用胶黏结时要平整) 做法二(丁苯乳胶黏结剂) —丁苯乳胶改性双组分填缝剂 —3～6mm厚锦砖 —2～5mm厚丁苯乳胶改性双组分胶黏剂 —10～20mm厚丁苯乳胶改性双组分预拌砂浆找平	
			大规模混凝土墙	做法一(水泥砂浆) —白水泥擦缝或1∶1彩色水泥细砂砂浆勾缝 —5mm厚陶瓷(玻璃)锦砖(贴前锦砖用水浸湿) —3mm厚建筑胶水泥砂浆(或专用胶)黏结层 —素水泥一道(用专用胶黏结时无此工序) —9mm厚1∶3水泥砂浆打底,压实抹平(用专用胶黏结时要平整) —聚合物水泥砂浆修补平整 做法二(丁苯乳胶黏结剂) —丁苯乳胶改性双组分填缝剂 —3～6mm厚锦砖 —2～5mm厚丁苯乳胶改性双组分胶黏剂 —10～20mm厚丁苯乳胶改性双组分预拌砂浆找平 —1～3mm厚丁苯乳胶改性双组分界面剂	
			混凝土砌块墙、混凝土空心砌块墙	做法一(水泥砂浆) —白水泥擦缝或1∶1彩色水泥细砂砂浆勾缝 —5mm厚陶瓷(玻璃)锦砖(贴前锦砖用水浸湿) —3mm厚建筑胶水泥砂浆(或专用胶)黏结层 —素水泥一道(用专用胶黏结时无此工序) —9mm厚1∶3水泥砂浆打底,压实抹平(用专用胶黏结时要平整) —混凝土界面处理剂(随刷随抹底灰)	

续表

序号	类别		基层墙体	做法	备注
6	外墙饰面砖墙	陶瓷锦砖墙面、玻璃马赛克墙面	混凝土砌块墙、混凝土空心砌块墙	做法二(丁苯乳胶黏结剂) —丁苯乳胶改性双组分填缝剂 —3～6mm 厚锦砖 —2～5mm 厚丁苯乳胶改性双组分胶黏剂 —10～20mm 厚丁苯乳胶改性双组分预拌砂浆找平 —1～3mm 厚丁苯乳胶改性双组分界面剂	
7	石材饰面墙	粘贴石材、石材板、石材碎拼	非黏土多孔砖墙	做法一(水泥砂浆) —1∶1 水泥砂浆(细砂)勾缝 —贴 10～16mm 厚薄型石材,石材背面涂 5 厚胶黏剂 —6mm 厚 1∶2.5 水泥砂浆结合层,内掺水重 5%建筑胶,表面扫毛或划出纹道 —聚合物水泥砂浆一道 —10mm 厚 1∶3 水泥砂浆扫毛或划出纹道 做法二(丁苯乳胶黏结剂) —丁苯乳胶改性双组分填缝剂 —10～25mm 厚外墙石材 —5～8mm 厚丁苯乳胶改性双组分胶黏剂 —10～20mm 厚丁苯乳胶改性双组分预拌砂浆找平	
			大规模混凝土墙	做法一(水泥砂浆) —1∶1 水泥砂浆(细砂)勾缝 —贴 10～16mm 厚薄型石材,石材背面涂 5 厚胶黏剂 —6mm 厚 1∶2.5 水泥砂浆结合层,内掺水重 5%建筑胶,表面扫毛或划出纹道 —聚合物水泥砂浆一道 —5mm 厚 1∶3 水泥砂浆扫毛或划出纹道 —聚合物水泥砂浆修补平整 做法二(丁苯乳胶黏结剂) —丁苯乳胶改性双组分填缝剂 —10～25mm 厚外墙石材 —5～8mm 厚丁苯乳胶改性双组分胶黏剂 —10～20mm 厚丁苯乳胶改性双组分预拌砂浆找平 —1～3mm 厚丁苯乳胶改性双组分界面剂	
			混凝土砌块墙、混凝土空心砌块墙	做法一(水泥砂浆) —1∶1 水泥砂浆(细砂)勾缝 —贴 10～16mm 厚薄型石材,石材背面涂 5 厚胶黏剂 —6mm 厚 1∶2.5 水泥砂浆结合层,内掺水重 5%建筑胶,表面扫毛或划出纹道 —聚合物水泥砂浆一道 —5mm 厚 1∶3 水泥砂浆扫毛或划出纹道 做法二(丁苯乳胶黏结剂) —丁苯乳胶改性双组分填缝剂 —10～25mm 厚外墙石材 —5～8mm 厚丁苯乳胶改性双组分胶黏剂 —10～20mm 厚丁苯乳胶改性双组分预拌砂浆找平	

续表

序号	类别		基层墙体	做法	备注
7	石材饰面墙	挂贴石材（配有钢筋网）	非黏土多孔砖墙、混凝土墙、混凝土砌块墙、加气混凝土墙	做法一（水泥砂浆） —稀水泥浆擦缝 —20～30mm 厚石材板，由板背面预留穿孔（或沟槽）穿 18 号钢丝（或 24 号不锈钢挂钩），与双向钢筋网固定，石材板与砖墙间空隙层用 1∶2.5 水泥砂浆灌实 —ϕ6 双向钢筋网（中距按板材尺寸）与墙内预埋钢筋（伸出墙面 50mm）电焊（或 18 号低碳镀锌钢丝绑扎） —（砖墙）墙内预埋 ϕ8 钢筋，伸出 50mm，横向中距 700mm 或按板材尺寸。竖向中距 10 皮砖 —（混凝土墙）墙内预埋 ϕ8 钢筋，伸出 50mm，或预埋 50mm×50mm×4mm 钢板，双向中距 700mm 做法二（丁苯乳胶黏结剂） —丁苯乳胶改性双组分填缝剂 —20～30mm 厚外墙石材，由板背面预留沟槽，采用石材干挂胶粘贴不锈钢片，18 号铜丝与不锈钢片连接并用钢钉固定至结构层 —5～8mm 厚丁苯乳胶改性双组分胶黏剂 —10～20mm 厚丁苯乳胶改性双组分预拌砂浆找平	
		干挂天然石材墙面	清水砖墙、清水混凝土墙	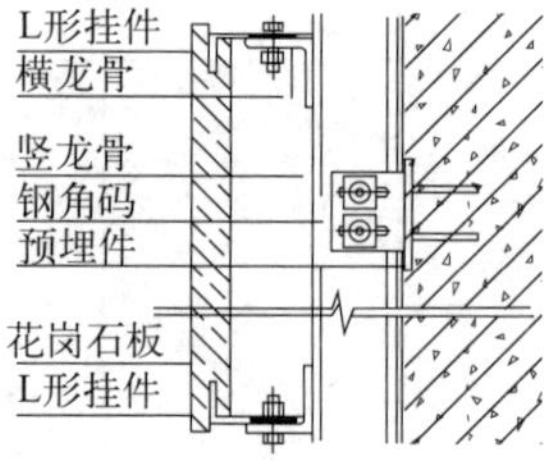 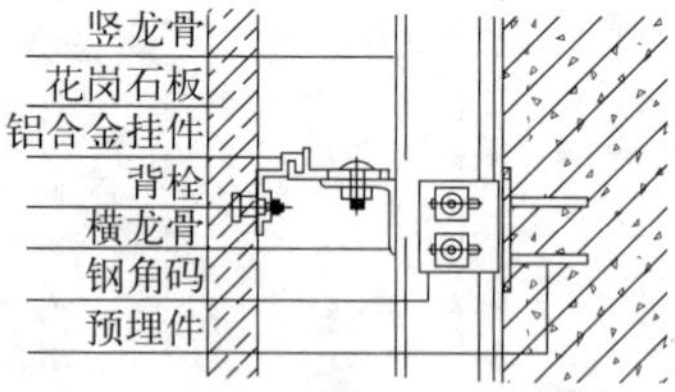 L形挂件 横龙骨 竖龙骨 钢角码 预埋件 花岗石板 L形挂件 图 1 竖龙骨 花岗石板 铝合金挂件 背栓 横龙骨 钢角码 预埋件 图 2 图 1 以 L 形缝挂式干挂石材墙面为例，图示节点为密缝式节点，也可做成开放式节点，竖缝做防水处理，安装防水条 图 2 以背栓式干挂石材墙面为例，图示节点为密缝式节点，也可做成开放式节点，竖缝做防水处理，安装防水条	

（2）构造部分

将景墙装饰部分剖开，看到的内部结构即为景墙的构造部分。构造部分作为装饰部分的骨架，起支撑作用。景墙墙体的构造做法可分为砌体实体结构、钢筋混凝土结构、轻钢结构三类，具体如下。

① 砌体实体结构。砌体实体结构材料包括普通砖、空心砖砌块、多孔砖、石砌块等。砌体实体结构的优点在于可以就地取材、造价低、施工难度低；缺点是强度低、自身抗震

能力差，不适用于大体量景墙。此外，由于受砌块形态所限，异型设计施工难度大。

② 钢筋混凝土结构。钢筋混凝土结构的优点在于取材容易，耐久性、耐火性、可塑性、整体性好；缺点是钢筋混凝土结构抗裂性较差，受拉和受弯等构件在正常使用时往往带裂缝工作，对一些不允许出现裂缝或对裂缝宽度有严格限制的结构，要满足这些要求就需要提高工程造价。

③ 轻钢结构。除以上两种构造做法外，景墙构造也可采用轻钢结构。轻钢结构的优点在于抗风性、抗震性、耐久性、耐火性好；缺点在于造价高。

从外饰面形式来看，一般抹灰墙、抹灰饰面墙、涂料饰面墙、饰面砖墙、粘贴石材饰面墙、挂贴石材饰面墙可采用砌体实体结构或钢筋混凝土结构；干挂石材等饰面多用于轻钢结构景墙。墙体结构具体采用何种做法，需综合当地基础条件、工期、造价等多方面因素决定。

(3) 基础部分

景墙地下部分构造称为基础部分。基础部分主要承受景墙的垂直荷载并传递给地下土基。在进行施工图设计时，要充分考虑墙体高度、厚度及总长度。当墙体高度超过 1m 时，宜与结构工程师配合，共同进行设计。对于砌体结构景墙，当景墙体量较大时，应设置柱墩或钢筋混凝土构造柱，为增强墙体耐久性，应设置压顶或采取措施加固墙体的顶部。需要注意的是，当景墙高度不大且土质条件较好时，基础施工图可由园林设计师负责，否则应由结构工程师设计。

基础按材料性能及受力特点可分为刚性基础和柔性基础。

① 刚性基础。主要承受压应力的基础，一般用抗压性能好，但抗拉、抗剪性能较差的材料，如砖、灰土、混凝土、三合土、毛石等。在设计中，由于受地耐力的影响，基底应比基顶墙（柱）宽些，即 B0＞B，如图 2-7 所示。应尽量使基础大放脚与基础材料的刚性角相一致，以确保基础底面不产生拉应力，最大限度地节约基础材料。

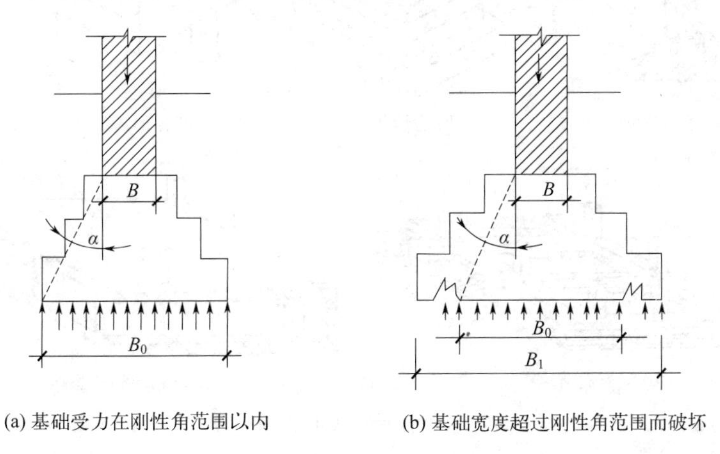

(a) 基础受力在刚性角范围以内　　(b) 基础宽度超过刚性角范围而破坏

图 2-7　刚性基础受力特点

② 柔性基础。用于地基承载力较差、上部荷载较大、设有地下室且基础埋深较大的建筑。用抗拉、抗压、抗弯、抗剪性能均较好的钢筋混凝土材料做基础（不受刚性角的限制）。此类基础为柔性基础，其构造如图 2-8 所示。

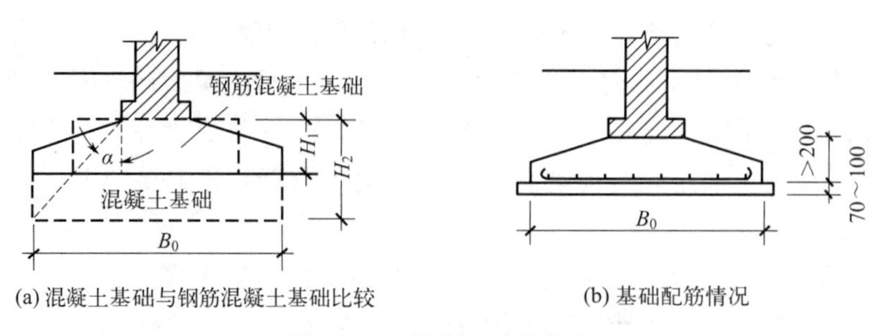

(a) 混凝土基础与钢筋混凝土基础比较　　(b) 基础配筋情况

图 2-8　柔性基础受力特点

基础按构造形式可分为条形基础、独立基础、满堂基础、桩基础等。

① 条形基础。是指基础长度远远大于宽度的一种基础形式，如图 2-9（a）所示。按上部结构分为墙下条形基础和柱下条形基础。作用是把墙或柱的荷载侧向扩展，使之满足地基承载力和变形的要求。条形基础的长度大于或等于 10 倍基础的宽度。

② 独立基础。建筑物上部结构采用框架结构或单层排架结构承重时，基础常采用圆柱形和多边形等形式的基础。这类基础称为独立式基础，也称单独基础。如图 2-9（b）、（c）所示。独立基础分三种：阶形基础、坡形基础、杯形基础。

③ 满堂基础。满堂基础是用板梁墙柱组合浇筑而成的基础。一般有板式（也叫无梁式）基础、梁板式（也叫片筏式）基础和箱形基础三种形式，如图 2-9（d）、图 2-9（e）所示。当钢筋混凝土基础埋深很大，为了加强建筑物的刚度，可用钢筋混凝土筑成有底板、顶板和四壁的箱形基础。箱形基础内部可用作地下室。

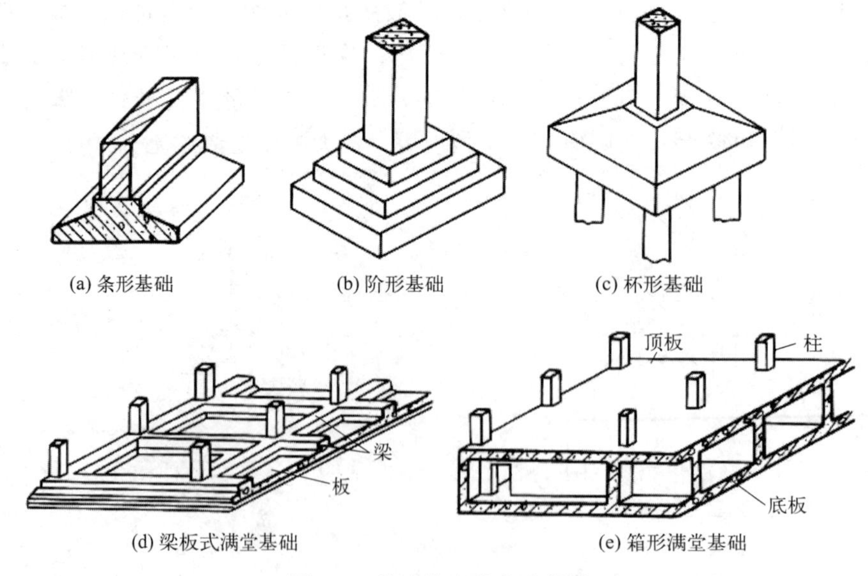

(a) 条形基础　(b) 阶形基础　(c) 杯形基础

(d) 梁板式满堂基础　(e) 箱形满堂基础

图 2-9　基础构造形式示意图

④ 桩基础。桩基础是一种承载能力高、适用范围广的基础形式。如建筑物上部荷载较大，地基土表层软弱，土厚度大于 5m，可考虑选用桩基础。桩基础种类很多，按材料可以分为钢筋混凝土桩基础、钢桩基础、地方材料（砂、石、木材等）桩基础等。按桩的受力性能可分为端承桩（由桩把上部荷载传递给与之接触的下部好土）和摩擦桩（依靠桩身与

周围土之间的摩擦力传递上部荷载）两种。工程上常见的桩基础为钢筋混凝土桩基础。

（4）伸缩缝和沉降缝

① 伸缩缝。当建筑物较长时，为避免建筑物因热胀冷缩而使结构构件产生裂缝所设置的变形缝。设置伸缩缝时，通常是沿建筑物长度方向每隔一定距离或结构变化较大处在垂直方向预留缝隙，将基础以上的建筑构件全部断开，分为各自独立的能在水平方向自由伸缩的部分。基础部分因受温度变化影响较小，一般不需要断开。

伸缩缝宽度一般为 20～40mm，通常采用 30mm。墙体伸缩缝一般做成平缝形式，当墙体厚度在 240mm 以上时，也可以做成错口缝、企口缝等形式。

② 沉降缝。为防止结构各部分由于地基不均匀沉降引起建筑破坏所设置的垂直缝。当结构相邻部分的高度、荷载和形式差别很大而地基又较弱时，有可能产生不均匀沉降，致使某些薄弱部位开裂。为此，应在适当位置（如复杂的平面或体形转折处，高度变化处，荷载、地基的压缩性和地基处理方法明显不同处）设置沉降缝。

沉降缝与伸缩缝的不同之处是除屋顶、楼板、墙身都要断开外，基础部分也要断开，使相邻部分也可以自由沉降、互不牵制。沉降缝不但应贯通上部结构，而且也应贯通基础本身。沉降缝应考虑缝两侧结构非均匀沉降倾斜和地面高差的影响。抗震缝、伸缩缝在地面以下可不设缝，连接处应加强，但沉降缝两侧墙体基础一定要分开。

2.2.1.2　景墙详图的设计内容及绘制要求

（1）平面图

景墙平面图需从整体上表达景墙全部构件的平面位置及其周边环境，反映景墙的平面形状、长宽尺寸、墙柱定位等情况。景墙平面图是景墙立面图、剖面图设计与绘制的依据。在平面图中应标注景墙图形基本尺寸、标高、压顶材质规格、指北针、索引符号、剖切符号、文字说明等基本信息。

（2）立面图

立面图是景墙外观立面的投影图，反映景墙的立面形状、长宽尺寸，主要表现景墙的外观材料、高度、材质规格等情况。绘制的内容包括立面造型、尺寸标注、高差关系以及主要的立面材料。若立面造型复杂，可绘制正立面和背立面分别表达，同时建议用不同的填充图案分别表示材质，方便读图。

立面图绘制完成后，需结合立面视线方向准确命名立面图，具体命名方式如下。

① 用朝向命名，如南立面图、北立面图。

② 按外貌特征命名，如正立面图、背立面图、左立面图、右立面图、侧立面图。

③ 采用符号表示视向，用标记的符号命名。如表示向“上”正视的立面图在编号为“YS-17”的图纸中，详图编号为“5”的位置。如果就在本图，“YS-17”则可改为“—”。

图名标注时，以上几种命名方式均可使用，但一套施工图最好采取一种方式。对于展开立面图，图名应注明“展开立面图”字样。

（3）剖面图

景墙剖面图是用来表达其内部构造的重要图样。景墙构造部分、基础部分的做法，以及规格、材质等信息均在剖面图上表达。剖面图与平面图相结合，共同表现出景墙内部结构关系。剖面图的剖切位置一般选择在能充分表现其内部构造、结构比较复杂的部分。剖面图的数量视设计复杂程度和实际需要而定，简单设计一般两个剖面图即可。

景墙剖面图的绘制需要注意以下几个要点。

① 将图名、轴线编号与平面图上剖切符号的位置、轴线编号进行对照，可在剖面图中看到剖切位置所经之处表示的内容。

② 剖面图中，被剖切开的构件或截面应画上材料图例；应画出被剖切位置景墙的基础部分、构造部分内部结构形式、位置及相互关系。

③ 图上应标注景墙的内部尺寸与相对标高。

④ 景墙基础、墙体和压顶的构造材料应用文字加以说明。

⑤ 有转折的剖面图应画出转折剖切符号，以方便识图。

⑥ 有需要详图索引的结构部位，应画出详图索引符号。

（4）大样图（局部详图）

景墙大样图（局部详图）是将某一特定区域进行特殊放大标注，较详细地表示出来。当某些形状特殊、开孔或连接较复杂的节点，在整体剖面图中不便表达清楚时，可移出另画大样图，如装饰纹样的材料及尺寸、标识字体与砌体的连接关系，以及景墙的线脚细节做法等内容。

2.2.2 景墙详图设计的实践操作

2.2.2.1 任务分析

通过景墙方案设计成果文件可知，该小游园中的景墙共有 6 处，面层材料分别是花岗岩材质和真石漆材质。园中景墙是独立景墙，位于广场中，与周边建筑物、构筑物没有连接，没有挡土作用，主要功能是造景和展示。绘制施工图前应分析景墙外观形态及材质，充分理解方案设计师的意图，选择结构做法。结构做法基本可以分为砖砌结构、砖混结构、钢筋混凝土结构、钢结构。

绘制景墙施工图，通过对景墙外观、材质规格以及结构的确定推导出景墙具体的长、宽、高，以及结构梁柱的位置，并在绘制过程中不断完善细化，使方案更加合理，最终完成施工详图绘制。

本任务以“景墙二”为例进行景墙详图设计的实践操作。根据方案设计师提供的景墙效果图（图 2-10）可知，“景墙二”为直型景墙，墙身部分为米黄色石材质感饰面，顶部为黑色石材压顶。景墙尺寸一般在方案阶段已经明确，施工图设计师可以参考方案模型，核对尺寸，绘制景墙施工图。

2.2.2.2 任务实施

（1）第一步：景墙平面图设计

① 分析砺精园方案设计文件及方案模型，确定景墙长度为 2000mm，宽度为 420mm。

② 根据设计分析结论绘出景墙平面图轮廓线，压顶石材选用 420mm×400mm×100mm 厚芝麻黑光面花岗岩，按此规格绘制石材分割线。

③ 绘制景墙周围环境平面。景墙位于铺装范围内，局部与绿地相接，用不同填充图

图 2-10　景墙二设计效果图（见彩图）

案区别表示。

④ 标注景墙平面图基本尺寸、标高、压顶材质规格。

⑤ 选择适当剖切位置及观察方向，标注剖切符号和视向符号（图 2-11）。

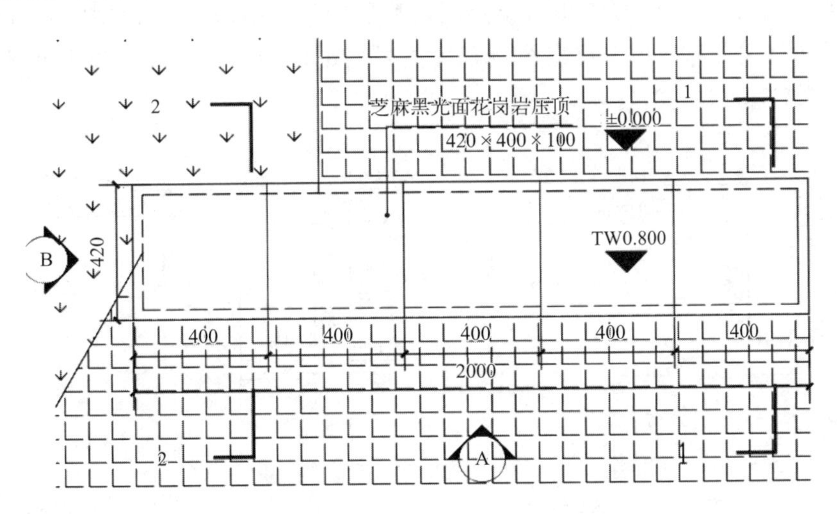

图 2-11　景墙二平面图

（2）第二步：景墙立面图设计

① 根据景墙平面图选择的观察方向，绘制 A、B 两视向立面图。

② 绘制景墙立面图轮廓线，景墙地上部分高度为 800mm。

③ 标注景墙立面图基本尺寸、标高、压顶、饰面材质规格。

④ 标注压顶造型细部索引。石材压顶外缘进行倒角处理，倒角角度、尺寸等信息在立面图中不便表达，移出另做大样图，在石材压顶倒角处准确标记其索引位置（图 2-12）。

（3）第三步：景墙剖面图设计

根据景墙平面图选择的剖切位置，绘制 1-1 剖面图、2-2 剖面图，表现剖切位置的内部构造及基础做法。景墙剖面图地上部分轮廓线与其同视向的立面图轮廓线一致。景墙剖面图除了要体现景墙地上构造部分的结构形式外，还应体现景墙地下基础部分结构形式。

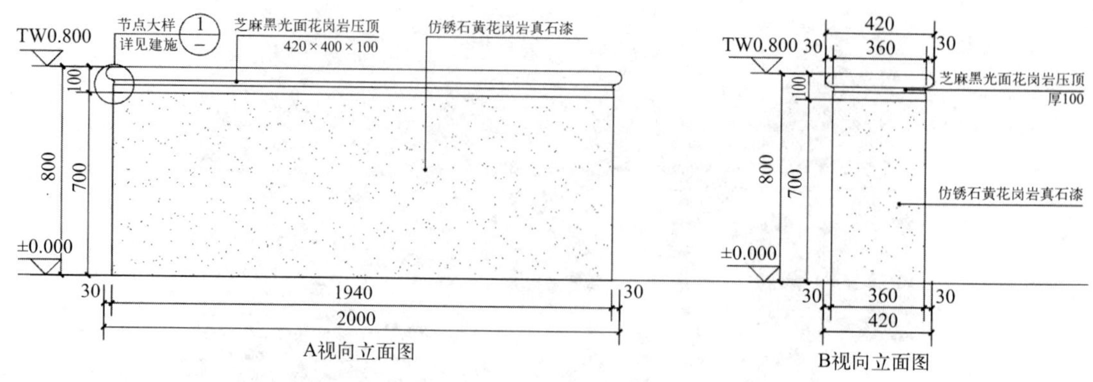

图 2-12　景墙二立面图

绘制景墙剖面图轮廓线、不同材质分界线。景墙地上部分高度为 800mm，地下基础埋置深度为 900mm。为了增强地基承载力，砖砌体基础进行“大放脚”处理，增大基础底面与地基的接触面积。“大放脚”每层高度 120mm，每层较上一层大放脚两侧各扩大 60mm。通常“大放脚”设两层即可；为保证地基稳固，需在基础下部提供相对平整的表面，一般增设 100mm 厚的 C15 混凝土垫层，垫层较砖基础每侧向外增加 100mm。

按照不同材质分界线填充材质图例，标注景墙剖面图基本尺寸（地上和地下部分）、标高、构造做法（图 2-13）。

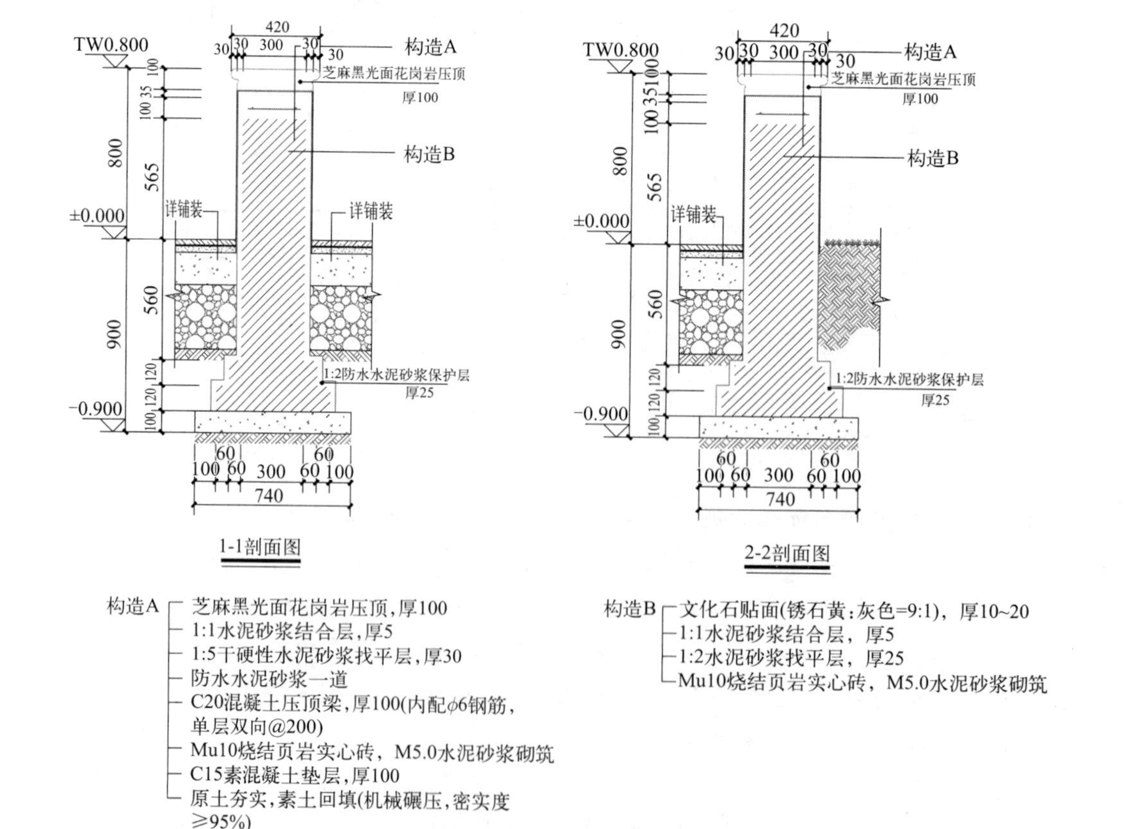

图 2-13　景墙二剖面图

（4）第四步：景墙大样图（局部详图）设计

绘制压顶造型大样图（局部详图）。大样图（局部详图）与景墙立面图压顶造型细部索引位置相对应，标注局部位置压顶造型尺寸和细部做法等（图 2-14）。

（5）第五步：编制景墙施工图设计说明

设计图中图样不能很好说明的内容可以用文字说明进行补充。本任务中，景墙详图设计说明具体如下。

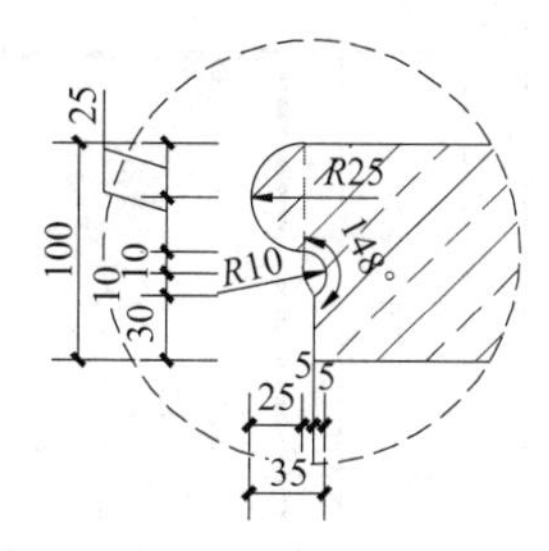

图 2-14　景墙二压顶造型大样图

① 本图所注±0.000 为相对标高，绝对标高详见竖向设计，标高标注单位为米，TW 表示建筑顶标高。

② 压顶石、边石等大体积石材，安装时石材边角大面积破损的，需要更换；小面积破损的，采用大理石胶修补打磨。

③ 景墙贴面材料在转角处必须精细施工，需对石材边角进行 45°磨角拼接。

④ 压顶及碰角边缘需着重打磨，不留毛边。

⑤ 当柱体等延伸进入墙体及地面时，在接口部位必须仔细处理，并打胶收口。

⑥ 立面与铺装面层交角处需要延伸到铺装面层以下，避免铺装基础冻胀抬升，造成面层破损。

⑦ 本图依据甲方确认的方案文本绘制。

⑧ 未尽事宜参见国家相关规范或与项目负责人联系。

（6）第六步：布局整理图纸

使用设计公司标准 A3 图框，在 CAD 布局中选用合适比例把景墙施工图各类型图样合理布置在标准图框内。根据图样的大小选择合适的出图比例，保证打印后图纸的尺寸及文字标注和图样清楚，一般以文字、尺寸清晰可见为标准。依据图样与图框的大小设置出图比例，一般平面图、立面图、剖面图选择比例 1∶20，大样图选择比例 1∶5，出图打印（图 2-15）。

2.2.2.3　任务小结

园林项目一般有方案设计、初步设计和施工图设计三个设计阶段。对于规模较大的、较为复杂的项目，前期可能还有概念设计阶段；对于规模较小和技术要求相对简单的项目，当有关主管部门对初步设计没有审查要求且设计合同中没有进行初步设计的约定时，可在方案设计审批后直接进入施工图设计阶段。要进行施工建造的园林项目，必须经过施工图设计阶段。

景墙是典型的园林小品，其施工图设计要在充分理解设计方案文件或初步设计文件的基础上，进一步推敲尺寸、规格、材质、造型等要素，完成施工图深化设计工作。景墙详图设计应注意以下几点：

① 保证平面图与立面图的一致性，如形状、标高等；

② 尺寸、材质做法、文字说明、图名等标注要全面；

③ 剖切位置宜选在结构构造较复杂处，要能够反映景墙内部构造及基础做法；

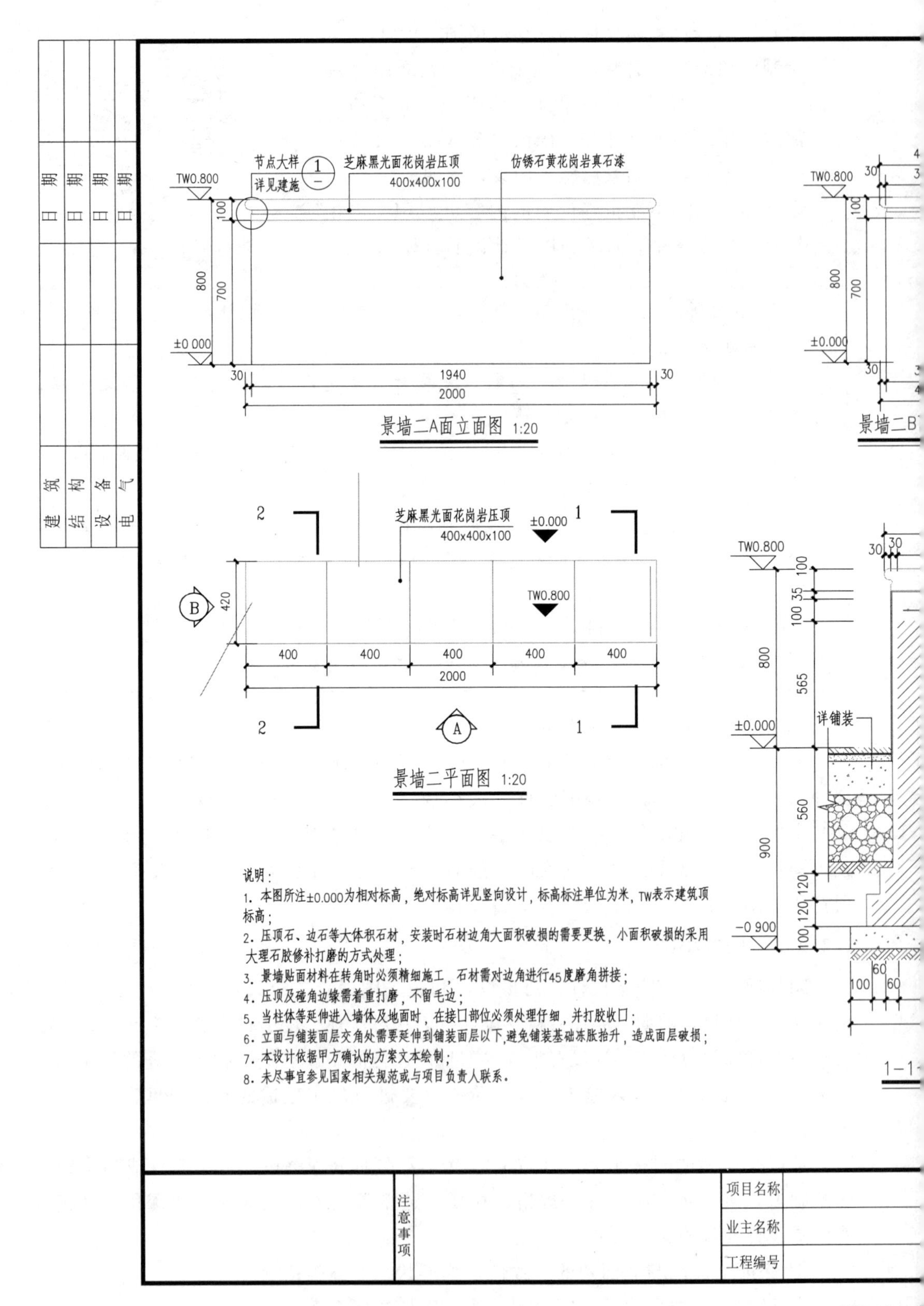
日期
日期
日期
日期
建筑
结构
设备
电气
节点大样
详见建施
芝麻黑光面花岗岩压顶
400x400x100
仿锈石黄花岗岩真石漆
TW0.800
±0.000
800
700
100
30
1940
30
2000
景墙二A面立面图 1:20
芝麻黑光面花岗岩压顶
400x400x100
±0.000
TW0.800
420
400
400
400
400
400
2000
景墙二平面图 1:20
说明：
1. 本图所注±0.000为相对标高，绝对标高详见竖向设计，标高标注单位为米，TW表示建筑顶标高；
2. 压顶石、边石等大体积石材，安装时石材边角大面积破损的需要更换，小面积破损的采用大理石胶修补打磨的方式处理；
3. 景墙贴面材料在转角时必须精细施工，石材需对边角进行45度磨角拼接；
4. 压顶及碰角边缘需着重打磨，不留毛边；
5. 当柱体等延伸进入墙体及地面时，在接口部位必须处理仔细，并打胶收口；
6. 立面与铺装面层交角处需要延伸到铺装面层以下，避免铺装基础冻胀抬升，造成面层破损；
7. 本设计依据甲方确认的方案文本绘制；
8. 未尽事宜参见国家相关规范或与项目负责人联系。
详铺装
-0.900
565
560
900
注意事项
项目名称
业主名称
工程编号

图2-15

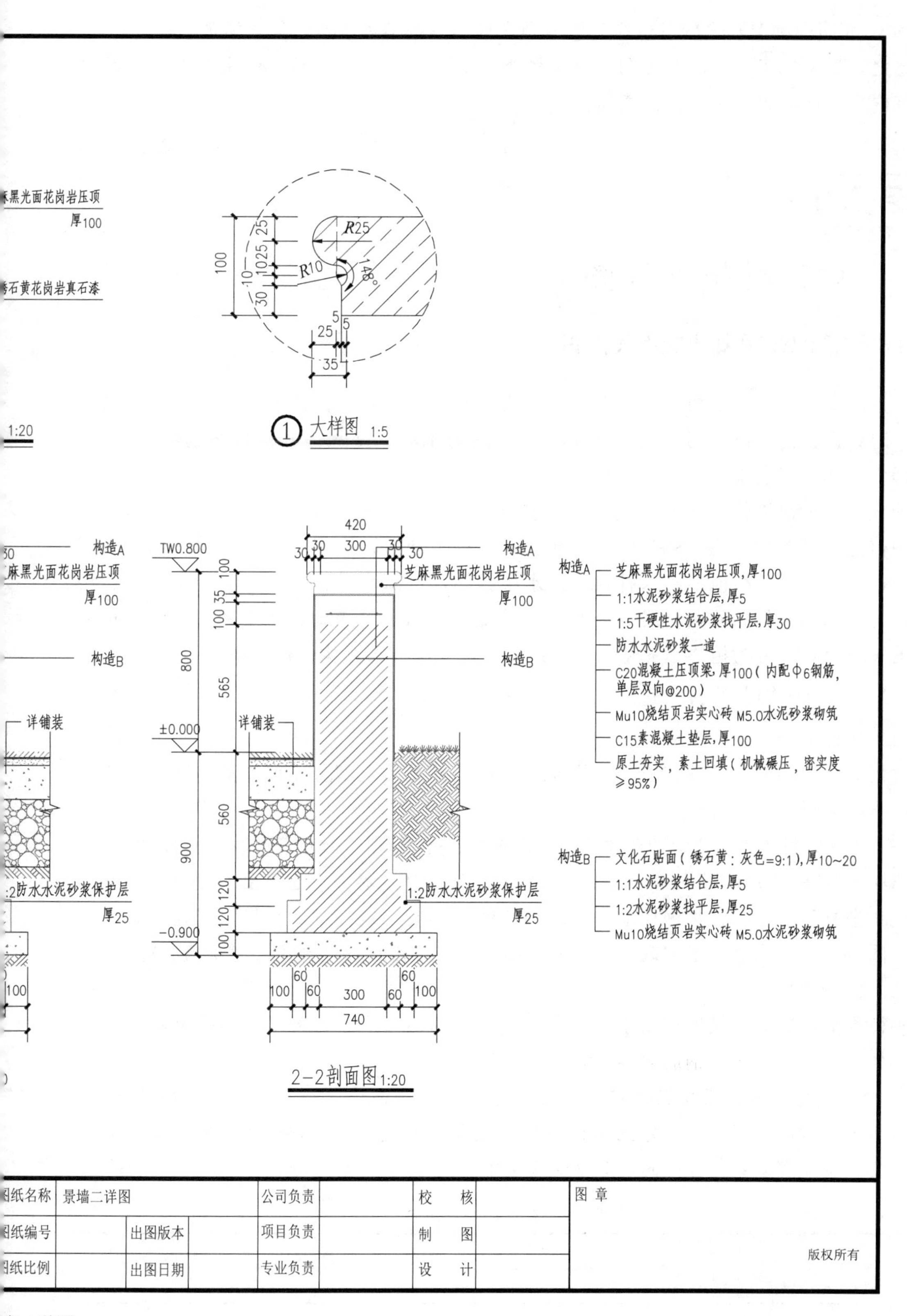
麻黑光面花岗岩压顶
厚100
锈石黄花岗岩真石漆
1:20
R25
R10
148°
100
25
10
25
10
30
5
25
5
5
35
① 大样图 1:5
构造A
构造B
芝麻黑光面花岗岩压顶
厚100
详铺装
1:2防水水泥砂浆保护层
厚25
TW0.800
±0.000
-0.900
420
30
30
300
30
30
800
900
565
560
120
120
100
100
35
100
60
60
300
60
60
100
100
740
2-2剖面图 1:20
构造A
芝麻黑光面花岗岩压顶,厚100
1:1水泥砂浆结合层,厚5
1:5干硬性水泥砂浆找平层,厚30
防水水泥砂浆一道
C20混凝土压顶梁,厚100（内配Φ6钢筋,单层双向@200）
Mu10烧结页岩实心砖 M5.0水泥砂浆砌筑
C15素混凝土垫层,厚100
原土夯实，素土回填（机械碾压，密实度≥95%）
构造B
文化石贴面（锈石黄：灰色=9:1）,厚10~20
1:1水泥砂浆结合层,厚5
1:2水泥砂浆找平层,厚25
Mu10烧结页岩实心砖 M5.0水泥砂浆砌筑
图纸名称
景墙二详图
公司负责
校　核
图 章
图纸编号
出图版本
项目负责
制　图
版权所有
图纸比例
出图日期
专业负责
设　计

墙二详图

④ 剖面图中细节较多的部位应放大另画大样，使细节做法也能清晰体现。

总之，景墙施工图阶段的详图设计和图纸绘制，应全面、细致、缜密和严谨。绘制的所有内容应该既无多余，也无遗漏。

任务 2.3

设计种植池详图

2.3.1 种植池详图设计的相关知识

种植池是栽种园林植物的重要景观构筑物，是植物生长所需的最基本空间。种植池对植物起到保护作用的同时也可以独立造景，或与铺装、坐凳等其他构筑物组合搭配，共同形成整体景观效果。

种植池作为常见的园林小品，其造型多种多样。按形状不同可以分为方形种植池、圆形种植池、弧形种植池、椭圆形种植池、带状种植池等；按使用环境不同可以分为行道树种植池、坐凳种植池、临水种植池、水中种植池、跌水种植池、台阶种植池等；按种植池与周围路面的高差大小可分为凹式种植池、平行式种植池、凸式种植池等；按种植池的填充材料可分为植物填充型、卵石或砾石填充型、预制构件覆盖型等。

2.3.1.1 种植池构造及材料选择

（1）装饰部分

种植池装饰部分即为种植池的外饰面、压顶等外观可见部分。种植池装饰部分应与其他硬化铺装形成统一的风格。

一般来说，设于人行道上的树池多利用路缘石或异型石材围合成种植空间，高度10～15cm即可。且树池宜设置坑盖，坑盖由园林设计师设计定做或选定成品类型并反映在施工图中。坐凳种植池、临水种植池、跌水种植池等具有一定高度的种植池，在围合种植空间的同时，还要满足一定的观赏需求或使用需求。饰面材料选择可参考景墙装饰部分。

（2）构造部分

种植池的构造部分根据现场土质情况、种植池的体量大小、种植池的造型特点等条件可选择砌体实体结构或钢筋混凝土结构。

① 砌体实体结构。常见砌体实体结构的材料包括普通砖、空心砖砌块、多孔砖等。绘图时需按方案设计图中已确定的压顶宽度，综合结合层厚度、外饰面厚度等条件确定墙体厚度。砌体实体结构标准砖墙厚度见表2-2。

表 2-2 标准砖墙厚度

砖数(厚度)	1/2	3/4	1	1.5	2
标准砖墙厚度，考虑灰缝/mm	120	180	240	370	490

② 钢筋混凝土结构。当种植池体量较大，结构复杂，造型多异型时，其构造部分通

常采用钢筋混凝土结构。其墙体规格、内部配筋需由专业结构设计师设计完成。

（3）基础部分

种植池地下部分构造为基础部分。基础部分承受地上结构垂直荷载。在进行施工图设计时，砌体实体结构基础部分宜设置“大放脚”；钢筋混凝土结构基础部分宜设置“扩大基础地面”，从而增大基础底部与地基的接触面积，提升基础承载力。当种植池与铺装相接时，种植池基础部分可借用铺装基层、垫层，将铺装基层、垫层延伸至种植池底部，承受上部荷载。

需要注意的是，当种植池高度不大且土质条件较好时，基础施工图可由园林设计师负责，否则应由结构工程师设计。

（4）附属构件

种植池主要用于种植乔木，乔木后期养护工作需严格“控水”。为保证树木成活，可在种植池底部埋设排水管，排水管间距 1～2m，排水管坡度 2‰～3‰。与种植土相接位置应设置“反滤包”（土工布内包砾石、碎石等），做好管道封堵。

2.3.1.2　种植池详图的设计内容及绘制要求

（1）平面图

种植池平面图需从整体上表达全部构件的平面位置及其周边环境，反映种植池的平面形状、长宽尺寸。在平面图中应标注种植池基本尺寸、标高、压顶材质规格、指北针、索引符号、剖切符号、文字说明等基本信息。

（2）立面图

立面图反映种植池的立面形状、长宽尺寸，主要表现种植池外观材料、高度、材质规格等情况。绘制的内容包括立面造型、尺寸标注、高差关系以及主要的立面材料。若立面造型复杂，可绘制正立面图和背立面图分别表达。

（3）剖面图

剖面图是用来表达种植池内部构造的重要图样。种植池装饰部分、构造部分、基础部分做法及规格材质等信息在剖面图上均有体现。种植池剖面图中应示意基本地形结构、铺装与绿植区的衔接关系。剖面图的剖切位置一般选择在能充分表现其内部构造、结构比较复杂的部分。剖面图的数量视设计复杂程度和实际需要而定，简单设计一般两个剖面图即可。

（4）大样图（局部详图）

大样图（局部详图）是针对种植池某一特定区域进行特殊放大标注，较详细地表示出来。某些形状特殊、开孔或连接较复杂的节点，在整体图中不便表达清楚时，可另画大样图。

2.3.2　种植池详图设计的实践操作

2.3.2.1　任务分析

根据前期方案设计成果文件，砺精园种植池共有 3 处，且均为规则式矩形种植池。本任务以种植池二为例进行种植池详图设计的实践操作。

根据方案设计师提供的效果图（图 2-16）可知，种植池二为矩形种植池，与铺装、台阶相接，其墙身为不规则岩板贴面，顶部为灰色石材压顶。种植池尺寸一般在方案阶段已经明确，施工图设计师可以参考方案设计文件，核对尺寸，绘制种植池详图。

图 2-16　砺精园种植池二效果图（见彩图）

2.3.2.2　任务实施

（1）第一步：种植池平面图设计

① 种植池尺寸需根据树高、胸径、根茎大小、根系水平等因素共同决定。一般情况下，正方形树池以 1.5m×1.5m 较为合适，最小不要小于 1.0m×1.0m；长方形树池以 1.2m×2.0m 为宜；圆形树池直径则不小于 1.5m。本任务中，根据方案设计文件及方案效果图分析，确定种植池为正方形树池，尺寸为 1.6m×1.6m。种植池压顶宽度 320mm，兼具坐凳功能。

② 根据设计分析结论绘制种植池平面图轮廓线，考虑种植池兼具坐凳功能，选用芝麻灰光面花岗岩压顶，结合方案设计图中的种植池压顶宽度及种植池外轮廓尺寸，确定压顶石材规格为 320mm×320mm×50mm，按此规格绘制压顶石材分割线。

③ 绘制种植池周围环境平面。种植池位于铺装范围内，局部与台阶相连，用不同填充图案区别表示，注明台阶踏面轮廓线。

④ 标注种植池平面图基本尺寸、标高、压顶材质规格。

⑤ 选择适当的剖切位置及观察方向，标注剖切符号、视向符号（图 2-17）。

（2）第二步：种植池立面图设计

① 根据种植池平面图选择的观察方向，绘制视向 A 立面图。

因种植池二部分位置兼具坐凳功能，因此种植池高度需要符合人体工程学，详见图 2-18。各地区受平均身高影响，坐凳高度设计略有不同。

② 绘制种植池立面图轮廓线，根据方案设计文件及方案效果图，种植池地上部分高度为 450mm。

③ 标注种植池立面图基本尺寸、标高、压顶、饰面材质规格（图 2-19）。

（3）第三步：种植池剖面图设计

① 根据种植池平面图选择的剖切位置绘制 1-1 剖面图，表现剖切位置的内部构造及

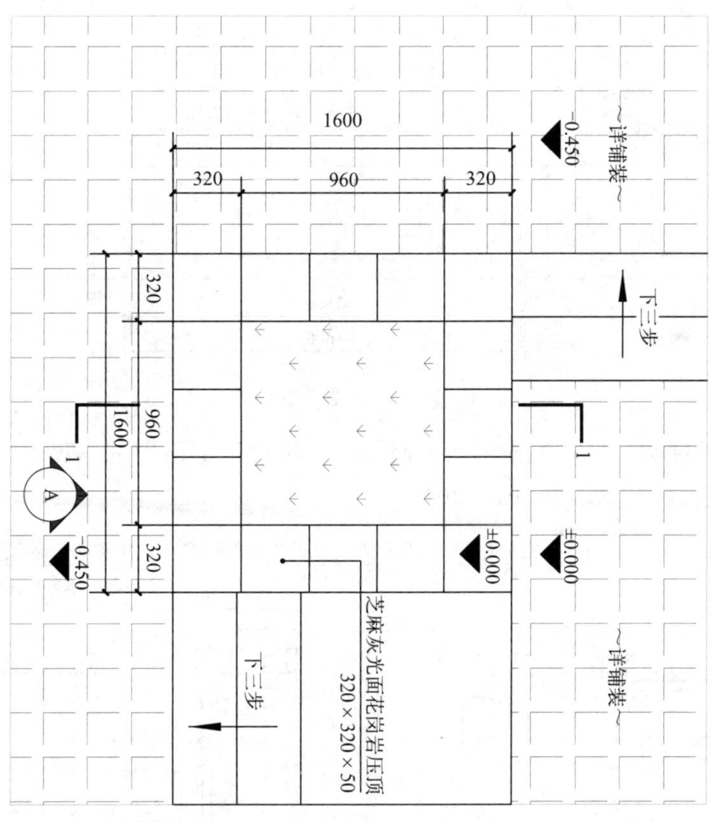

图 2-17　种植池二平面图

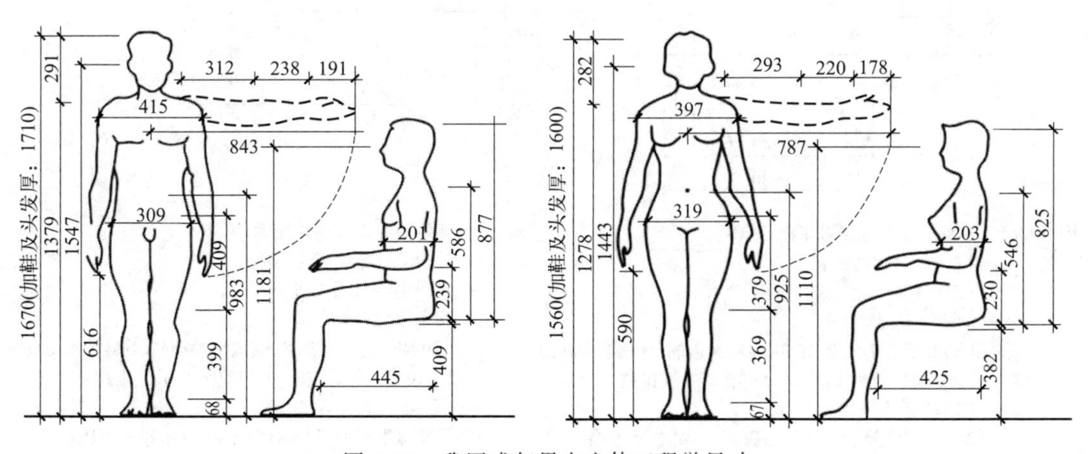

图 2-18　我国成年男女人体工程学尺寸

基础做法。

② 绘制种植池剖面图轮廓线、不同材质区分界线。种植池剖面图地上部分轮廓线与其同视向的立面图轮廓线一致。剖面图除了要体现种植池地上构造部分结构形式外，还应体现地下基础部分结构形式。

③ 种植池地上部分高度为 450mm。地下基础部分分为两种情况：a. 种植池基础为砖基础并做“大放脚”处理；b. 种植池与铺装相接部分墙体基础可借用铺装基层、面层作为支撑。

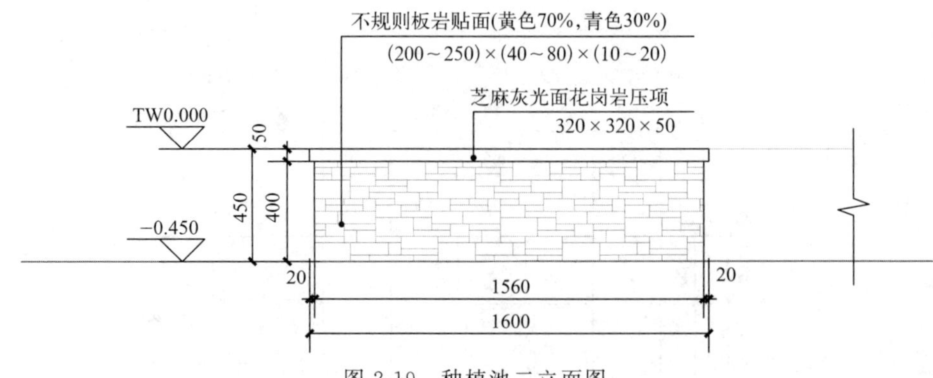

图 2-19 种植池二立面图

④ 按照不同材质分界线填充材质图例，标注种植池剖面图基本尺寸（地上和地下部分）、标高、构造材料及做法（图 2-20）。

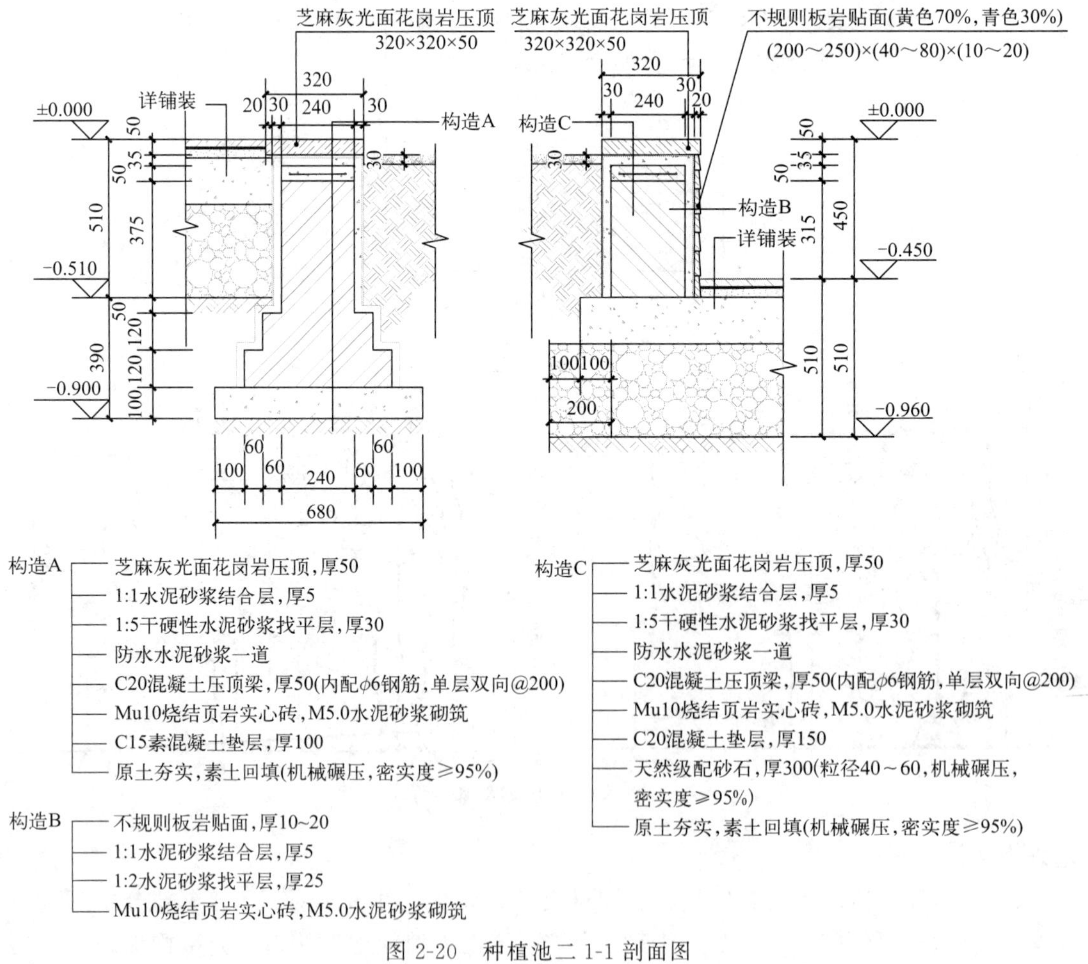

图 2-20 种植池二 1-1 剖面图

（4）第四步：编制种植池施工图设计说明

设计图中图样不能很好说明的内容可以用文字说明进行补充。本任务中种植池详图设计说明具体如下。

① 本图所注±0.000为相对标高，绝对标高详见竖向设计，标高标注单位为米，TW表示建筑顶标高。

② 压顶石、边石等大体积石材，安装时石材边角大面积破损的，需要更换；小面积破损的，采用大理石胶修补打磨。

③ 种植池贴面材料在转角处必须精细施工，需对石材边角进行45度磨角拼接。

④ 压顶及碰角边缘需着重打磨，不留毛边。

⑤ 当柱体等延伸进入墙体及地面时，在接口部位必须处理仔细，并打胶收口。

⑥ 立面与铺装面层交角处需要延伸到铺装面层以下，避免铺装基础冻胀抬升，造成面层破损。

⑦ 本图依据甲方确认的方案文本绘制。

⑧ 未尽事宜参见国家相关规范或与项目负责人联系。

（5）第五步：布局整理图纸

使用设计公司标准A3图框，在CAD布局中选用合适比例把种植池详图各类型图样合理布置在标准图框内。根据图样的大小选择合适的出图比例，保证打印后图纸的尺寸及文字标注和图样清楚。依据图样与图框的大小设置出图比例，一般平面图、立面图选择比例1∶30，剖面图选择比例1∶20，出图打印（图2-21）。

2.3.2.3　任务小结

种植池的造型、结构形式多样，虽可独立成景，但必须为植物提供生长空间。

在进行种植池施工图设计之前，应对拟种植树种的生长状况等基础情况进行分析，因地制宜对种植池进行相应的设计及技术处理，必要时可到现场进行实地调研，对现有的土壤条件进行评估，了解土壤的肥力及蓄排水条件，掌握地形及高差关系，针对不同树种对土壤条件的需求进行种植池施工图设计优化，为植物提供良好的生存环境。

进入种植池施工图设计阶段，应充分考虑设计方案的落地，对方案设计文件存在缺陷之处，须及时与相关人员沟通并在施工图设计阶段做好优化设计；严格控制种植池的尺寸规格。种植池为树木移植时根球（根钵）提供生长空间，一般由树高、树径和根系的大小决定，种植池深度至少深于树根球以下250mm。树高与种植池尺寸选用对照可参照表2-3。

表2-3　树高与种植池尺寸选用对照

树高	树池尺寸		备注
	直径/m	深度/m	
3m左右	0.6	0.5	
4～5m	0.8	0.6	
6m左右	1.2	0.9	
7m左右	1.5	1.0	
8～10m	1.8	1.2	

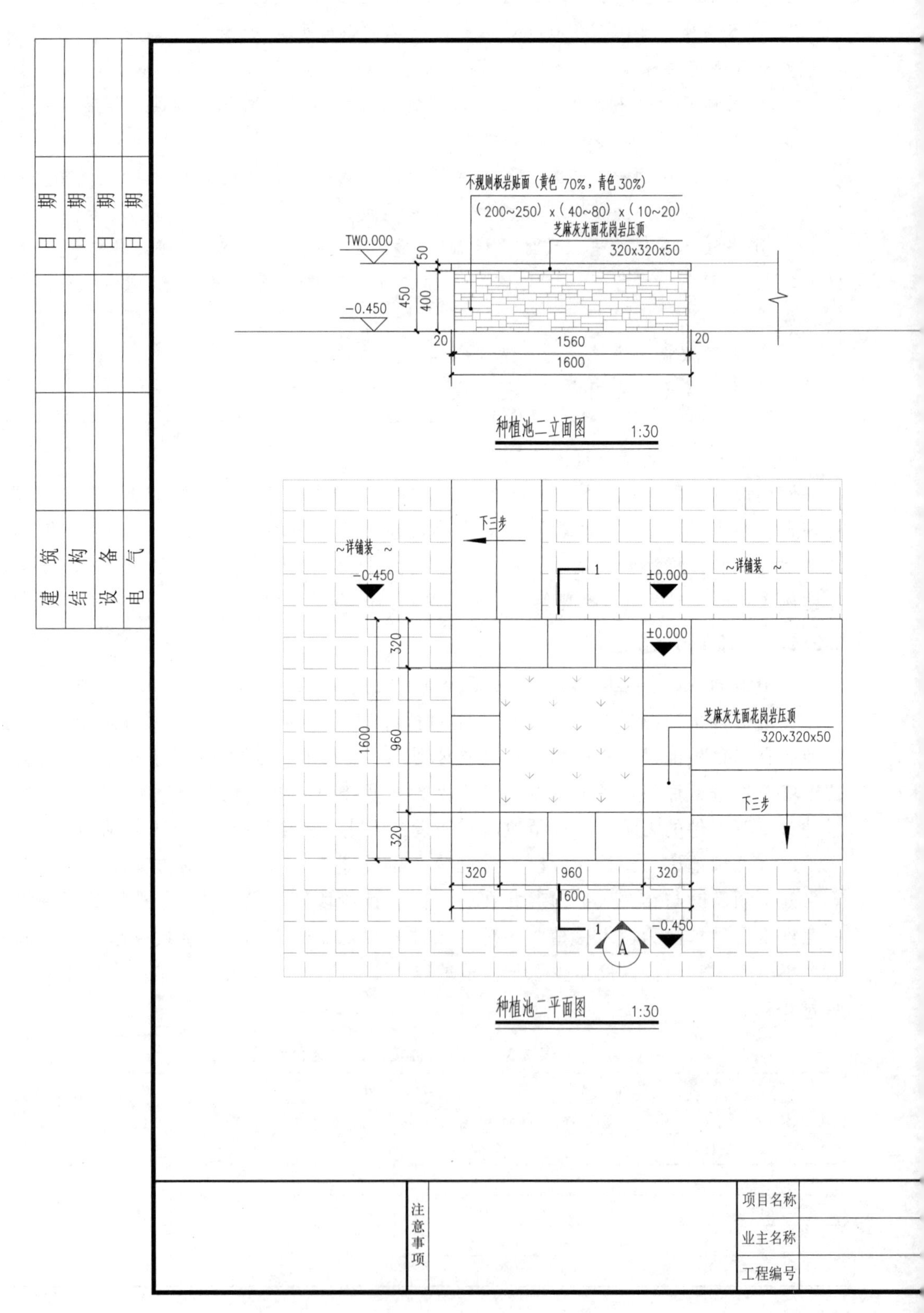
日期
日期
日期
日期
建筑
结构
设备
电气
不规则板岩贴面（黄色 70%，青色 30%）
（200~250）x（40~80）x（10~20）
芝麻灰光面花岗岩压顶
320x320x50
TW0.000
-0.450
50
400
450
20
1560
20
1600
种植池二立面图 1:30
下三步
~详铺装~
-0.450
±0.000
~详铺装~
±0.000
芝麻灰光面花岗岩压顶
320x320x50
下三步
320
960
320
1600
320
960
320
1600
-0.450
A
种植池二平面图 1:30
注意事项
项目名称
业主名称
工程编号

图2-21 种

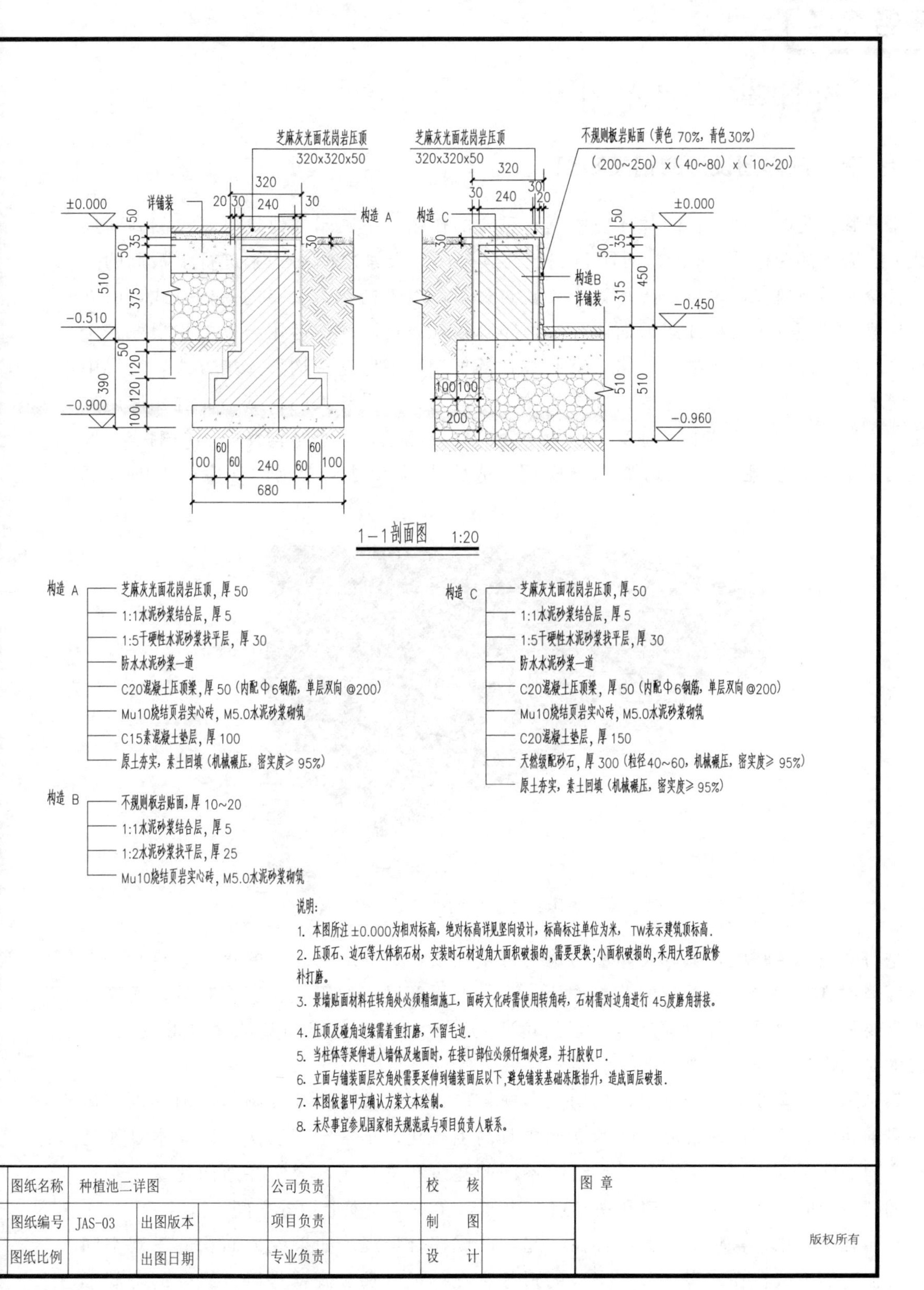

芝麻灰光面花岗岩压顶
320x320x50
不规则板岩贴面（黄色 70%，青色 30%）
（200~250）x（40~80）x（10~20）
±0.000
详铺装
构造 A
构造 C
构造B
−0.510
−0.900
−0.450
−0.960
680
1−1剖面图　1:20
构造 A
芝麻灰光面花岗岩压顶，厚 50
1:1水泥砂浆结合层，厚 5
1:5干硬性水泥砂浆找平层，厚 30
防水水泥砂浆一道
C20混凝土压顶梁，厚 50（内配Φ6钢筋，单层双向 @200）
Mu10烧结页岩实心砖，M5.0水泥砂浆砌筑
C15素混凝土垫层，厚 100
原土夯实，素土回填（机械碾压，密实度≥ 95%）
构造 B
不规则板岩贴面，厚 10~20
1:1水泥砂浆结合层，厚 5
1:2水泥砂浆找平层，厚 25
Mu10烧结页岩实心砖，M5.0水泥砂浆砌筑
构造 C
芝麻灰光面花岗岩压顶，厚 50
1:1水泥砂浆结合层，厚 5
1:5干硬性水泥砂浆找平层，厚 30
防水水泥砂浆一道
C20混凝土压顶梁，厚 50（内配Φ6钢筋，单层双向 @200）
Mu10烧结页岩实心砖，M5.0水泥砂浆砌筑
C20混凝土垫层，厚 150
天然级配砂石，厚 300（粒径40~60，机械碾压，密实度≥ 95%）
原土夯实，素土回填（机械碾压，密实度≥ 95%）
说明：
1. 本图所注 ±0.000为相对标高，绝对标高详见竖向设计，标高标注单位为米， TW表示建筑顶标高.
2. 压顶石、边石等大体积石材，安装时石材边角大面积破损的，需要更换；小面积破损的，采用大理石胶修补打磨。
3. 景墙贴面材料在转角处必须精细施工，面砖文化砖需使用转角砖，石材需对边角进行 45度磨角拼接。
4. 压顶及碰角边缘需着重打磨，不留毛边.
5. 当柱体等延伸进入墙体及地面时，在接口部位必须仔细处理，并打胶收口.
6. 立面与铺装面层交角处需要延伸到铺装面层以下，避免铺装基础冻胀抬升，造成面层破损.
7. 本图依据甲方确认方案文本绘制。
8. 未尽事宜参见国家相关规范或与项目负责人联系。
图纸名称　种植池二详图
公司负责
校　核
图 章
图纸编号　JAS-03
出图版本
项目负责
制　图
版权所有
图纸比例
出图日期
专业负责
设　计

植池二详图

任务 2.4

设计亭、廊详图

2.4.1　亭、廊详图设计的相关知识

亭、廊作为园林建筑在园林环境中具有重要的作用。中国园林建筑可以追溯到商周时代苑、囿中的台榭。《园冶》对园林建筑与其他园林要素之间的关系进行了精辟的论述。传统园林建筑多以木材、砖瓦为主要建筑材料，以木构架为主要的结构方式，由立柱、横梁、顺檩等主要构件建造而成，依据园林建筑设计图样，运用巧妙的构思，各个构件之间的节点以榫卯相吻合，构成富有弹性的框架。榫卯这种构件连接方式，使得中国传统的木结构成为一种特殊的柔性结构体，不但可以承受较大的荷载，而且允许产生一定的变形，在地震荷载下通过变形抵消一定的地震能量，减小结构受地震的响应。榫卯结构在中国传统建筑中得到了广泛应用，成为中国古建筑文化的瑰宝，如图 2-22 所示。

图 2-22　中国古建筑中的榫卯结构

亭与周边建筑呼应，调节大体量构筑的权重关系，是场地空间中的重要景点。亭在园林环境中具有“看与被看”的节点作用。亭的四周开敞，便于人在亭内观景，而亭常位于重要位置，也是被看的景观点。亭尺度小巧，空间通透，能和其他建筑形成大小、虚实的对比，达到视觉美观和空间生动的效果。

廊是园林中重要的建筑元素，其功能多样，形式灵活多变，具有遮阳遮雨和供人休息观景的功能。廊可以使景观空间的立面更具高度变化，丰富空间层次。廊原本是作为建筑之间的联系而出现的，廊联系、组织不同的建筑和景观区，通常在通向建筑物和观赏点的视线中间，作为交通通道和观景点，也能够在一定程度上划分空间。

在园林设计中，常将亭和廊组合在一起，形成综合景观。如果说大面积的景观空间是以“面”的形式存在，亭是以“点”的形式存在的话，那么廊就是以“线”的空间形式而存在。

2.4.1.1 亭、廊的形式

亭、廊通过其自身的体量大小、所在位置、闭合敞开的朝向等形成了给人不同感受的空间。这些空间结合周边景物，可以打造出不同氛围的园林小环境。

（1）亭按空间形式分类

亭按空间形式不同，可分为点景景亭、底景景亭、点状散置景亭等。具体如下。

① 点景景亭。这种亭是场地的点景构筑物，是一个点式单体，具有汇聚空间和视线的功能。点景景亭作为视觉中心，大多设置在景观轴线或者几条轴线的焦点上，观赏面较多、四周通透，是一种公共的场所，所以这种单体景亭的外观样式更为考究，应结合场地设计风格适当突出形式隆重感，起到统领空间的作用。

② 底景景亭。这种亭常常设置在轴线或者视线的底端，作为空间的结束。与点景景亭相比，空间围合和私密性都要强一些。形式上一般为一面实，三面虚，如果四面都为虚，那么视线的底端应用植物来收尾。还有一些底景景亭会采用竖向的格栅来创造空间的变化。具体的形式还是要以实际的设计意图为准。

③ 点状散置景亭。将景亭分散在场地的不同位置，来创造不同的休憩氛围。这种形式的景亭最重要的特点就是具有良好的私密性和“隐”在整个环境中。可以在山顶俯瞰整个环境成为观景亭，或者在水边、林间、花丛间成为人们的休息之所。

（2）廊按空间形式分类

廊按空间形式不同，可分为双面廊、单面廊、复廊以及多种空间复合廊等。

① 双面廊。两侧均为列柱，没有实墙，在廊中可以观赏两面景色。设计双面廊时，可利用直廊、曲廊、回廊等形式营造不同的空间变化。双面廊一般作为通过性空间，也可以在局部增加休闲座椅等设施，形成停留空间。

② 单面廊。一种是在双面廊的一侧列柱间砌上实墙或半实墙而成的，另一种是一侧完全贴在墙或建筑物边沿上，作为建筑单体室外空间的延伸。单面廊一般用于轴线对称，强化轴线，或是单面廊的空间向单侧打开，在场所边缘起到向心型围合作用。这种空间给人的私密归属感强，多作为停留空间设置。

③ 复廊。在双面廊的中间加一道墙就形成了复廊，又称“里外廊”。因为廊内分成两条走道，所以廊的跨度比一般单廊稍大。中间墙上利用开洞形式，从廊的一侧透过漏窗可以看到廊的另一侧景色，一般在复廊两边设置景物各不相同的园林空间。如苏州沧浪亭的复廊就是一例，它妙在借景，把园内的山和园外的水通过复廊互相引借，使山、水、建筑融为一体。

④ 多种空间复合廊。在一些要求空间灵活多变的园林项目中，也可以在一段廊架上体现多种空间结构，结合立面格栅分隔视线，利用框景、对景、障景、通景等手法形成灵活多变的景观空间。但这种形式一般用在廊尺度较长的设计中，搭配周边的景观形成步移景异的效果。切忌在小尺度廊中体现过多空间变化，以防杂乱无章的结果。

2.4.1.2 亭、廊的结构及材料选择

亭、廊的材料分为承重结构主材和表皮附属材料。先确定主结构选材，再根据不同主体结构材料来选择表皮材料的连接处理方式。按照主体承重结构材料分类，可分为钢

结构、木质结构、砖结构、混凝土结构、生态材料和其他新型材料等。不同的材料受到地域气候、人工成本、工艺成熟度等因素影响，在不同区域和不同的设计条件下有选择的侧重性。

（1）钢结构

钢结构分为外露式钢结构和内包式钢结构。外露式钢结构既是承重结构又是外观表皮；内包式钢结构仅作为亭、廊的承重结构，通过在钢结构主体上干挂石材或其他复合面板材料，呈现不同的表皮效果。在园林景观中，钢结构无论是外露式还是内包式，都要进行防腐、防锈的耐候处理，一般在表皮涂抹保护涂料。

（2）木质结构

木质结构分为单一木质结构和与其他材料搭配使用的木质结构，例如与钢或混凝土材料搭配使用的木质结构。与其他材料搭配使用的木质结构，木材大都作为装饰配件使用，而单一木质结构的所有结构均为木材，可以通过销钉等金属五金连接，或者像中国传统木作那样采用无钉榫卯工艺，这种木质结构连接工艺尤为讲究。木材质分为天然木和复合木塑。复合木塑耐候性好，但感官效果生硬；天然木感官效果更为自然，但需要考虑天然木材质在后期养护中会出现的形变、开裂等情况。所有木材在园林施工中都要进行防腐处理，一般在表皮涂抹保护涂料。

（3）砖结构

砖结构在亭、廊中一般作为立柱结构，外贴面材形成不同立面效果。砖结构操作简单，但当砖立柱高度过高或者顶板荷载过重时，需要增加混凝土压顶防止砖结构松塌。

（4）混凝土结构

混凝土结构可分为两种：一种为常规外形的混凝土亭、廊，混凝土作为它们的梁柱或顶板结构，其表皮刷清漆呈现混凝土本身肌理，或是外贴石材或面砖，呈现不同表皮效果；另一种为异型混凝土亭、廊。在现代园林中有时需要特殊形体，混凝土因为其可根据模具浇筑成型的工艺特点，可实现非常规形体的塑造，但异型加工对工艺水平和造价都有一定要求。

（5）生态材料

在一些乡土景观和郊野生态景观中，亭、廊可以就地取材，利用天然木、竹子、稻草等原生材料进行设计。这些材料质朴天然，乡土性强，利用这些材料塑造亭、廊可以更好地体现场所精神。然而这些乡土生态材料也有其局限性，即料获取因地制宜，施工特殊，耐久性差，所以一般作为非永久性亭、廊出现，或者与钢结构等其他传统材料搭配使用。

（6）其他新型材料

随着科技的发展，出现许多新兴复合材料，例如废弃物再生材料、纳米材料、膜体结构、塑料、尼龙等编织材料……这些材料大都先在先锋艺术或者街头装置中进行尝试，当技术条件趋于稳定时，逐渐作为亭、廊的元素出现。

2.4.1.3 亭、廊详图设计的内容及绘制要求

亭、廊构造较为复杂，其施工详图主要包含平面图、立面图、剖面图、天花图、天

面图及节点大样图等。

（1）亭、廊平面图

平面图是亭、廊详图中最基本、最主要的图纸，它从整体上表达了全部构件的平面位置。平面图不同于顶视图，它其实是一个高度1.1m处水平方向的剖面图。平面图反映亭、廊的平面形状、长宽尺寸、墙柱定位以及门窗位置和大小等情况，是亭、廊施工和立面图、剖面图设计与绘制的依据。

亭、廊平面图上所绘制的内容包含图形和符号、尺寸标注、文字说明三大部分。展开来说，平面图上需要注明结构坐标定位、横纵轴号、尺寸大小、竖向标高以及剖切符号等，一般绘图比例以（1∶50）～（1∶100）为宜。其中，横轴号以英文字母表示，纵轴号以阿拉伯数字表示，尺寸标注以毫米为单位，竖向标高用相对高程表示（单位：m）。

（2）亭、廊立面图

亭、廊立面图是其外观立面的投影图。立面图上的图样和尺寸等内容要依据平面图进行设计绘制。其主要反映外观、门窗的形式与位置、高度，以及外立面的材料、色彩等。立面图和平面图一起组成了亭、廊详图的主要部分。

亭、廊立面图上所绘制的内容包括立面造型、尺寸标注、高差关系以及主要的立面材料。其中，高差关系除基本的尺寸标注外，还需要有相对高程标注，通常相对高差以亭、廊内平台高度为±0.00（单位：m）。若立面造型复杂，建议用不同的填充图案分别表示材质，方便读图。

亭、廊立面图的命名可用朝向命名，按外貌特征命名，或采用“符号”表示视向，用标记的符号命名；当亭廊结构复杂，平面图已绘制定位轴线时，也可用平面图中两端的定位轴线编号，按照观察者面向建筑从左至右的顺序命名，如“①～⑤立面图”。

（3）亭、廊剖面图

亭、廊剖面图是一种垂直方向的剖面图，是用来表达其内部构造的重要图样。剖面图与平面图相结合，共同表现出亭、廊内部结构关系。剖面图的剖切位置一般选择在能充分表现其内部构造、结构比较复杂的部分。剖面图的数量视设计复杂程度和实际需要而定，简单设计一般两个剖面图即可。

亭、廊剖面图较为复杂，表达的信息较多，绘制时需要注意以下几个要点。

① 将图名、轴线编号与平面图上剖切符号的位置、轴线编号进行对照，可在剖面图中看到剖切位置所经之处表示的内容。

② 剖面图中，被剖切开的构件或截面应画上材料图例。

③ 剖面图中，应画出从地面到屋面的内部构造、结构形式、位置及相互关系。

④ 图上应标注亭、廊的内部尺寸与相对标高。

⑤ 地面、墙体和屋面的构造材料应用文字加以说明。

⑥ 倾斜的屋面应用坡度来表示倾斜角度。

⑦ 有转折的剖面图应画出转折剖切符号，以方便识图。

⑧ 有需要详图索引的结构部位，应画出详图索引符号。

（4）亭、廊天面图

亭、廊天面图是亭、廊屋面的投影图，主要反映亭、廊屋面的形式、尺寸、材质等内容。天面图上所绘制的内容包括屋面造型、尺寸标注、竖向标注、轴线编号以及材质说明等。

(5) 亭、廊天花图

亭、廊天花图是亭、廊吊顶的投影图，主要反映亭、廊吊顶的形式、尺寸、材质等内容。天花图上所绘制的内容包括吊顶造型、尺寸标注、竖向标注、轴线编号以及材质说明等。天花图仅在复杂设计中存在，一般简单设计无须绘制此图。

(6) 亭、廊节点大样图

节点大样图作为亭、廊平面图、立面图、剖面图的补充，主要是为了表达其细部的做法，如材料固定方式、各材料交界点的处理方式、异型材料形式、配套截水沟等。绘图比例宜为 (1∶5)～(1∶20)。

(7) 亭、廊结构图

亭、廊结构图主要反映亭、廊的基础、柱、梁、板等配筋情况。其中结构平面图主要表达各结构节点的定位和索引。各部位结构配筋图主要表达钢筋布置方式以及结构高度，也是结构图中重要的要素，决定了亭、廊的稳定性。在表达上，结构轮廓采用细实线绘制，钢筋采用粗实线和粗点表示。需要注意的是，结构轮廓线不得与钢筋重叠，需要 30mm 左右的保护层。图纸中“ϕ”表示钢筋直径，“@”表示钢筋之间的间距。

2.4.2 廊架详图设计的实践操作

2.4.2.1 任务分析

根据前期方案设计成果文件，基本确定了廊架的平面构成、风格样式及色彩质感。砺精园廊架形式为两侧开敞廊架，结构形式为两侧均有柱子，柱间有坐凳，空间功能性较强。

根据方案设计师提供的廊架效果图（图 2-23），该小游园为自然风景园，廊架风格采用中式与现代简约式相结合；装饰材料采用红褐色炭化木。

图 2-23 砺精园廊架设计效果图（见彩图）

廊架规格尺寸一般在方案阶段已经明确，施工图设计师可以参考方案设计文件或方案效果图，结合周围环境、功能需求等核对尺寸，绘制廊架施工图。

2.4.2.2　任务实施

（1）第一步：廊架基础平面图设计

① 廊架宽度应按人体工程学尺寸（图 2-24）加以控制，避免过宽或过窄，应满足游人通行、驻足观赏的需求。廊架开间一般来说需达到 2～4m，进深跨度需要控制在三个尺寸，分别为 2.7m、3.0m、3.3m。根据方案设计文件及效果图分析，砺精园廊架为两侧有柱廊架，柱间有坐凳排列；廊架进深 3.3m，开间 2.5m，为 3 开间廊架；柱间坐凳面宽度 400mm。

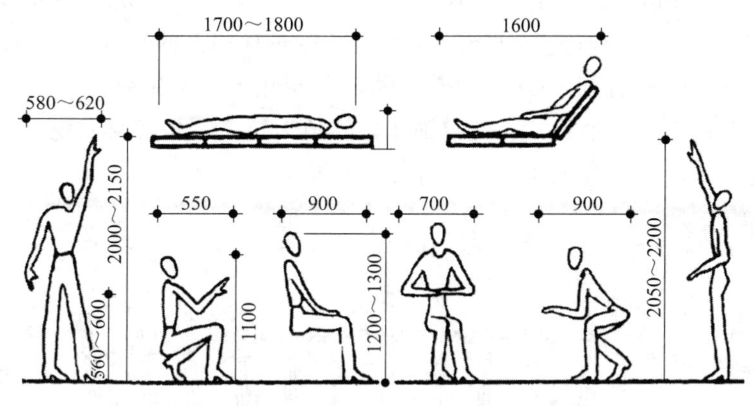

图 2-24　我国成年男女人体工程学尺寸

② 绘制廊架柱间定位轴线，确定柱中心位置；绘制柱间坐凳凳腿定位轴线，确定凳腿中心位置。

③ 绘制廊架柱、坐凳基础平面图轮廓线。廊架柱选用 200mm×200mm×2300mm 炭化木柱，柱间坐凳高 450mm，凳腿截面尺寸为 100mm×200mm。

④ 标注廊架基础平面图基本尺寸、定位轴线轴间角、材质规格（图 2-25）。

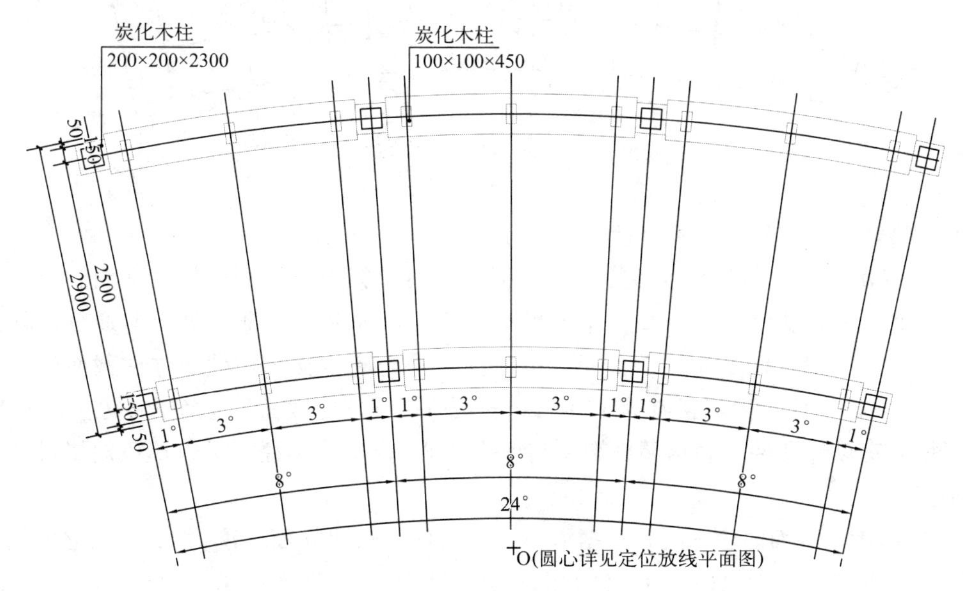

图 2-25　廊架基础平面图

（2）第二步：廊架平面图设计

① 廊架平面图是由廊架顶的上方向下作水平投影而得到的平面图，用它来表示廊架顶部外观情况。根据方案设计文件及方案效果图，砺精园廊架顶部用炭化木檩条作为装饰构架，檩条规则排列形成景观效果。炭化木檩条共19根，檩条与柱间以炭化木梁做水平支撑。

② 绘制廊架柱间定位轴线和檩条定位轴线，确定柱、檩条位置。

③ 绘制廊架柱、梁、檩条、坐凳平面图轮廓线。廊架炭化木柱截面尺寸为200mm×200mm，柱高2300mm；炭化木檩条尺寸为长×宽×高＝3300mm×100mm×200mm；炭化木梁截面尺寸为100mm×200mm，梁水平长度较柱间开间尺寸适当延伸；炭化木坐凳面宽度400mm，凳面由宽100mm、厚30mm的炭化木紧密排列。

④ 标注廊架平面图基本尺寸、定位轴线轴间角、标高、构件材质规格。

⑤ 选择适当剖切位置及观察方向，标注剖切符号（图2-26）。

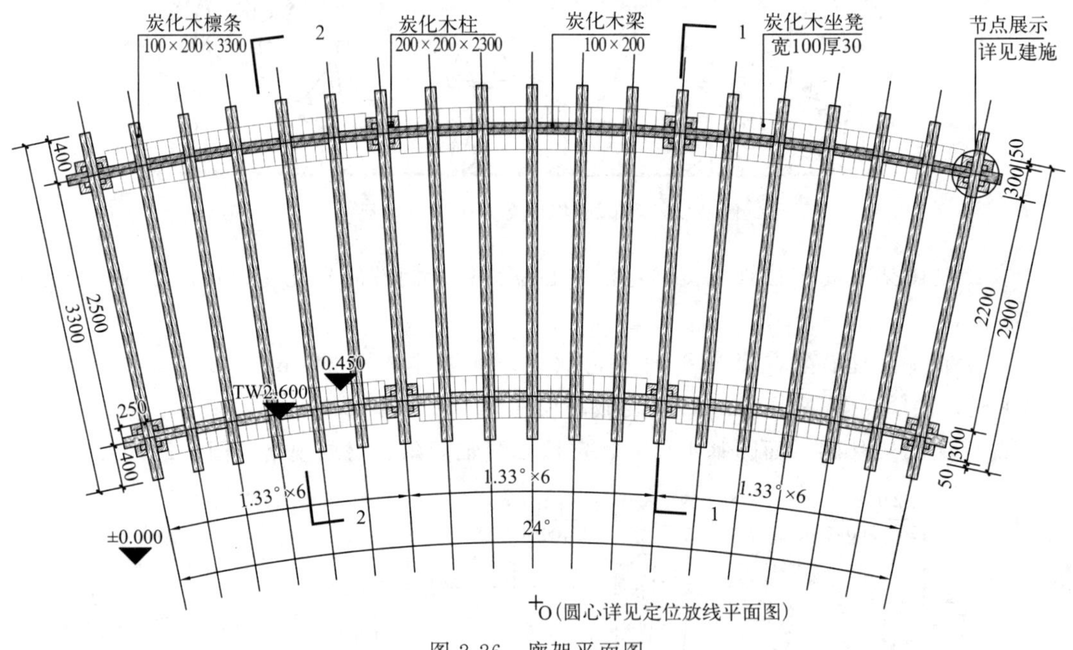

图2-26 廊架平面图

（3）第三步：廊架立面图设计

① 选择廊架正立面作为观察方向，依据正立面投影规律绘制廊架立面图。与廊架宽度设定类似，其高度设定也应按人体工程学尺寸加以控制，保证各类人群通行、驻足的舒适度，因此，廊架高度宜在2.2～2.6m之间。作为廊架支撑构件，方柱截面尺寸宜为150～200mm，圆柱截面直径宜为150～200mm，石质方柱截面尺寸宜为300～400mm。

根据方案设计文件，砺精园廊架总高度为2.6m，炭化木柱、梁、檩条规格尺寸参照廊架平面图。

② 绘制廊架立面图轮廓线，根据方案设计文件，廊架立面高度为2.6m，立面构件由下至上依次为200mm×200mm×2300mm炭化木柱，炭化木坐凳（100mm×200mm×450mm炭化木凳腿、100mm×400mm×30mm炭化木坐凳面），100mm×200mm炭化木

梁，100mm×200mm×3300mm 炭化木檩条。

③ 标注廊架立面图基本尺寸、标高、饰面材质规格。

④ 标注构件连接细部索引。炭化木坐凳凳腿、炭化木柱柱脚与地面铺装连接方式在立面图中不便表达，移出另做大样图，并准确标记其索引位置（图 2-27）。

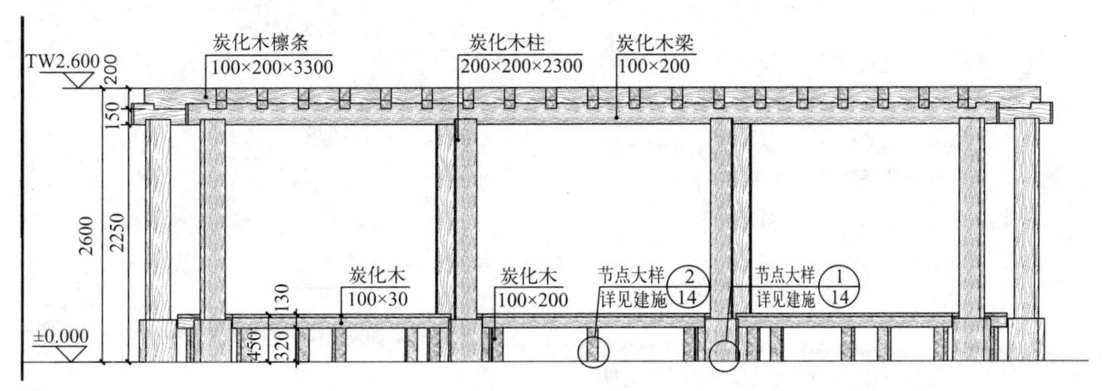

图 2-27　廊架立面图

（4）第四步：廊架剖面图设计

① 根据廊架平面图选择的剖切位置，绘制 1-1 剖面图、2-2 剖面图，表现剖切位置内部构造及基础做法。

② 绘制廊架剖面图轮廓线、不同材质区分界线。廊架剖面图除了要体现地上构造部分结构形式外，还应体现地下基础部分结构形式。砺精园廊架基础采用 C20 混凝土材料，地上柱与地下混凝土基础采用预埋件连接。廊架柱间坐凳对承重要求不高，可借用地面铺装基层作为支承。

③ 按照不同材质分界线填充材质图例，标注廊架剖面图基本尺寸（地上和地下部分）、标高、构造做法（图 2-28）。

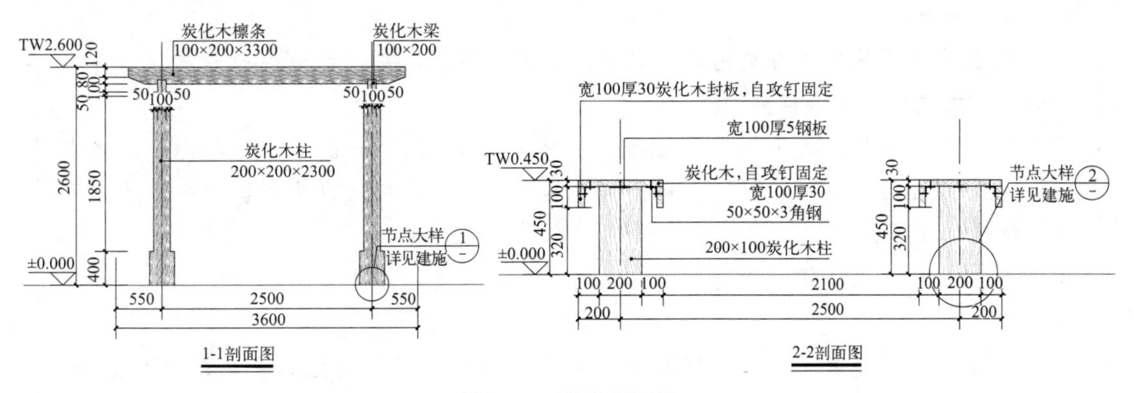

图 2-28　廊架剖面图

（5）第五步：廊架大样图（局部详图）设计

绘制柱与柱基础连接形式大样图、坐凳凳腿与铺装基层连接大样图。大样图与 1-1 剖面图、2-2 剖面图的索引位置相对应。标注局部位置连接形式、尺寸、材质、规格等细部做法（图 2-29）。

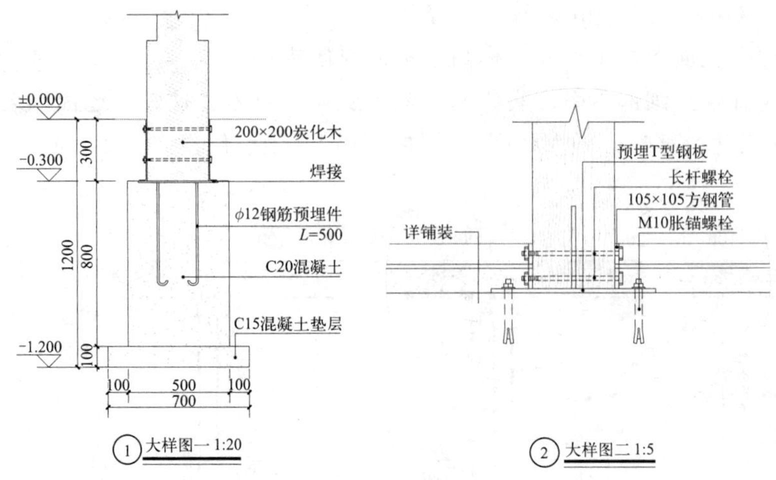

图 2-29 廊架大样图

（6）第六步：编制廊架详图设计说明

设计图中图样不能很好说明的内容可以用文字说明进行补充。砺精园廊架详图设计说明具体如下。

① 本图所注±0.000为相对标高，绝对标高详见竖向设计，标高标注单位为米，TW表示建筑顶标高。

② 若无特殊说明，所有金属件除锈，刷防腐漆两道，外露部分喷黑色氟碳漆。

③ 连接未经特殊说明的均采用焊接的方式，焊接后磨平焊缝。

a. 轻钢部分采用小电流细焊条焊接，电焊采用连续电焊，电焊厚度不小于该处钢构件的最小壁厚。

b. 普通钢部分采用细焊条连续双面焊接，电焊饱满，电焊厚度不小于该处钢构件的最小壁厚。

④ 图中木质构件均为炭化木，安装前刷清漆两道，安装完毕后刷清漆一道，木方间连接方式为带胶水榫卯。

⑤ 木板与龙骨连接采用沉头螺栓，当木板面宽＜100mm时，用单排钉；当木板面宽＞100mm时，用双排钉。板面须先钻半孔深，后拧入钉头与板面平，严禁用无螺纹钢钉直接钉。

⑥ 当栏杆、柱体等延伸进入墙体及地面时，在接口部位必须处理仔细，并打胶收口。

⑦ 立面与铺装面层交角处需要延伸到铺装面层以下，避免铺装基础冻胀抬升，造成面层破损。

⑧ 本图依据甲方确认的方案文本绘制。

⑨未尽事宜参见国家相关规范或与项目负责人联系。

（7）第七步：布局整理图纸

使用设计公司标准A3图框，在CAD布局中选用合适比例把廊架施工图各类型图样合理布置在标准图框内。根据图样的大小选择合适的出图比例，保证打印后图纸的尺寸及文字标注和图样清楚。依据图样与图框的大小设置出图比例，一般基础平面图、平面图、立面图、剖面图选择比例 1∶50；大样图选择比例 1∶20、1∶5，出图打印（图 2-30、图 2-31）。

2.4.2.3　任务小结

廊架多与植物景观相联系，进行廊架详图设计时需注意以下几点。

① 廊架设计要尽量接近自然，详图设计要充分考虑其与植物搭配效果的表现方式，而不能仅仅将其作为构筑物进行设计。

② 要注意比例尺寸、选材和必要的装修。廊架体量不宜太大，太大显得不够轻巧，太高不易荫蔽而显空旷。

③ 注意空间的把握，不宜过于封闭，也不能太过开敞，要把握好适宜的度。

④ 在设计过程中，要充分考虑攀缘植物的特点及其对廊架的影响。

2.4.3　景亭详图设计的实践操作

2.4.3.1　任务分析

根据前期方案设计成果文件，基本确定了景亭的平面构成、风格样式及色彩质感。砺精园景亭为点景景亭，作为场地焦点的点景构筑物，设计风格与游园整体环境协调一致，采用木构架方亭。主要装饰材料选择红褐色炭化木柱、梁、檩条及红褐色沥青瓦屋面。

景亭规格尺寸一般在方案阶段已经明确，施工图设计师可以参考方案设计文件或方案效果图（图 2-32），结合周围环境和功能需求等核对尺寸，绘制景亭施工图。

2.4.3.2　任务实施

（1）第一步：景亭（柱点）平面图设计

① 景亭（柱点）平面图为顶棚以下的立柱剖切平面图，用来表达立柱平面关系和柱脚与地面的交接关系。根据方案设计文件及效果图分析，砺精园景亭为木构架方亭，景亭立柱上部结构为红褐色炭化木柱，立柱下部结构为砌体结构外贴芝麻灰烧面花岗岩，柱间设红褐色炭化木坐凳。

② 绘制景亭柱间定位轴线，确定柱中心位置。

③ 绘制景亭柱、坐凳平面图轮廓线。其中，景亭柱轮廓线包括上部红褐色炭化木柱截面轮廓线、下部砌体结构与各层构造做法轮廓线，以及室内地面铺装样式。

④ 标注景亭（柱点）平面图基本尺寸、标高、材质规格等。

⑤ 选择适当剖切位置及观察方向，标注剖切符号（图 2-33）。

（2）第二步：景亭顶平面图设计

① 景亭顶平面图用来表达景亭顶部的样式及平面尺寸，当有多重屋顶时，需要分层表达。根据方案设计文件及方案效果图分析，砺精园景亭为坡屋顶，屋面材质为红褐色沥青瓦，景亭顶平面尺寸为 5.5m×5.5m，坡屋顶中心位置为木宝顶，顶标高为 4.000m。

② 绘制景亭柱间定位轴线，绘制柱顶视平面图轮廓线（顶视视角柱不可见，轮廓线宜为虚线），绘制屋面线。

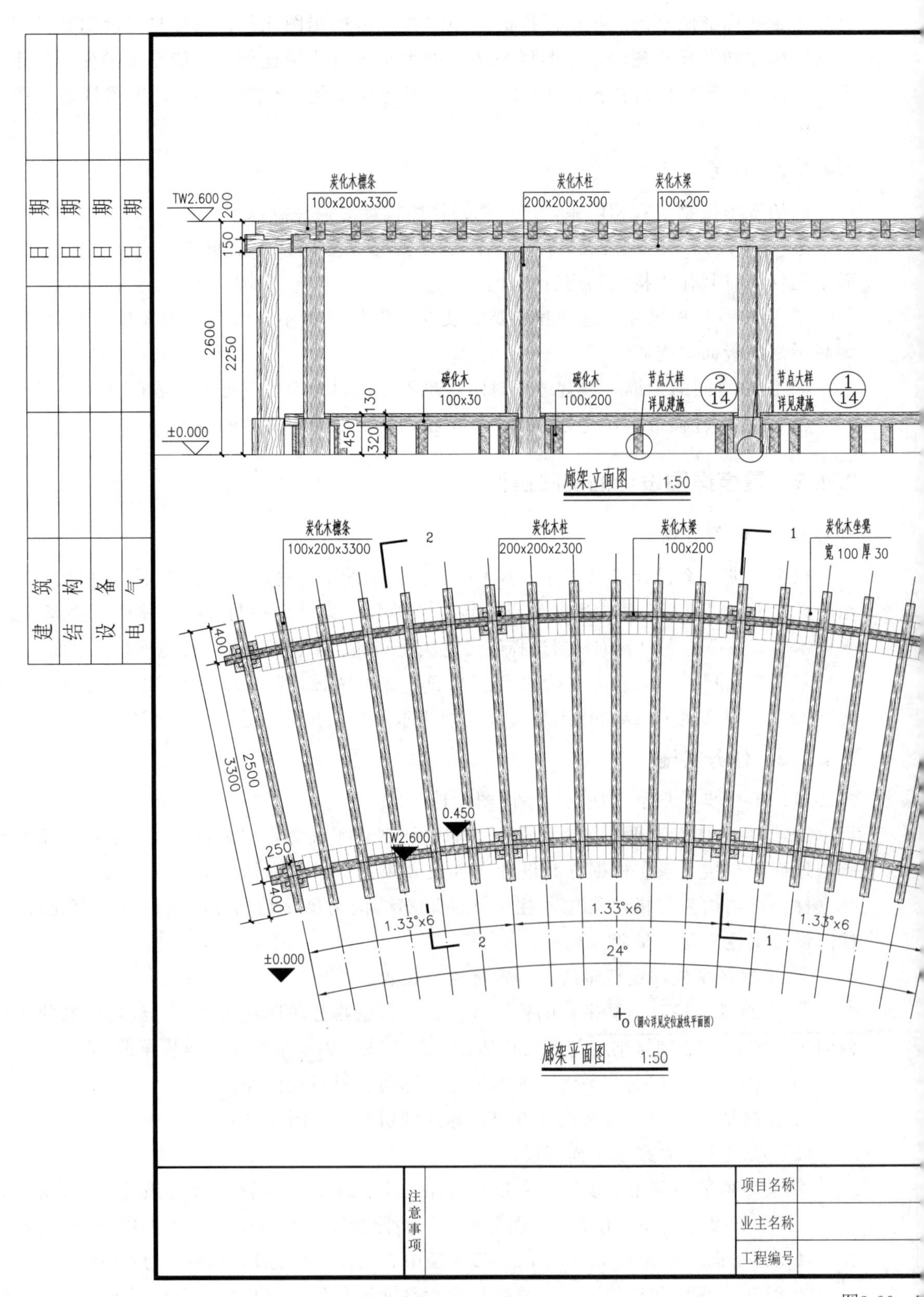
日期
日期
日期
日期
建筑
结构
设备
电气
TW2.600
炭化木檩条
100x200x3300
炭化木柱
200x200x2300
炭化木梁
100x200
200
150
2600
2250
碳化木
100x30
碳化木
100x200
节点大样
详见建施
2
14
节点大样
详见建施
1
14
130
450
320
±0.000
廊架立面图 1:50
炭化木檩条
100x200x3300
炭化木柱
200x200x2300
炭化木梁
100x200
炭化木坐凳
宽 100 厚 30
400
2500
3300
250
400
0.450
TW2.600
1.33°x6
1.33°x6
1.33°x6
±0.000
24°
O (圆心详见定位放线平面图)
廊架平面图 1:50
注意事项
项目名称
业主名称
工程编号

图2-30

说明:

1. 本图所注 ±0.000为相对标高，绝对标高详见竖向设计，标高标注单位为米，TW表示建筑顶标高.
2. 若无特殊说明，所有金属件除锈，刷防腐漆两道，外露部分喷黑色氟碳漆.
3. 连接未经特殊说明的均采用焊接的方式，焊接后磨平焊缝.

a. 轻钢部分采用小电流细焊条焊接，电焊采用连续电焊，电焊厚度不小于该处钢构件的最小壁厚。

b. 普通钢部分采用细焊条连续双面焊接，电焊饱满，电焊厚度不小于该处钢构件的最小壁厚。

4. 图中木质构件均为炭化木，安装前搓红褐色，刷清漆两道，安装完毕后刷清漆一道，木方间连接方式为带胶水榫卯。
5. 木板与龙骨连接采用沉头螺栓，当木板面宽 <100mm 时，用单排钉，当木板面宽 >100mm 时，用双排钉，板面须先钻半孔深，后拧入钉头与板面平，严禁用无螺纹钢钉直接钉.
6. 当栏杆、柱体等延伸进入墙体及地面时，在接口部位必须处理仔细，并打胶收口.
7. 立面与铺装面层交角处需要延伸到铺装面层以下，避免铺装基础冻胀抬升，造成面层破损.
8. 本图依据甲方确认的方案文本绘制。
9. 未尽事宜参见国家相关规范或与项目负责人联系。

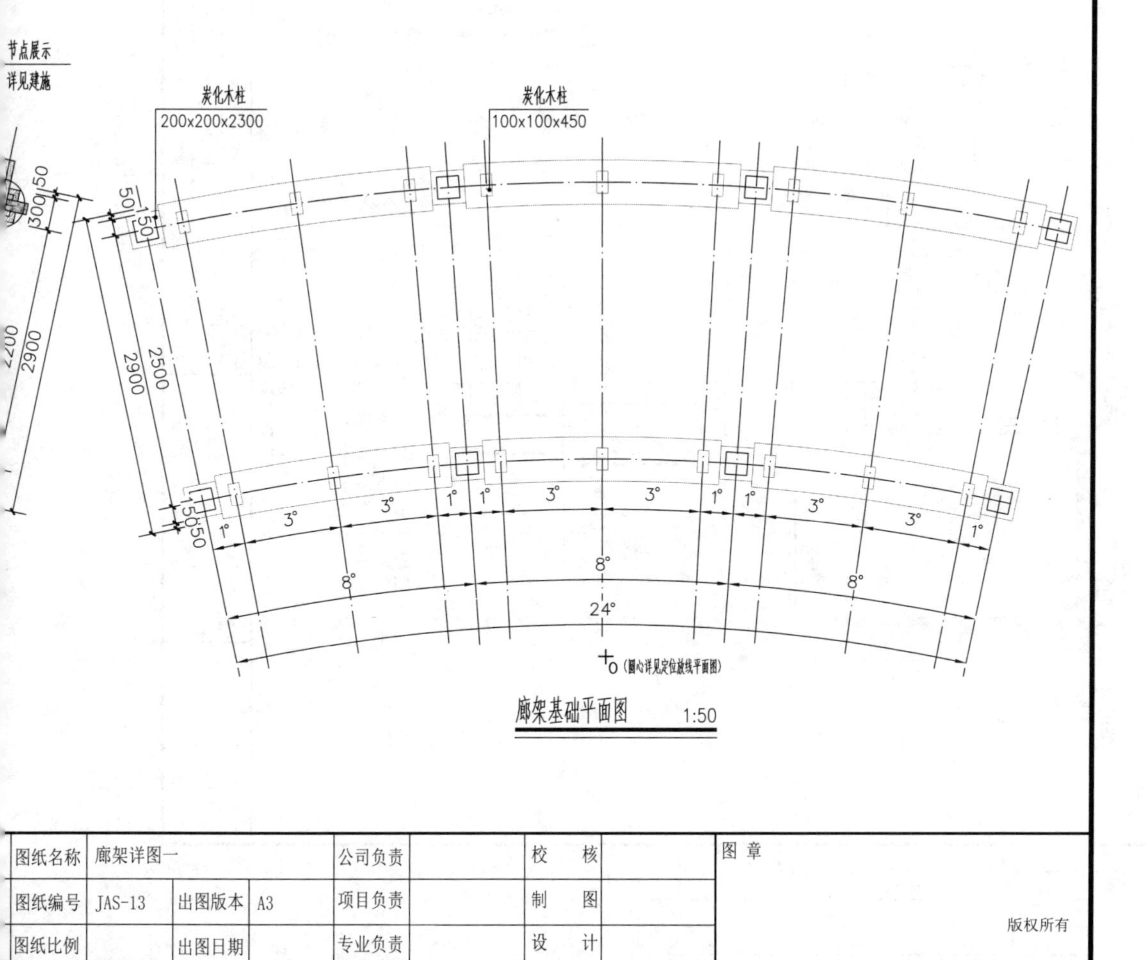

廊架基础平面图 1:50

图纸名称	廊架详图一			公司负责		校　核		图 章
图纸编号	JAS-13	出图版本	A3	项目负责		制　图		版权所有
图纸比例		出图日期		专业负责		设　计		

架详图一

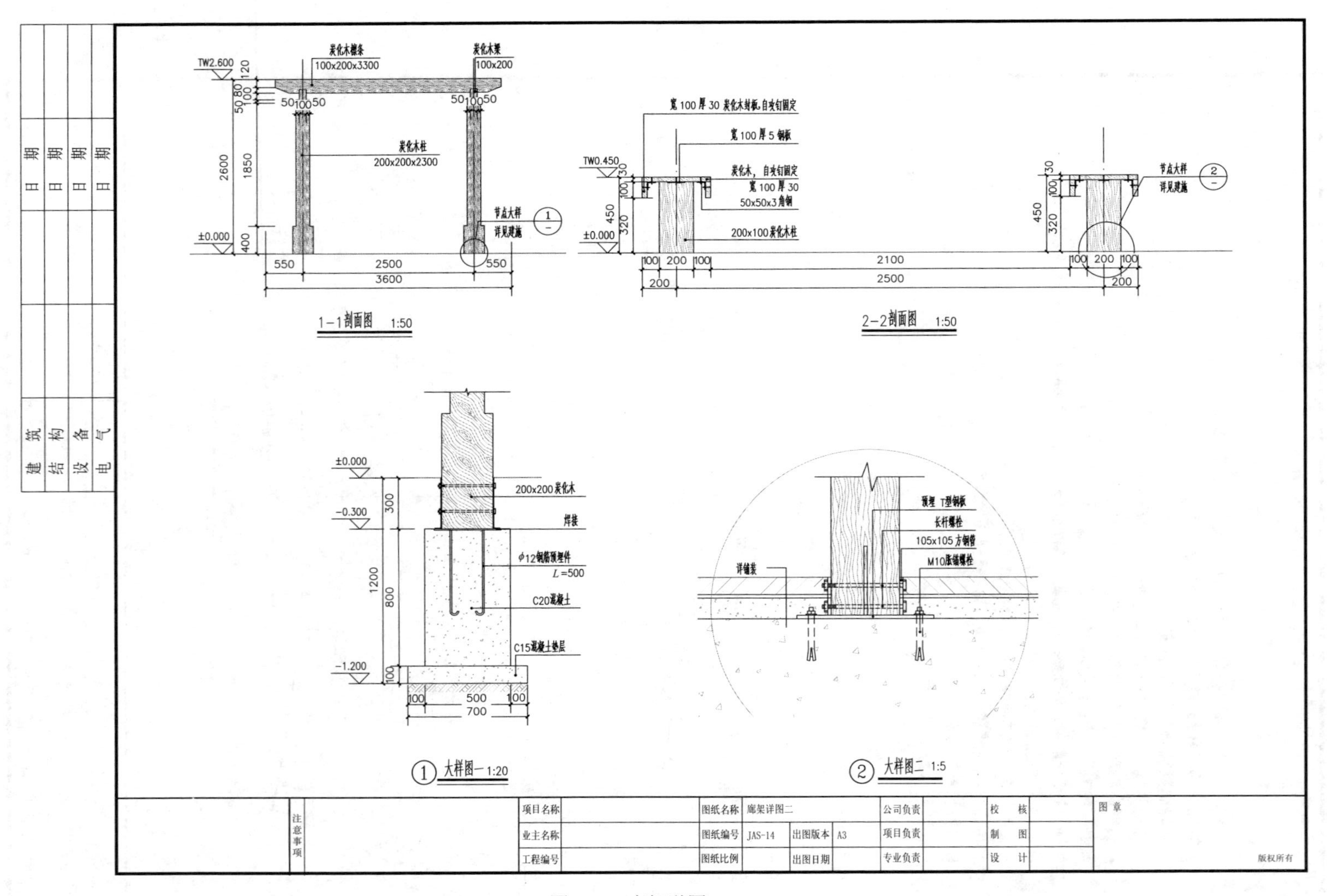
炭化木檩条
100x200x3300
炭化木梁
100x200
炭化木柱
200x200x2300
节点大样
详见建施
TW2.600
±0.000
2600
1850
550
2500
550
3600
1-1剖面图 1:50
宽100厚30炭化木封板,自攻钉固定
宽100厚5钢板
炭化木,自攻钉固定
宽100厚30
50x50x3角钢
200x100炭化木柱
TW0.450
2100
2500
2-2剖面图 1:50
200x200炭化木
焊接
φ12钢筋预埋件
L=500
C20混凝土
C15混凝土垫层
-0.300
-1.200
1200
800
500
700
① 大样图一 1:20
预埋T型钢板
长杆螺栓
105x105方钢管
M10膨胀螺栓
详铺装
② 大样图二 1:5
注意事项
项目名称
业主名称
工程编号
图纸名称 廊架详图二
图纸编号 JAS-14
图纸比例
出图版本 A3
出图日期
公司负责
项目负责
专业负责
校核
制图
设计
图章
版权所有
建筑 日期
结构 日期
设备 日期
电气 日期

图2-31 廊架详图二

图 2-32　砺精园景亭设计效果图（见彩图）

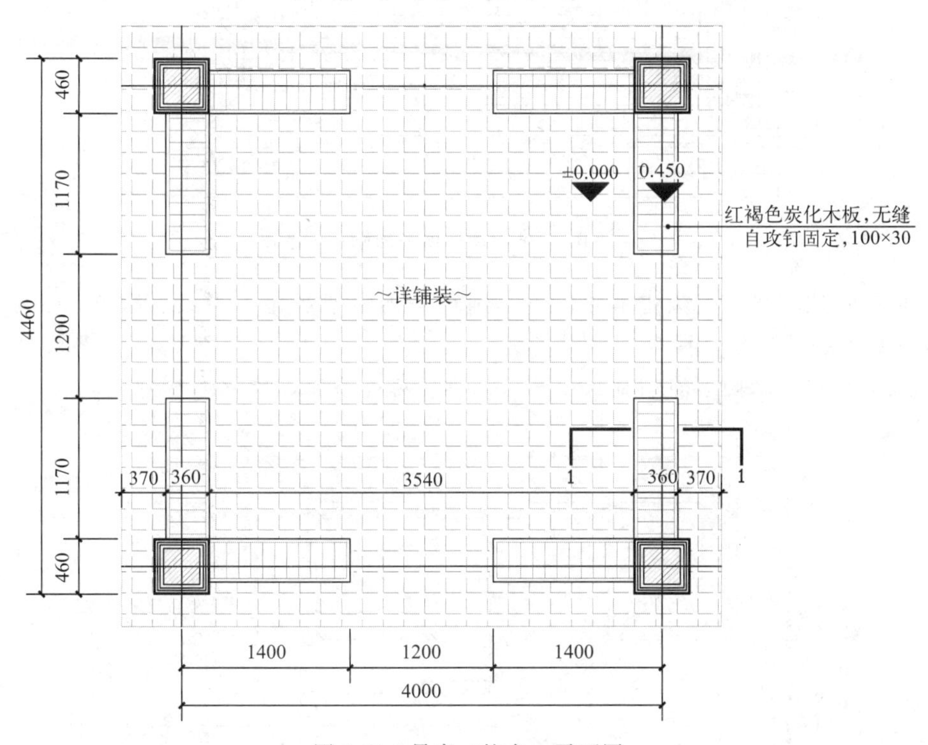

图 2-33　景亭（柱点）平面图

③ 标注景亭顶平面图基本尺寸、标高、构件材质规格。

④ 选择适当的剖切位置及观察方向，标注剖切符号（图 2-34）。

(3) 第三步：景亭顶结构平面图设计

① 景亭顶结构平面图用来表达景亭顶部做法，当有多重屋顶时，需要分层表达。根据方案设计文件及方案效果图分析，砺精园景亭的亭顶为木结构，由炭化木、主梁、次梁（屋顶梁）、檩条等构件共同构成亭顶屋架。景亭结构平面尺寸为 5.0m×5.0m，木柱截面尺寸为 300mm×300mm，屋顶梁截面尺寸为 100mm×100mm，主梁截面尺寸为 150mm×200mm，檩条截面尺寸为 75mm×75mm。

② 绘制景亭柱间定位轴线、屋顶各构件定位轴线。

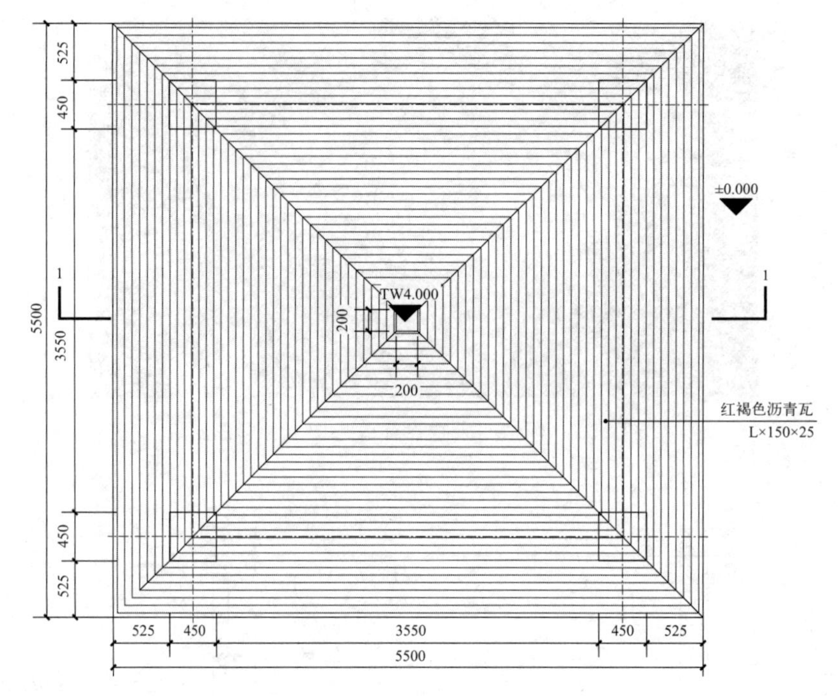

图 2-34 景亭顶平面图

③ 根据定位轴线确定炭化木柱位置，确定亭顶屋架炭化木主梁、次梁、檩条位置。将木宝顶做法索引至大样图。

④ 标注景亭顶结构平面图基本尺寸、标高、构件材质规格（图 2-35）。

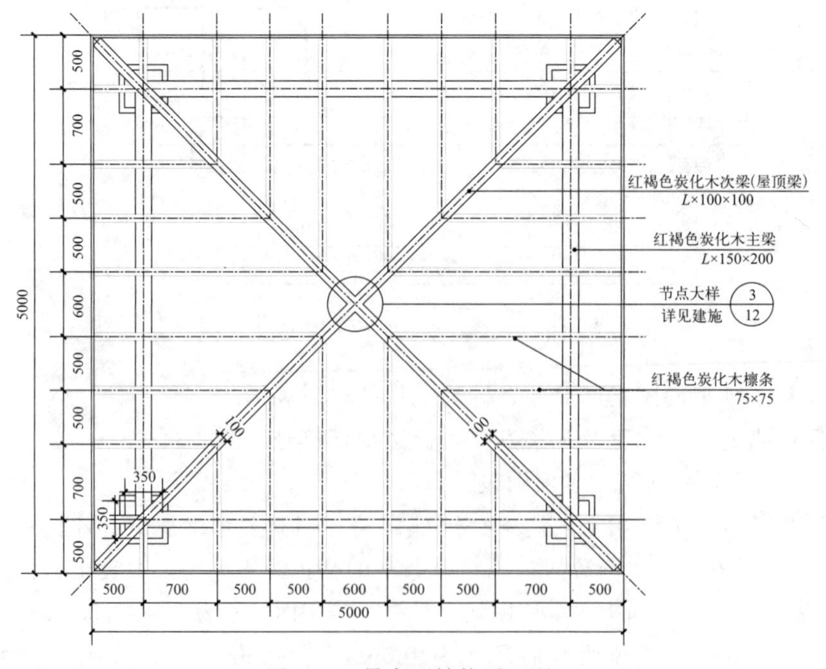

图 2-35 景亭顶结构平面图

（4）第四步：景亭立面图设计

① 选择景亭正立面作为观察方向，依据正立面投影图规律绘制景亭立面图。表达景亭尺寸和材料运用。根据方案设计文件及方案效果图分析，砺精园景亭总高度为 4.0m，亭顶结构高 1.7m。

② 绘制景亭立面图轮廓线，根据方案设计文件及方案效果图，景亭立面高度为 4.0m，立面构件由下至上依次为景亭立柱、木坐凳、亭顶结构外围红褐色炭化木挡板、红褐色沥青瓦、红褐色木宝顶。

③ 标注景亭立面图基本尺寸、标高、饰面材质规格（图 2-36）。

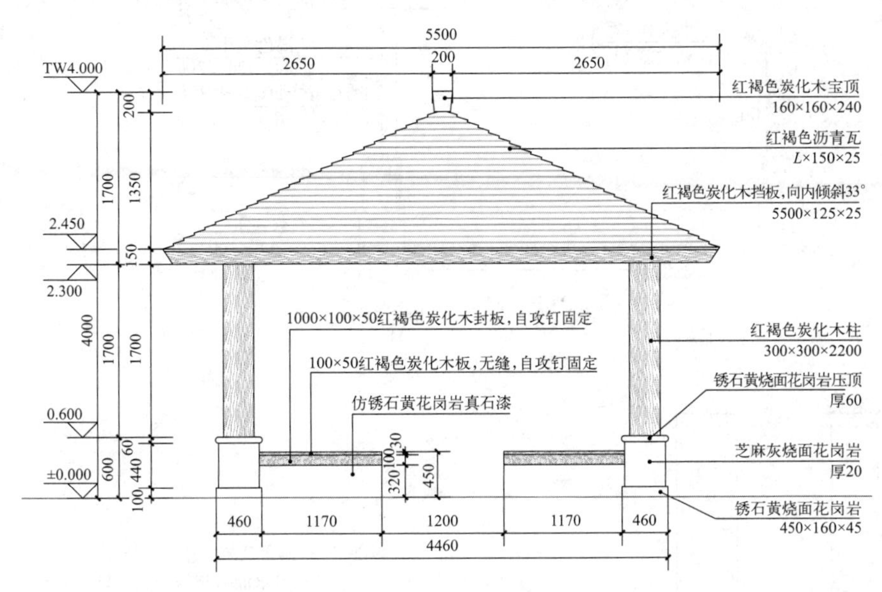

图 2-36　景亭立面图

（5）第五步：景亭剖面图设计

① 根据景亭（柱点）平面图选择的剖切位置，绘制剖切位置坐凳内部构造图（图 2-37）；根据景亭顶平面图选择的剖切位置，绘制景亭内部结构剖面图（图 2-38）；绘制景亭柱结

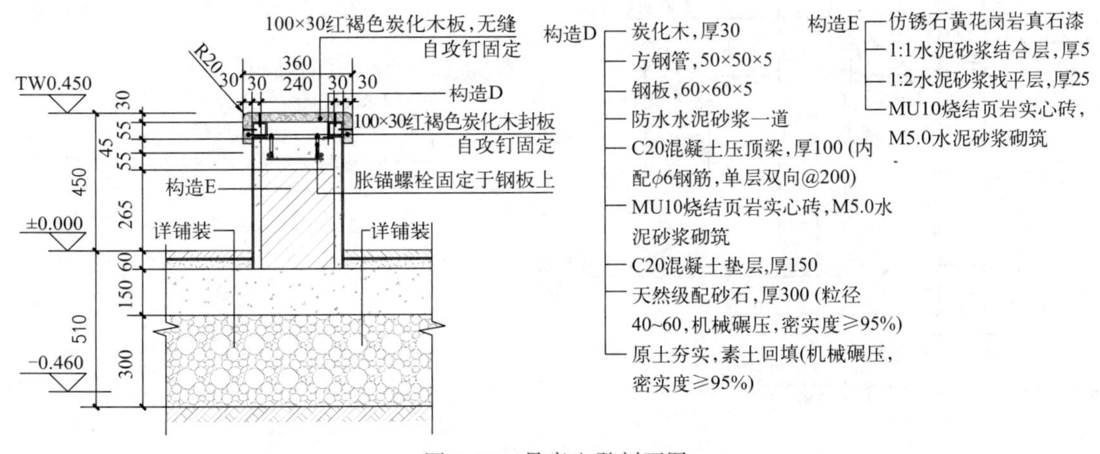

图 2-37　景亭坐凳剖面图

构剖面图，表现基础做法（图 2-39）。需要注意的是，景亭结构较复杂，其剖切位置因项目而异，但必须包括立柱、横梁、檐口、基础等剖面做法，剖面图包含结构层、结合层、面层。

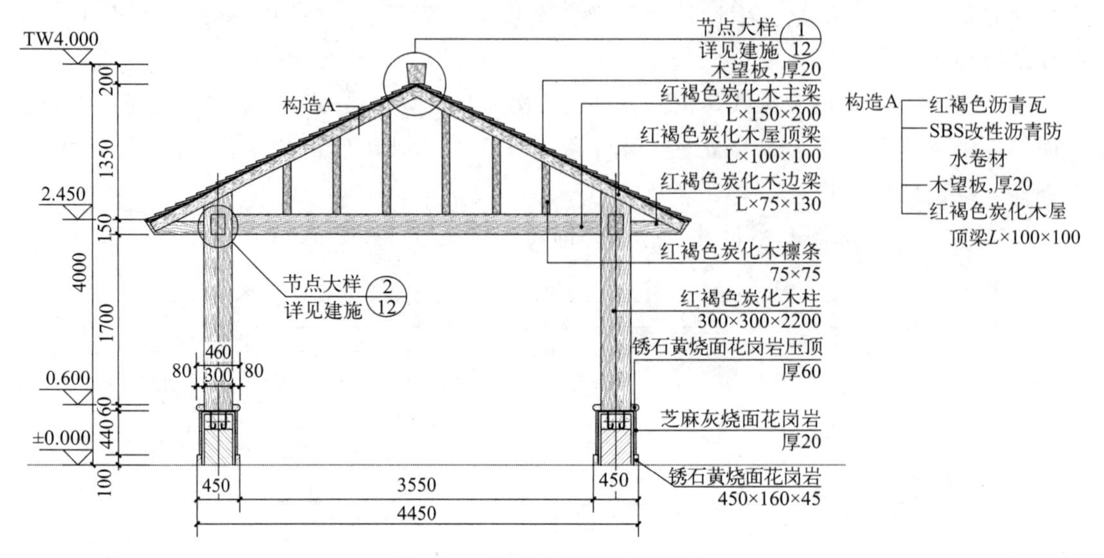

图 2-38　景亭内部结构剖面图

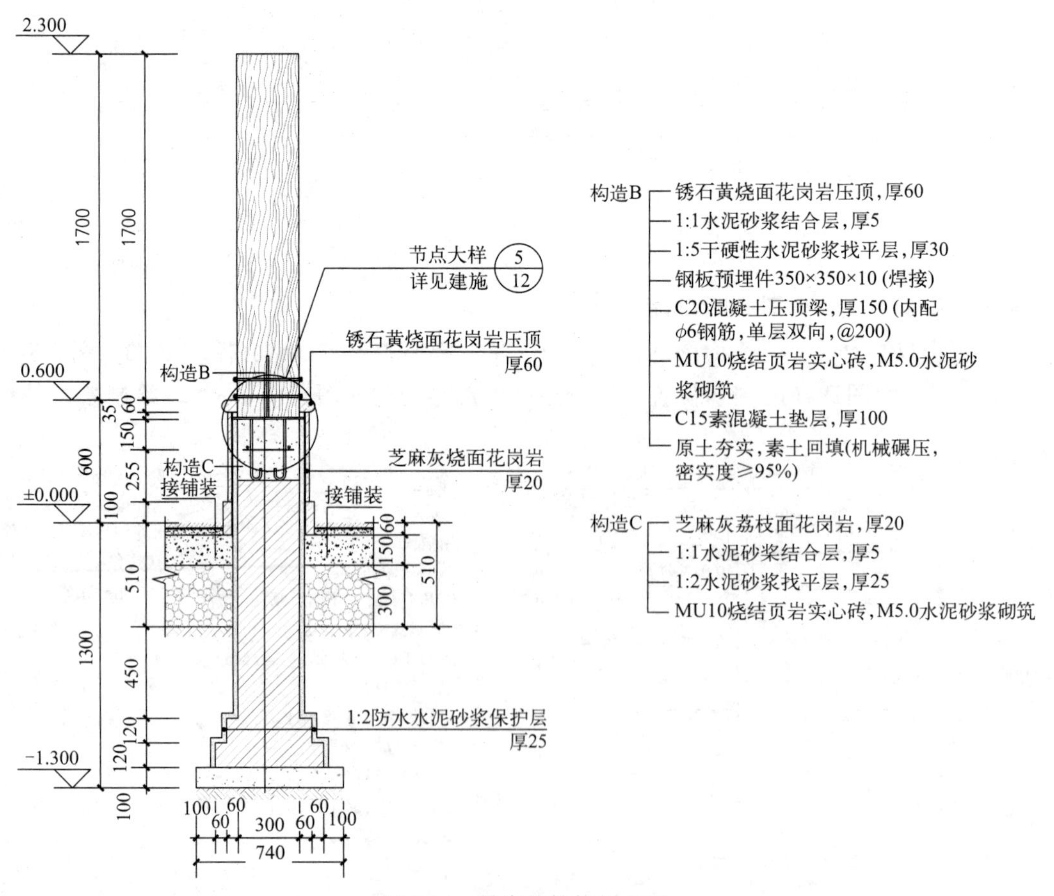

图 2-39　景亭柱结构剖面图

② 绘制景亭剖面图轮廓线、不同材质区分界线。

③ 按照不同材质分界线填充材质图例，标注景亭各剖面图基本尺寸（地上和地下部分）、标高、构造做法。

④ 标注构件连接细部索引。木宝顶做法，亭顶结构木主梁、木柱、木边梁连接方式，以及炭化木柱与砌体结构连接方式在剖面图中不便表达，移出另画大样图，并准确标记其索引位置。

（6）第六步：剖面细部大样图设计

细部大样图是把建筑的细部或构、配件的形状、大小、材料、做法等，用较大的比例绘制出来的图样。它是对平面图、立面图和剖面图的补充。根据景亭剖面图表达情况分析，需要绘制木宝顶局部做法大样图，亭顶结构木主梁、木柱、木边梁连接大样图，炭化木柱与砌体结构连接大样图。大样图与景亭各剖面图索引位置相对应，标注局部位置连接形式、尺寸、材质、规格等细部做法（图 2-40）。

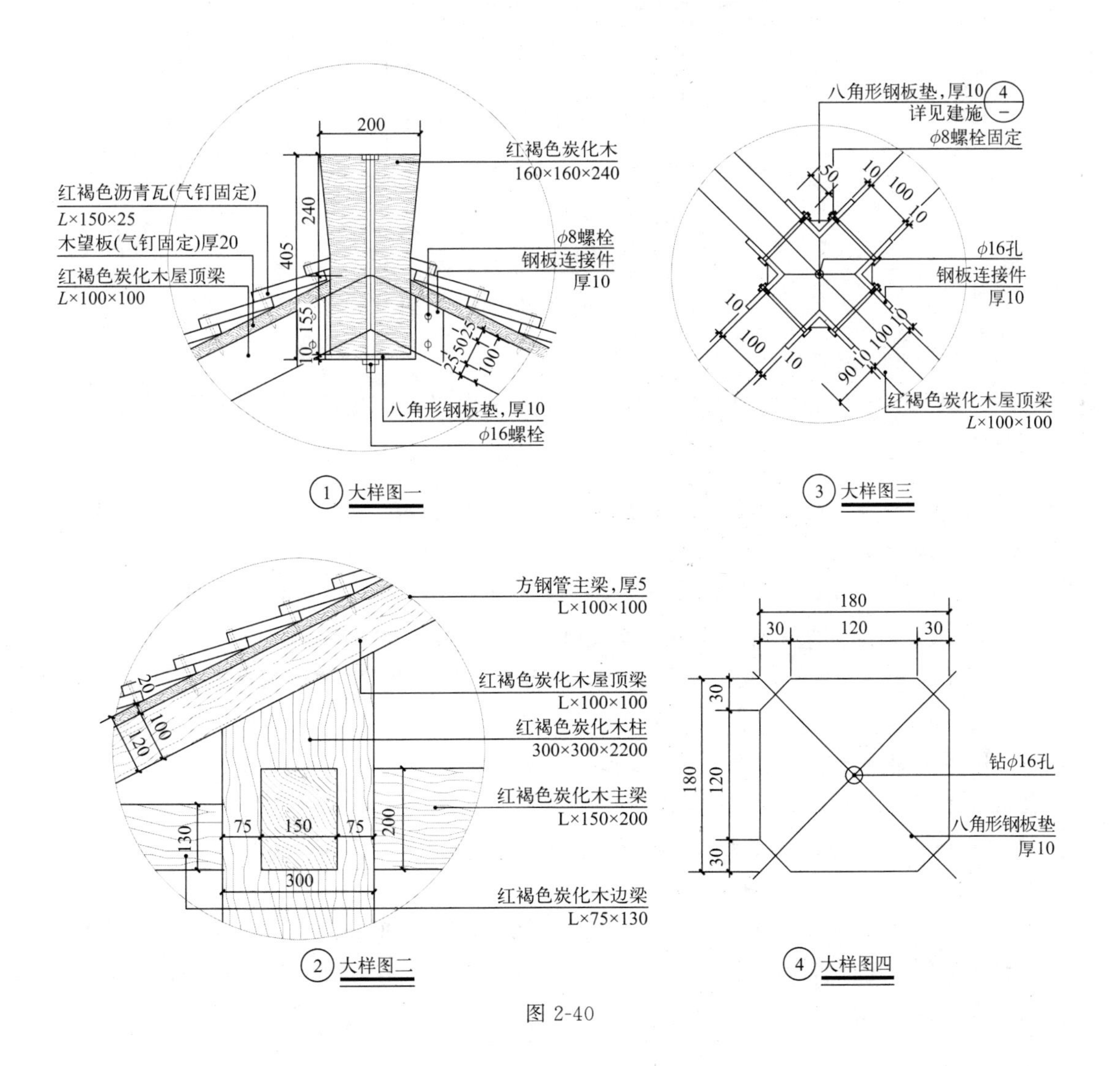

图 2-40

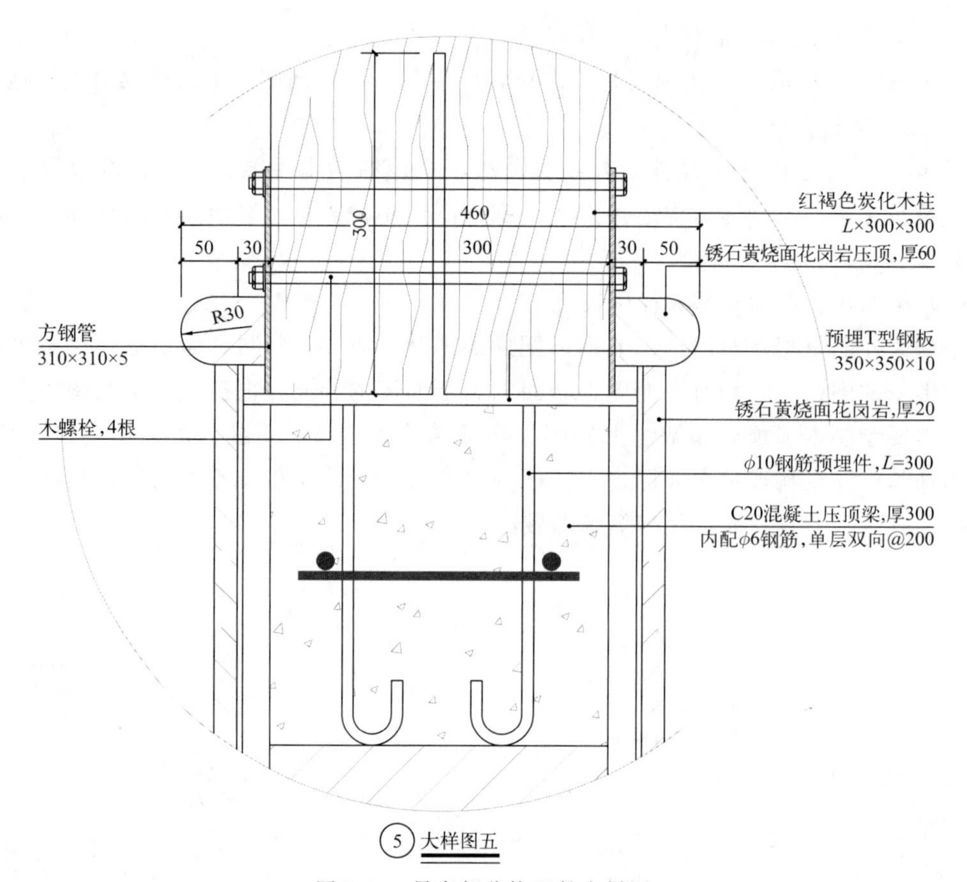

图 2-40　景亭部分构配件大样图

(7) 第七步：编制景亭详图设计说明

设计图中图样不能很好说明的内容可以用文字说明进行补充。砺精园景亭详图设计说明具体如下。

① 本图所注±0.000为相对标高，绝对标高详见竖向设计，标高标注单位为米，TW表示建筑顶标高。

② 若无特殊说明，所有金属件除锈，刷防腐漆两道，外露部分喷黑色氟碳漆。

③ 连接未经特殊说明的均采用焊接的方式，焊接后磨平焊缝。

a. 轻钢部分采用小电流细焊条焊接，电焊采用连续电焊，电焊厚度不小于该处钢构件的最小壁厚。

b. 普通钢部分采用细焊条连续双面焊接，电焊饱满，电焊厚度不小于该处钢构件的最小壁厚。

④ 图中木质构件均为炭化木，安装前刷清漆两道，安装完毕后刷清漆一道，木方间连接方式为带胶水榫卯。

⑤ 木板与龙骨连接采用沉头螺栓，当木板面宽＜100mm时，用单排钉，当木板面宽＞100mm时，用双排钉，板面须先钻半孔深，后拧入钉头与板面平，严禁用无螺纹钢钉直接钉。

⑥ 压顶石、边石等大体积石材，安装时石材边角大面积破损的，需要更换；小面积破损的，采用大理石胶修补打磨。

⑦ 压顶及碰角边缘需着重打磨，不留毛边。

⑧ 当栏杆、柱体等延伸进入墙体及地面时，在接口部位必须处理仔细，并打胶收口。

⑨ 立面与铺装面层交角处需要延伸到铺装面层以下，避免铺装基础冻胀抬升，造成面层破损。

⑩ 本图依据甲方确认的方案文本绘制。

⑪ 未尽事宜参见国家相关规范或与项目负责人联系。

（8）第八步：布局整理图纸

使用设计公司标准 A3 图框，在 CAD 布局中选用合适比例把景亭详图各类型图样合理布置在标准图框内。根据图样的大小选择合适的出图比例，保证打印后图纸的尺寸及文字标注和图样清楚。依据图样与图框的大小设置出图比例，一般情况下，柱点平面图、顶平面图、顶结构平面图、立面图选择比例 1∶50；剖面图选择比例 1∶50、1∶30、1∶20，大样图选择比例 1∶10、1∶5（图 2-41～图 2-43）。然后出图打印。

2.4.3.3 任务小结

景亭是较为复杂的园林建筑，在施工图绘制阶段往往需要多专业配合协作。景亭详图绘制顺序小结如下：亭基本平面图绘制→亭平面位置与景观总平面复合，根据地下管线条件和周边场地对位关系调整亭柱网→完成亭顶平面图、柱点平面图、立面图、剖面图的绘制→把简单的平面图、立面图、剖面图提供给结构专业进行结构配合→完成亭的节点做法和照明亮化设计→将图纸提供给相关水电专业配合→继续完善各细节放大和节点做法，查漏补缺。整个亭施工图设计是一个多专业往复沟通的过程，需要互相配合，共同完成亭的施工图绘制。

亭、廊施工图的绘制原则是清晰易懂、拆繁成简、不表达重复信息和冗余信息。例如绘制某个多重结构的亭、廊顶视图，不需要同时表达玻璃顶、下面的钢结构、钢结构下面的装饰格栅、格栅下面的其他装饰层，这样多层重叠会导致读图困难，这种情况应尽量拆分成分层顶部平面图。再例如绘制剖面图、立面图，不需要在剖面图上同时表达剖面和能看到的所有看面的全部信息，只需着重表达剖切处信息。一套清晰的亭、廊施工图可能有众多节点，但每个节点表达的信息都应简洁清晰。

园林建筑小品内容极其丰富，无论是传统设计的亭、廊、墙，实用的园桌、园椅，还是用以观赏的雕塑、景墙，轻巧美观的装饰构件、花格，这些都可以归类于园林建筑小品。恰到好处的园林小品离不开精心的设计，所以在施工图设计中应注意以下几个要点。

（1）熟悉整套园林设计方案思路，确定建筑小品风格

一方面在形式上要讲究视觉效果，另一方面在立意上要强调精神文化的内容，这两者必须结合起来。例如，一组文化景墙需要通过它要体现的内容来决定其外饰面的材质。

（2）根据场地大小确定建筑小品体量

在施工图设计中，无论是亭、廊、榭，还是景墙、栏杆、路灯等，都要根据园林空

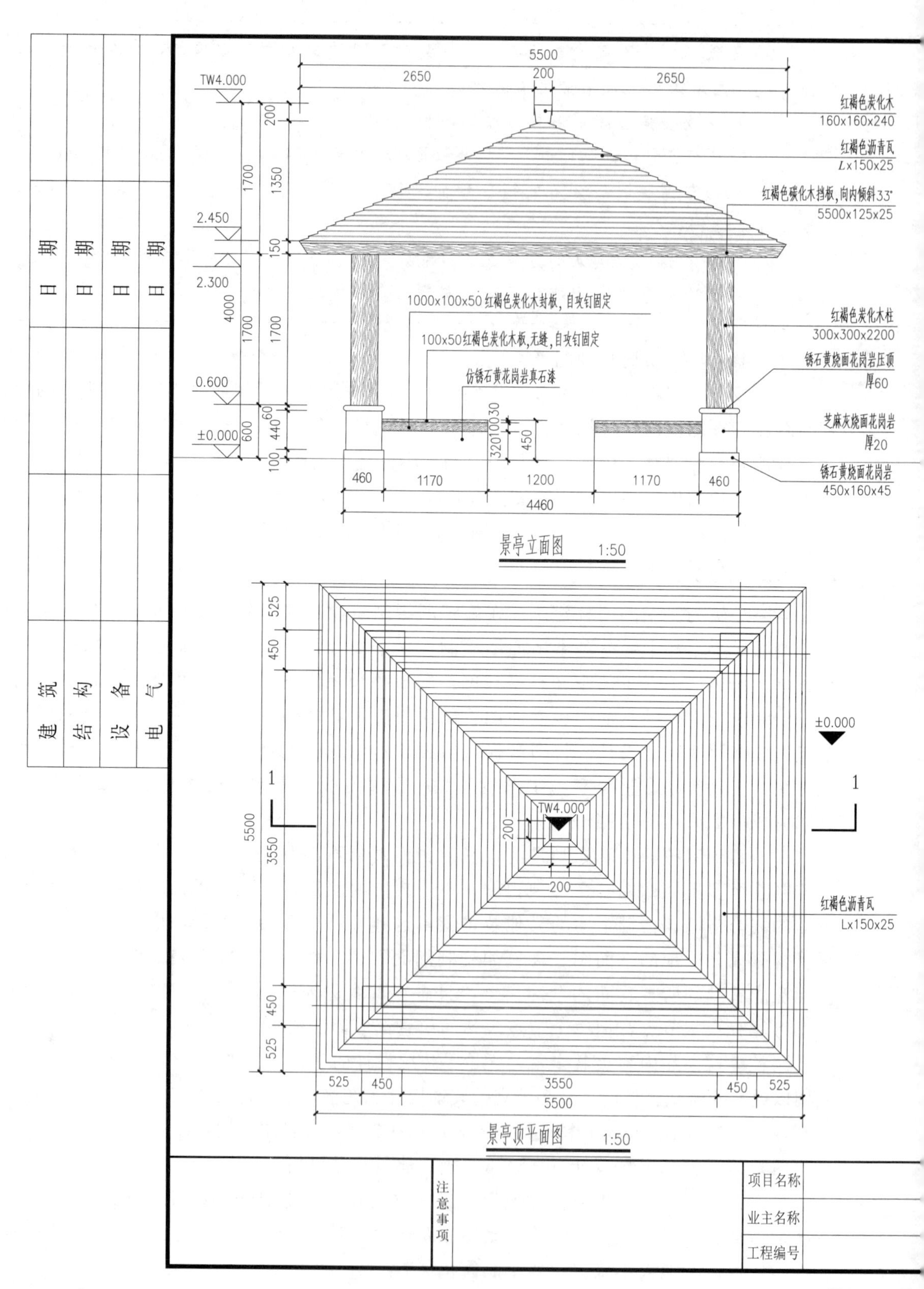
日期
日期
日期
日期
建筑
结构
设备
电气
5500
2650
200
2650
TW4.000
红褐色炭化木
160x160x240
红褐色沥青瓦
Lx150x25
红褐色碳化木挡板，向内倾斜33°
5500x125x25
2.450
2.300
0.600
±0.000
1000x100x50红褐色炭化木封板，自攻钉固定
100x50红褐色炭化木板，无缝，自攻钉固定
仿锈石黄花岗岩真石漆
红褐色炭化木柱
300x300x2200
锈石黄烧面花岗岩压顶
厚60
芝麻灰烧面花岗岩
厚20
锈石黄烧面花岗岩
450x160x45
460
1170
1200
1170
460
4460
景亭立面图 1:50
525
450
3550
450
525
5500
±0.000
1
1
TW4.000
200
200
红褐色沥青瓦
Lx150x25
景亭顶平面图 1:50
注意事项
项目名称
业主名称
工程编号

图2-41 景

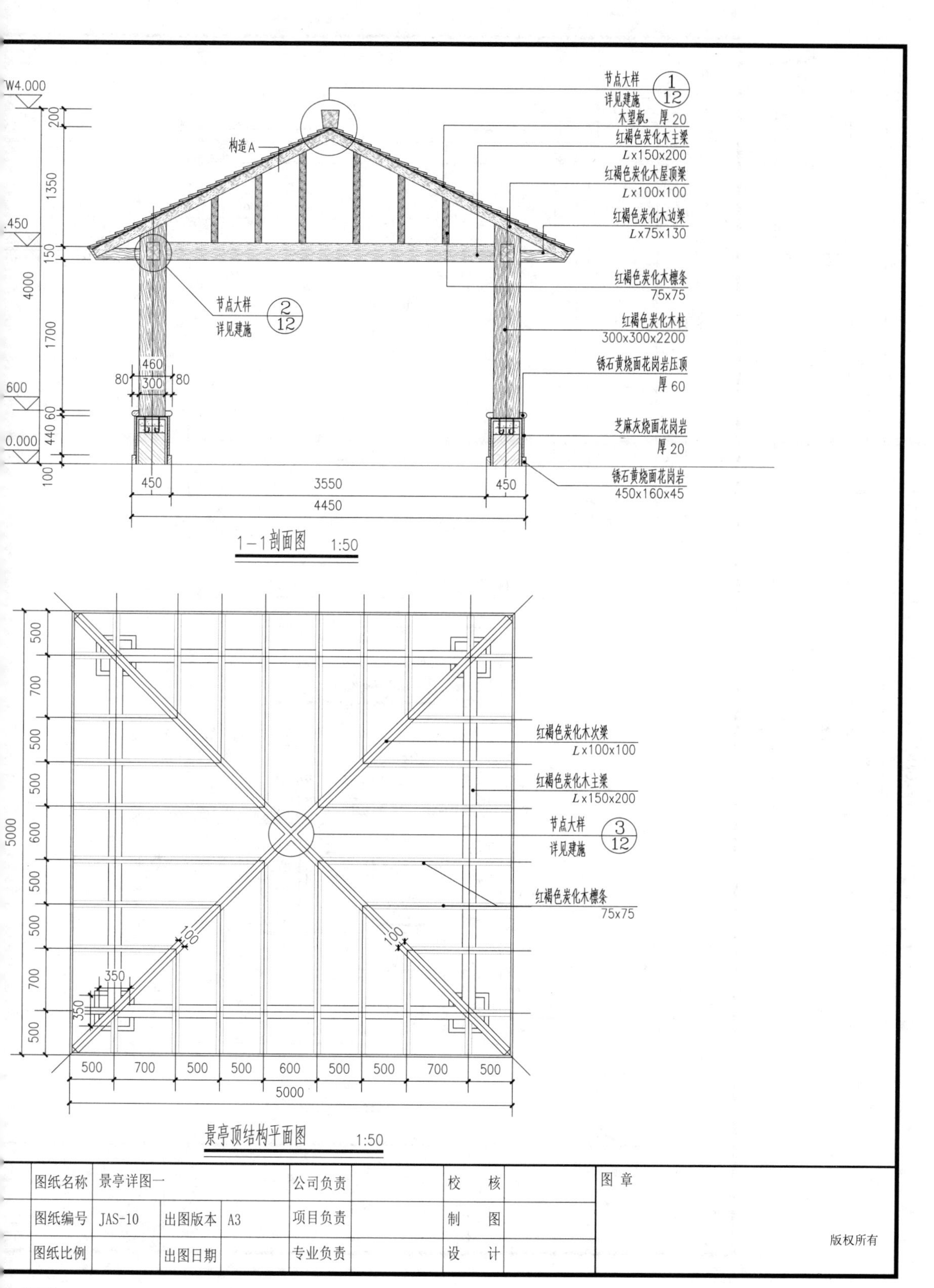

图纸名称	景亭详图一			公司负责		校　核		图 章
图纸编号	JAS-10	出图版本	A3	项目负责		制　图		
图纸比例		出图日期		专业负责		设　计		版权所有

亭详图一

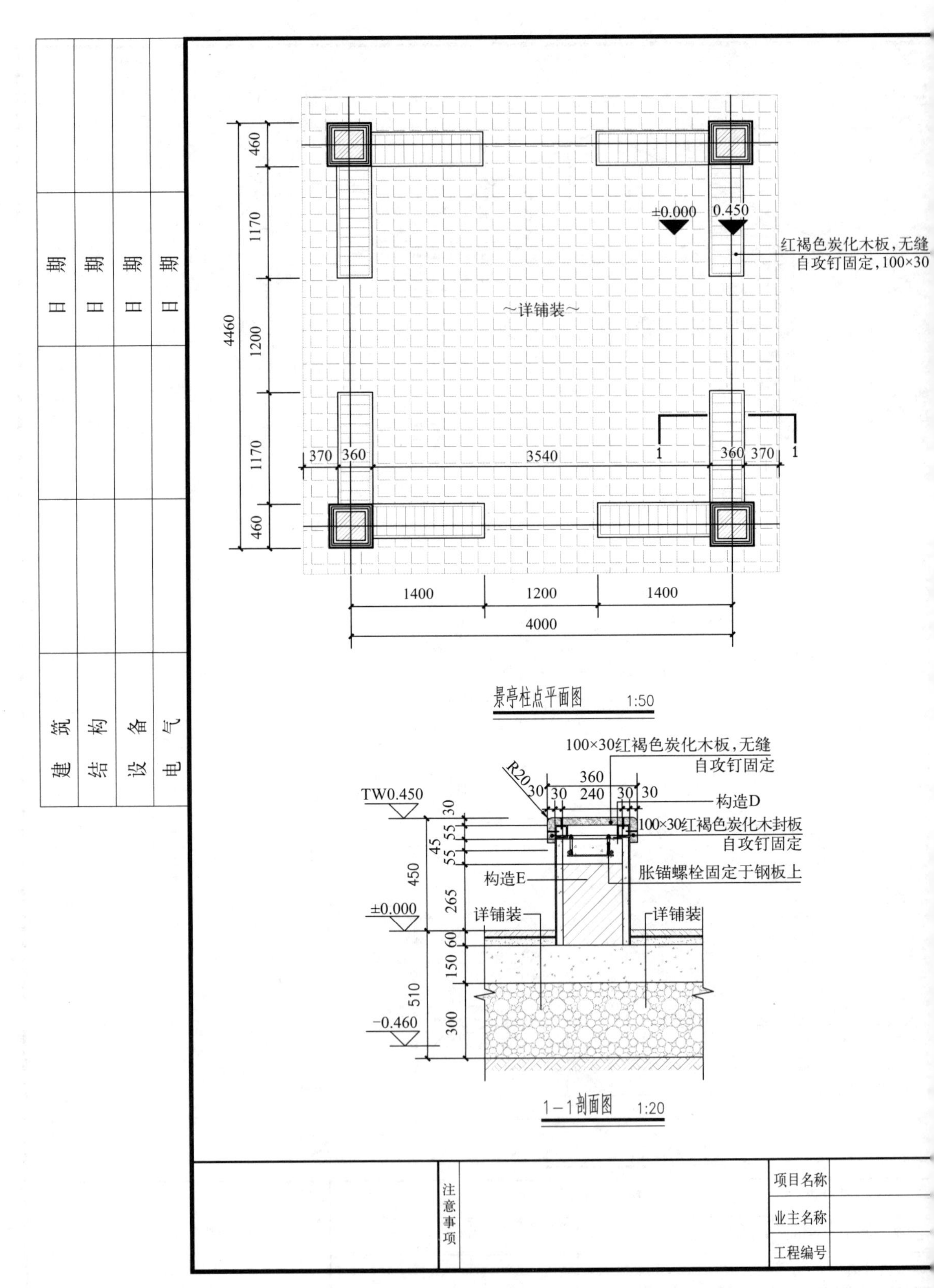
日 期
日 期
日 期
日 期
建 筑
结 构
设 备
电 气
460
1170
1200
1170
460
4460
±0.000
0.450
红褐色炭化木板,无缝
自攻钉固定,100×30
~详铺装~
370
360
3540
360
370
1
1
1400
1200
1400
4000
景亭柱点平面图 1:50
100×30红褐色炭化木板,无缝
自攻钉固定
R20
360
30
30
240
30
30
构造D
TW0.450
100×30红褐色炭化木封板
自攻钉固定
胀锚螺栓固定于钢板上
构造E
450
±0.000
详铺装
详铺装
265
60
150
510
300
-0.460
1-1剖面图 1:20
注意事项
项目名称
业主名称
工程编号

图2-42

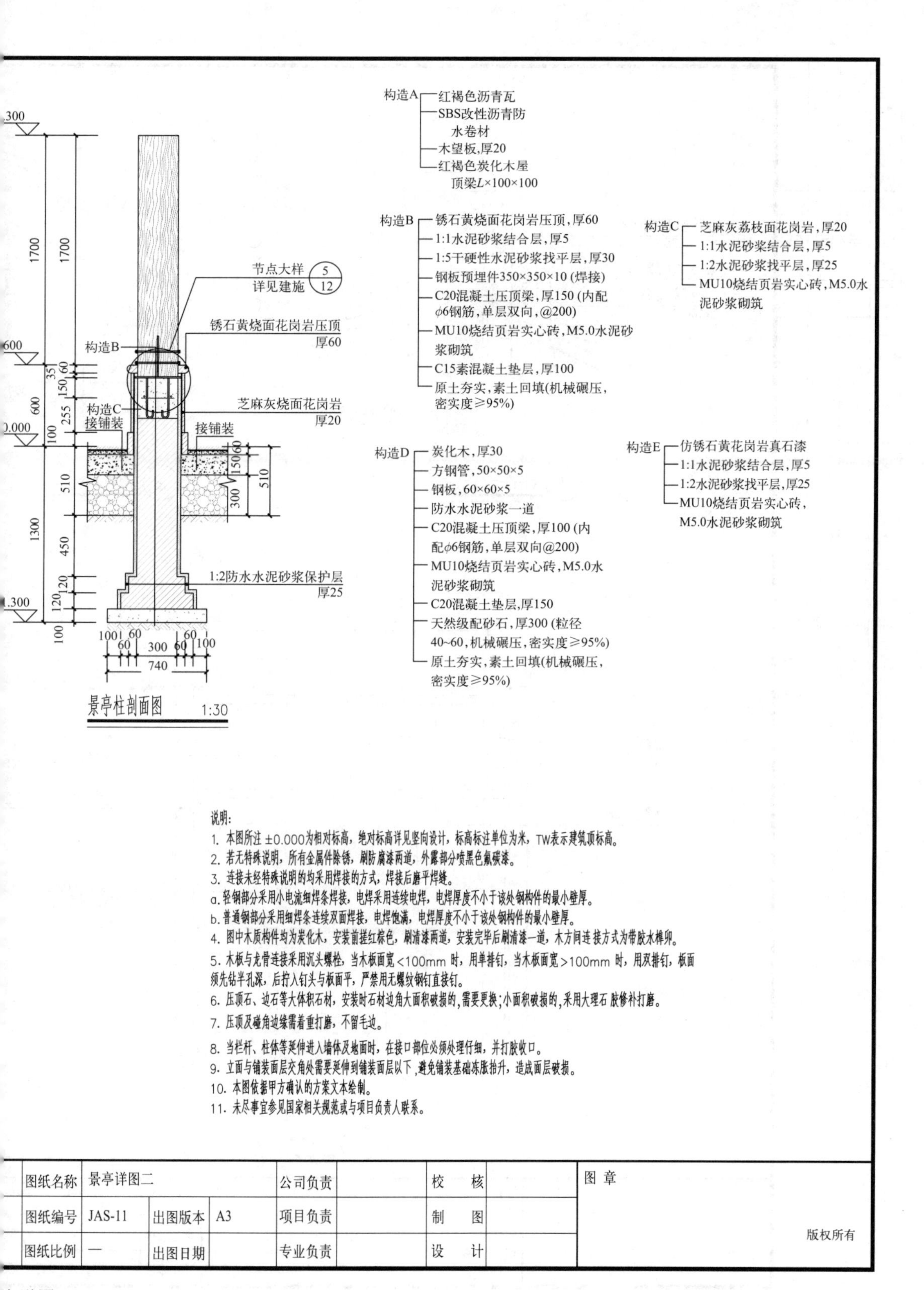
构造A
红褐色沥青瓦
SBS改性沥青防水卷材
木望板,厚20
红褐色炭化木屋顶梁L×100×100
构造B
锈石黄烧面花岗岩压顶,厚60
1:1水泥砂浆结合层,厚5
1:5干硬性水泥砂浆找平层,厚30
钢板预埋件350×350×10 (焊接)
C20混凝土压顶梁,厚150 (内配ϕ6钢筋,单层双向,@200)
MU10烧结页岩实心砖,M5.0水泥砂浆砌筑
C15素混凝土垫层,厚100
原土夯实,素土回填(机械碾压,密实度≥95%)
构造C
芝麻灰荔枝面花岗岩,厚20
1:1水泥砂浆结合层,厚5
1:2水泥砂浆找平层,厚25
MU10烧结页岩实心砖,M5.0水泥砂浆砌筑
构造D
炭化木,厚30
方钢管,50×50×5
钢板,60×60×5
防水水泥砂浆一道
C20混凝土压顶梁,厚100 (内配ϕ6钢筋,单层双向@200)
MU10烧结页岩实心砖,M5.0水泥砂浆砌筑
C20混凝土垫层,厚150
天然级配砂石,厚300 (粒径40~60,机械碾压,密实度≥95%)
原土夯实,素土回填(机械碾压,密实度≥95%)
构造E
仿锈石黄花岗岩真石漆
1:1水泥砂浆结合层,厚5
1:2水泥砂浆找平层,厚25
MU10烧结页岩实心砖,M5.0水泥砂浆砌筑
节点大样详见建施 5/12
锈石黄烧面花岗岩压顶 厚60
构造B
构造C
接铺装
芝麻灰烧面花岗岩 厚20
接铺装
1:2防水水泥砂浆保护层 厚25
景亭柱剖面图 1:30
说明:
1. 本图所注 ±0.000为相对标高,绝对标高详见竖向设计,标高标注单位为米,TW表示建筑顶标高。
2. 若无特殊说明,所有金属件除锈,刷防腐漆两道,外露部分喷黑色氟碳漆。
3. 连接未经特殊说明的均采用焊接的方式,焊接后磨平焊缝。
a. 轻钢部分采用小电流细焊条焊接,电焊采用连续电焊,电焊厚度不小于该处钢构件的最小壁厚。
b. 普通钢部分采用细焊条连续双面焊接,电焊饱满,电焊厚度不小于该处钢构件的最小壁厚。
4. 图中木质构件均为炭化木,安装前搓红棕色,刷清漆两道,安装完毕后刷清漆一道,木方间连接方式为带胶水榫卯。
5. 木板与龙骨连接采用沉头螺栓,当木板面宽<100mm 时,用单排钉,当木板面宽>100mm 时,用双排钉,板面须先钻半孔深,后拧入钉头与板面平,严禁用无螺纹钢钉直接钉。
6. 压顶石、边石等大体积石材,安装时石材边角大面积破损的,需要更换;小面积破损的,采用大理石胶修补打磨。
7. 压顶及碰角边缘需着重打磨,不留毛边。
8. 当栏杆、柱体等延伸进入墙体及地面时,在接口部位必须处理仔细,并打胶收口。
9. 立面与铺装面层交角处需要延伸到铺装面层以下,避免铺装基础冻胀抬升,造成面层破损。
10. 本图依据甲方确认的方案文本绘制。
11. 未尽事宜参见国家相关规范或与项目负责人联系。
图纸名称 景亭详图二
图纸编号 JAS-11
出图版本 A3
图纸比例 一
出图日期
公司负责
项目负责
专业负责
校核
制图
设计
图章
版权所有

亭详图二

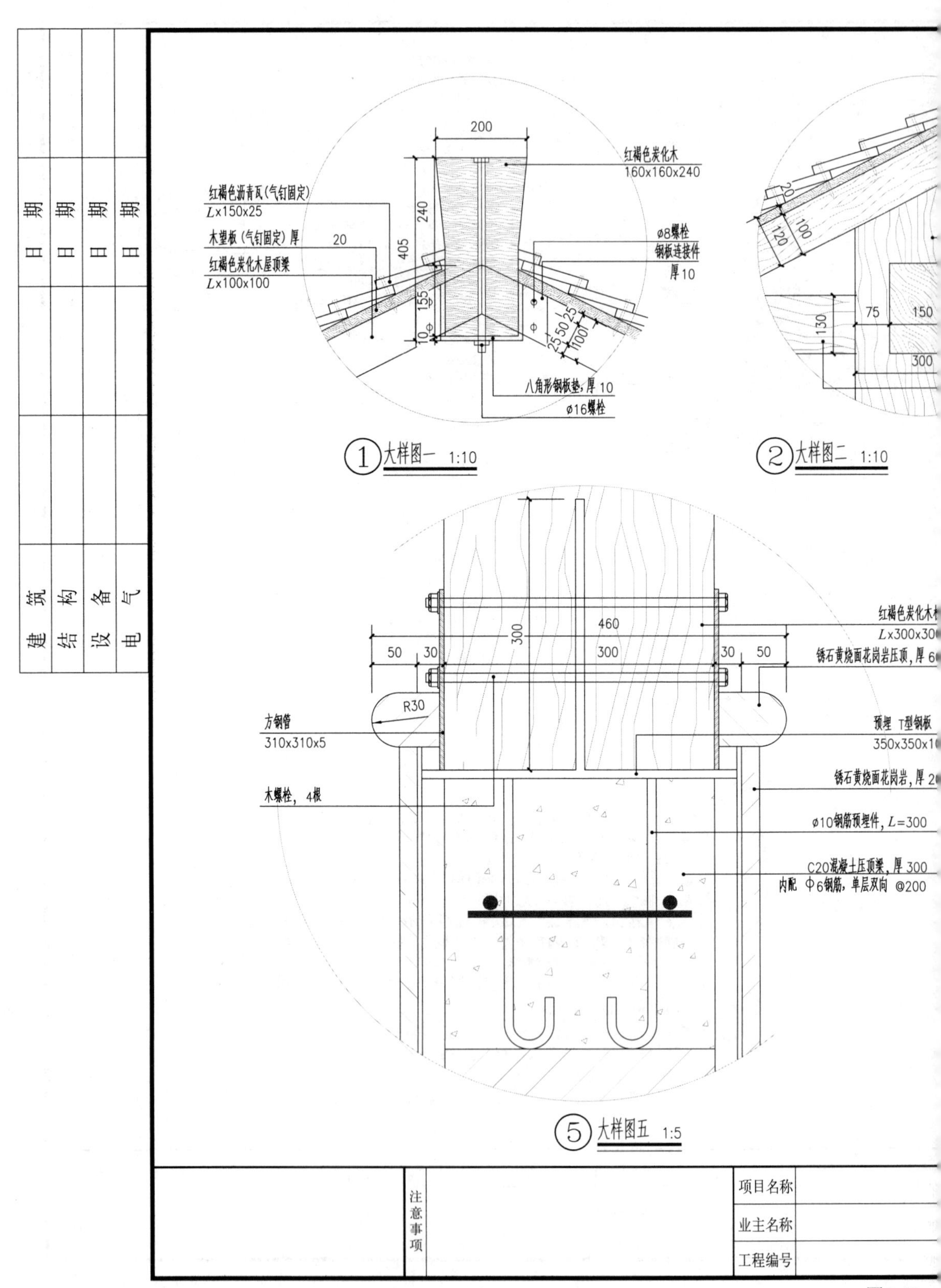
日 期
日 期
日 期
日 期
建 筑
结 构
设 备
电 气
200
红褐色炭化木
160x160x240
红褐色沥青瓦(气钉固定)
Lx150x25
木望板(气钉固定)厚 20
红褐色炭化木屋顶梁
Lx100x100
240
405
155
10
ø8螺栓
钢板连接件
厚10
25
50
25
100
八角形钢板垫，厚 10
ø16螺栓
①大样图一 1:10
20
100
120
130
75
150
300
②大样图二 1:10
红褐色炭化木
Lx300x30
460
300
50
30
300
30
50
锈石黄烧面花岗岩压顶，厚 6
R30
方钢管
310x310x5
预埋 T型钢板
350x350x1
锈石黄烧面花岗岩，厚 2
木螺栓，4根
ø10钢筋预埋件，L=300
C20混凝土压顶梁，厚 300
内配 Φ6钢筋，单层双向 @200
⑤大样图五 1:5
注意事项
项目名称
业主名称
工程编号

图2-43

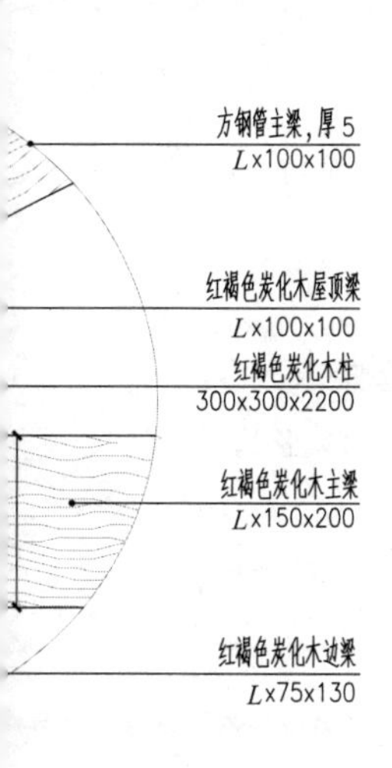

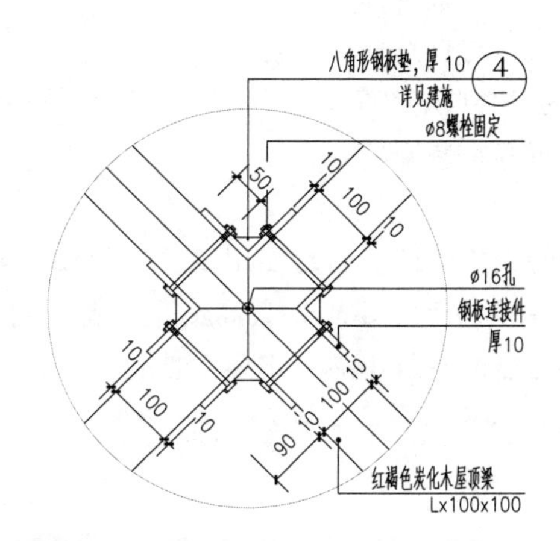

③ 大样图三 1:10

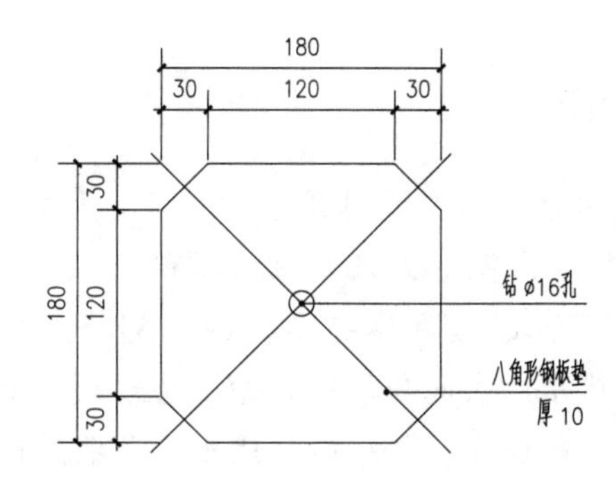

④ 大样图四 1:5

说明：

1. 本图所注 ±0.000为相对标高，绝对标高详见竖向设计，标高标注单位为米，TW表示建筑顶标高。
2. 若无特殊说明，所有金属件除锈，刷防腐漆两道，外露部分喷黑色氟碳漆。
3. 连接未经特殊说明的均采用焊接的方式，焊接后磨平焊缝。
a. 轻钢部分采用小电流细焊条焊接，电焊采用连续电焊，电焊厚度不小于该处钢构件的最小壁厚。
b. 普通钢部分采用细焊条连续双面焊接，电焊饱满，电焊厚度不小于该处钢构件的最小壁厚。
4. 图中木质构件均为炭化木，安装前搓红棕色，刷清漆两道，安装完毕后刷清漆一道，木方间连接方式为带胶水榫卯。
5. 木板与龙骨连接采用沉头螺栓，当木板面宽 <100mm 时，用单排钉，当木板面宽 >100mm 时，用双排钉，板面须先钻半孔深，后拧入钉头与板面平，严禁用无螺纹钢钉直接钉。
6. 压顶石、边石等大体积石材，安装时石材边角大面积破损的，需要更换；小面积破损的，采用大理石胶修补打磨。
7. 压顶及碰角边缘需着重打磨，不留毛边。
8. 当栏杆、柱体等延伸进入墙体及地面时，在接口部位必须处理仔细，并打胶收口。
9. 立面与铺装面层交角处需要延伸到铺装面层以下，避免铺装基础冻胀抬升，造成面层破损。
10. 本图依据甲方确认的方案文本绘制。
11. 未尽事宜参见国家相关规范或与项目负责人联系。

纸名称	景亭详图三			公司负责		校　核		图 章
纸编号	JAS-12	出图版本	A3	项目负责		制　图		
纸比例	一	出图日期		专业负责		设　计		版权所有

亭详图三

间的不同，对应设计平面、立面尺寸。例如，在施工图设计中可以先在总平面图上确定好建筑小品的平面尺寸，再相应地进行单独设计。

(3) 确定建筑小品的材料、质感，与自然环境融合

例如，在中国古典园林中常常会用到灰色青砖、自然石材作为外饰面，而在现代园林设计中往往会用花岗岩以及大理石等来装饰。

(4) 满足功能要求和技术要求

不但要追求园林小品外观造型的效果，还要满足使用要求以及设计规范要求。例如，台阶和园林坐凳的高度、宽度都有一定的尺寸要求，太高或太低都不符合人体工程学尺寸，所以在施工图设计中具有使用功能的建筑小品一定要人性化。

任务 2.5 设计水景详图

2.5.1 水景详图设计的相关知识

水是园林中不可缺少的组成要素之一。在园林水景建造中，根据水的形态，可以将其分为静态水体（水池）、流动水体（溪流）、跌落水体（瀑布）、喷涌水体（喷泉）四种基本类型。水景工程结构主要包括底部结构和岸壁结构两个部分。在进行水景设计时，应该明确水景的功能要求，合理安排水的去向与使用，做好防水层、防潮层的设计处理，妥善处理管线，注意冬季结冰对水景的影响，并可以采用水景照明的措施。

2.5.1.1 水景构造及材料选择

(1) 人工湖与驳岸设计

1) 平面设计　根据规划设计范围和设计任务书的要求，确定人工湖的平面位置、使用功能和平面形状构图。人工湖的形状设计要注意收、放、曲、直的变化，充分利用原有地形条件，降低工程造价。湖的水深一般在1.5～3m。安全水深不超过0.7m。

2) 湖底结构　湖底结构一般分为基层、防水层、保护层、覆盖层。

① 基层。一般土层经碾压平整即可，砂砾或卵石基层碾压平整后，面上须再铺15cm细土层。如有城市生活垃圾等废物应全部清除，用土回填压实。

② 防水层。用于湖底防水层的材料很多，主要有聚乙烯防水毯、聚氯乙烯防水毯、三元乙丙橡胶、膨润土防水毯、赛柏斯掺合剂、土壤固化剂等。当湖的基土防水性能较好时，可在湖底做二灰土，并间距20m设一道伸缩变形缝。当湖底渗漏程度中等时，可采用聚乙烯薄膜防水层湖底。当湖底面积不大、防渗漏要求又很高时，可采用混凝土的结构形式。

③ 保护层。在防水层上铺15～30cm厚的级配土层或素混凝土，以保护防水层不被破坏。

④ 覆盖层：在保护层上覆盖50cm回填土，防止防水层被撬动。其寿命可保持10～30年。

3）驳岸和护坡设计 驳岸是一面临水的挡土墙，是支持陆地和防止岸壁坍塌的水工构筑物，能保护水体岸坡不受冲刷；同时还可强化岸线的景观层次。驳岸与水线形成的连续景观线是否能与环境相协调，不仅取决于驳岸与水面间的高差关系，还取决于驳岸的类型及材料的选择。

按结构形式设计分类有：重力式驳岸、后倾式驳岸、插板式驳岸、板桩式驳岸和混合式驳岸。

① 重力式驳岸。主要依靠墙身自重来保证岸壁的稳定，抵抗墙土压力。主要有混凝土重力式驳岸（目前常用MU10块石混凝土），块石砌重力式驳岸（用块石及M7.5水泥砂浆作为胶结材料分层砌筑，使其坚实成整体，临水面砌缝用水泥砂浆勾成凸缝或凹缝），以及砖砌重力式驳岸（用MU7.5砖和M10水泥砂浆砌筑而成，临水面用1∶3水泥砂浆粉面）。

② 后倾式驳岸。是重力式驳岸的特殊形式，墙身后倾，受力合理，造价较低。在岸线固定、地质情况较好处，基础可借筑河池内。它介于一般重力式驳岸和护坡之间，因此具有两者的优点。基础桩同样可按重力式驳岸设置。

③ 插板式驳岸。采用钢筋混凝土（或木）桩作为支墩，加上插入的钢筋混凝土板（或木板）组成，支墩靠横拉条和锚板连接来固定。拉条一端事先配以螺纹，以便穿入锚板预留孔位内，用于紧固。拉条安置定位后，外露面应涂红，并用沥青麻布包裹，以防锈蚀。板与支墩的连接形式分两种：板插入支墩和板紧靠支墩。

④ 板桩式驳岸。由板桩垂直打入土中，板边企口嵌组而成。板桩式驳岸分自由式和锚着式两种（有压顶连接）。一般情况下可不筑围堰，板缝隙力求紧密，要求板桩准确就位，误差≤15mm，也有做成企口缝的。一段离开水面高度在0.2m左右。桩头露出地面3～4cm。桩入土深度一般可取为水深的2倍，桩前水深H控制在60～80cm范围。当水面离岸顶落差过大时，也可分层打桩，每层高度在30cm左右，成阶梯状为宜。

⑤ 混合式驳岸。混合式驳岸又可分为块石护坡和后倾式混合驳岸、板桩重力式混合驳岸。

a. 块石护坡和后倾式混合驳岸：将块石护坡作为上部结构，下部采用重力式块石小驳岸。

b. 板桩重力式混合驳岸：将板桩作为下部结构，重力式为上部结构，组成板桩重力式混合驳岸。

按材料设计分类有：竹驳岸、木驳岸、浆砌和干砌块石驳岸、混凝土扶壁式驳岸和木桩沉排（褥）驳岸。

① 竹驳岸。用ϕ75mm、长2000～2200mm的毛竹，下涂柏油，打入土中1000～1500mm，露出泥面500mm，采用中距400～600mm。背面编筑涂柏油的竹笆，以防土塌落。竹笆用铅丝与毛竹扎牢，左右竹笆搭接200mm，搭接处位于竹桩上，即成竹驳岸。

② 木驳岸。在离壁1m左右时，可用ϕ100mm桩入土1500～2500mm，采用中距200～400mm杉木桩，桩顶不露出低水位，以免忽干忽湿引起木桩腐烂。桩顶之上加砌石板条石，即成临水游览步径。也适宜做成码头，最好在桩上加做系船横木，以缓冲游船撞击。

③ 浆砌和干砌块石驳岸：块石驳岸用直径在300mm以上的块石砌筑而成。砌筑方式又可分为干砌和浆砌两种，前者往往用于斜坡式，后者常用于垂直式。

a. 斜坡式块石护坡驳岸：一般采用接近土壤的自然坡，其坡度为（1∶1.5）～（1∶2），厚度为25～30cm；基础为混凝土或浆砌块石，厚300～400mm，需做于河底自然倾斜线的实土以下500mm处，否则易坍滑；同时在顶部需做压顶，可用浆砌块石或素混凝土替代。

b. 重力式浆砌块石驳岸：尽可能选用较大块石，用M10水泥砂浆砌筑；为使驳岸整体性加强，做钢筋混凝土压顶，构造基本上同挡土墙。

④ 混凝土扶壁式驳岸。一般设置在高差较大或表面要求光滑的水池壁，以及不适合采用浆砌块石驳岸之处，造价较高。

⑤ 木桩沉排（褥）驳岸。驳岸下用木柴沉褥作为垫层（即沉排），它是用树木枝干编成柴排，再于其上加盖块石等重物使之下沉，一旦其下土基被湖水淘冲时，沉褥也随之下沉，土基相应也得到了保护。这种驳岸非常适合在水流速度不大时使用，起到了扩大基底面积、减小正压力和不均匀沉陷的作用。沉褥上缘应保证浸没在最低水位下。

（2）水池设计

水池的结构一般由基础、防水层、池底、池壁、压顶和管网等部分组成。

① 基础。是水池的承重部分，由灰土和混凝土组成。施工时先将基础底部素土夯实；灰土层一般厚30cm（3∶7灰土）；混凝土垫层一般厚10～15cm。

② 防水层。防水工程质量的好坏对水池安全使用及其寿命有直接影响，因此正确选择和合理使用防水材料是保证水池质量的关键。目前，水池防水层种类较多，按材料分，主要有沥青类、塑料类、橡胶类、金属类、砂浆、混凝土及有机复合材料等；按施工方法分，有防水卷材、防水涂料、防水嵌缝油膏和防水薄膜等。水池防水材料的选用可根据具体情况确定，一般水池用普通防水材料即可；钢筋混凝土水池也可采用5层防水砂浆做法；临时性水池还可将吹塑纸、塑料布、聚苯板组合起来使用，也有很好的防水效果。

③ 池底。池底多用现浇钢筋混凝土结构，厚度一般大于20cm。如果水池容积大，就要配合双层钢筋网，也可以用土工膜作为池底防渗材料。

规则式池底面层的做法主要有两种，第一种为结合层＋面层，该方法为传统做法，优点是造价低，缺点是容易发生返碱、面层脱落等情况，主要适用于马赛克、瓷砖等面层的池底，如泳池；第二种为支撑器＋面层，优点是便于施工和后期维修，整体美观性强，且不会出现返碱情况，缺点是造价较高，主要适用于镜面水景，面层宜采用厚度30mm以上的石材。

④ 池壁。一般有块石池壁、砖砌池壁和钢筋混凝土池壁三种。池壁的厚度由水池的大小来确定，砖砌池壁采用标准砖，M7.5水泥砂浆砌筑，壁厚一般不小于240mm。钢筋混凝土池壁宜配直径8mm或12mm钢筋，C20混凝土。

⑤ 压顶。常用压顶材料有块石及混凝土。

⑥ 管网。喷水池中必须配套有供水管、补给水管、溢水管和泄水管等管网。

（3）落水景观设计

落水景观是指利用构筑物的高差使水流由高处向低处跌落而下形成的园林水景形态，以跌水和瀑布最具代表性。跌水与瀑布的理水手法很相近，只是瀑布主要利用自然山石为载体来塑造水景，而跌水是利用规则的形体为载体来塑造水景。跌水是连续落水组景的方法，因而跌水选址是坡面较陡、易被冲刷的地方。人工瀑布则按其跌落的形式分为滑落式、阶梯式、幕布式、丝带式等多种形态。并模仿自然景观，采用天然石材或仿石材设置瀑布的背景和引导水的流向（如景石、分流石、承瀑石等）。考虑到观赏效果，不宜采用平整饰面的白色花岗石作为落水墙体。为了确保瀑布沿墙体、山体平稳滑落，应对落水口处的山石做卷边处理，或对墙面作坡面处理。

单级跌水由进口连接段、控制缺口、跌水墙、消力池和出口连接段 5 部分组成。

① 进口连接段。即上游渠道和控制堰口间的渐变段，常用形式有扭曲面、八字墙等。

② 控制缺口。是控制上游渠道水位流量的咽喉，也称控制堰口。它控制、调节上游水位和通过的流量，常见控制缺口的断面形式有矩形、梯形等，可设或不设底槛，可安装或不安装闸门。矩形控制缺口只能在通过设计流量时使缺口处水位与渠道水位相近，而在其他流量时，上游渠道将产生壅水或降水现象。梯形缺口较能适应上游渠道水位流量关系的变化，因此在实际中广泛采用。为了减小上游水面降落段长度，也可将缺口底部抬高做成抬堰式缺口。当渠道底宽和流量较大时，可布置成多缺口。有时在控制缺口处设置闸门，以调节上游渠道水位。

③ 跌水墙。即跌坎处的挡土墙，用以承受墙后填土的压力，有竖直式及倾斜式两种。在结构上，跌水墙应与控制缺口连接成整体。

④ 消力池。位于跌坎之下，其平面布置有扩散和等宽两种形式。横断面有矩形、梯形、复合断面形，用于消除因落差产生的水流动能。

⑤ 出口连接段：其作用是调整出池水流，将水流平稳引至下游渠道。

跌水的设计应设法使上游水位不受影响并能平顺进流，下游能充分消能。为此设计应注意以下要点。

① 进口段左右对称，并有足够长度，使水流渐变收缩，单宽流量分布均匀。

② 控制缺口的形式和尺寸，应保证在通过各级流量时，上级渠道不发生或只发生很少的壅水和降水。

③ 为避免下游冲刷，应根据上下游衔接的具体情况，采用经济合理的消能措施；为防止出池水流冲刷下游渠道，应在消力池与下游渠道间设置一定长度的连接护砌段，以调整流速，平顺流态。

2.5.1.2 水景详图的设计内容及绘制要求

完整的园林水景详图包含平面图、立面图、剖面图、节点大样图、结构图，以及管道系统、设备及光电控制装置图等。图纸一般由图样、尺寸标注及文字标注等组成。图样包括轮廓线、不同材质的边界线和填充线等组成要素。下面详细说明各图纸的设计要点。

(1) 水景平面图

水景平面图主要表现水景的位置、形态以及材质。图纸中需要清楚表达出水体外轮廓线以及不同材质的分界线，并标注坐标（通常以水体转折点或中心点进行定位）、尺寸、标高以及饰面材料等。若水景造型及材质较为简单，建议在一张平面图上进行表示，方便审图及施工；若水景复杂，则宜采用多个平面图对以上内容分别进行标注。

(2) 水景立面图

水景立面图反映水池主要朝向的池壁高度和线条变化，以及立面景观。水池池壁顶与周围地面要有适宜的高程关系。水景立面图主要由水景的立面造型、尺寸标注、竖向标高以及材质标注等内容组成。其中，尺寸标注以毫米为单位，而竖向标高以米为单位。若水景与场地齐平则无须绘制立面图。

（3）水景剖面图

水景剖面图反映水景的结构和要求。园林中的水景无论大小深浅如何，都必须做好结构剖面设计。水池的防水处理也非常重要，设计时要根据水深、材料、自重以及防水要求等具体情况的不同而区别对待。必须保证水池不漏水，同时还要满足景观要求。在我国南方地区，因为气候较温暖，水池可以不考虑防冻处理，但是在北方地区，水池设计必须考虑防冻的要求。水景剖面图中除了表示竖向造型和立面材质外，更重要的是表达出基础、池壁以及水位等内容。自下向上按层依次标明厚度、材质、规格及做法等。

（4）水景节点大样图

水景节点大样图是指针对水景某一特定区域进行特殊放大标注，较详细地表示出来。节点大样图作为对水景平面图、立面图、剖面图的补充，主要是为了表达其细部的做法或构、配件的形状、大小、材料等，如压顶、池壁、截水沟以及泵井等，绘图比例宜为（1∶5）～（1∶20）。如：线型排水沟箅子节点大样图，在图纸表达上更为详细，应用不同填充图案区分不同材质并标注清楚对应材料及规格。为清楚表达异型大样，可采用平面图＋截面图＋轴测图“三合一”的方式进行表达。

（5）水景结构图

水景结构图反映水系荷载的情况。以水池为例，水池结构设计要先计算水池底板厚度，不可太小，应按（1.2～1.5）b（b 为池壁厚度）选取。再计算池壁厚度，底板和池壁厚度的计算不应是单独计算，而应该是最后的弯矩分配考虑。结构图主要包括结构平面图、基座结构配筋图、池壁结构配筋图、泵井结构配筋图等。其中，结构平面图主要表达各结构节点定位以及索引。各部位结构配筋图主要表达钢筋布置方式以及结构高度，也是结构图中最重要的部分，决定了整个水景的稳定性。在表达上，结构轮廓采用细实线绘制，钢筋采用粗实线和粗点表示。需要注意的是，结构轮廓线不得与钢筋重叠，需要留出 30mm 左右的保护层。图纸中“ϕ”表示钢筋直径，“@”表示钢筋之间的间距。

（6）管道系统、设备及光电控制装置图

主要是为了表达水池或喷泉系统中管道的布局、材质、管径、流速和支架等，以及水泵的位置和泵坑的结构。如果有装饰灯光、音乐、绿化和艺术雕塑等，也要设计出相应的图纸。

2.5.2　水景详图设计的实践操作

2.5.2.1　任务分析

根据前期方案设计成果文件，基本确定了砺精园水景在地面以上的平面位置、尺寸和形状。已知该小游园水景包括自然溪流、跌水、水池、壁泉、喷泉等。前期方案在整个园区的中心位置设置了水景，水系南北贯穿，如一条丝带连系整个公园。整个水景系统由中心湖体、溪流、壁泉和喷泉组成，在溪流上设置小桥流水、汀步和跌水等景点。本次实践操作任务是根据砺精园设计方案和总平面图，参考方案设计文件及效果图（图 2-44），结合周围环境、功能需求等，完成入口壁泉水池和自然溪流的详图设计。材料选择应符合总体设计要求，标注必要的尺寸，并绘制出全套水景工程施工图。

图 2-44　砺精园水景设计效果图（见彩图）

2.5.2.2　任务实施

（1）第一步：水景平面图设计

通过任务分析，根据方案设计文件及方案效果图可知，砺精园水景为混合式，即壁泉和喷泉区域为规则式的直线型，而溪流为自然式。在方案设计底图的基础上进行细化，确定水景中建筑物（如壁泉墙、跌水墙等）、构造物（如泵坑）的平面位置，绘制其外轮廓线，并标注物体的基本尺寸、材料规格等；设计水面和池底的高程；选择适当的剖切位置及观察方向，标注剖切符号（图 2-45）。

（2）第二步：水池立面图设计

根据方案，砺精园水景中的水池设计采用高于连接广场的规则式形态，池壁顶为平顶形式，池壁顶部离地面的高度可供游人坐在池边休息，同时设计了喷泉和壁泉特色景观。广场设计相对标高为±0.000m，为了适应地形变化和满足景观要求，水池立面采用高低错落的形式，两个水池的水深分别为 0.2m 和 0.3m。壁泉景墙高 1.8m，景墙设计有 4 个砂岩喷水浮雕，景墙采用 300mm×600mm×20mm 黄锈石光面花岗岩，结合 50 宽的黄色文化石隔条贴面，以及 500mm×600mm×50mm 黄锈石光面花岗岩压顶，形成了丰富的立面景观效果（图 2-46）。

（3）第三步：水池剖面图设计

通过分析，确定该水池采用钢筋混凝土池壁。水池壁厚的选取要求并不严格，但池壁厚度过薄则不利于施工，因此厚度≥200mm 比较合理，即按 $b=h/20$[1] 左右选取（经验值）。水池池底结构层的具体做法为：基础素土夯实，上填 400mm 厚天然级配砂石，而后浇筑 100mm 厚 C10 混凝土垫层，再浇筑 150mm 厚 C20 钢筋混凝土，随后用 1∶2 水泥砂浆找平、高分子丙纶防水层两遍、1∶2 防水砂浆防水层保护，最后满铺 300mm×

[1] b 为水池厚度，h 为水池高度。

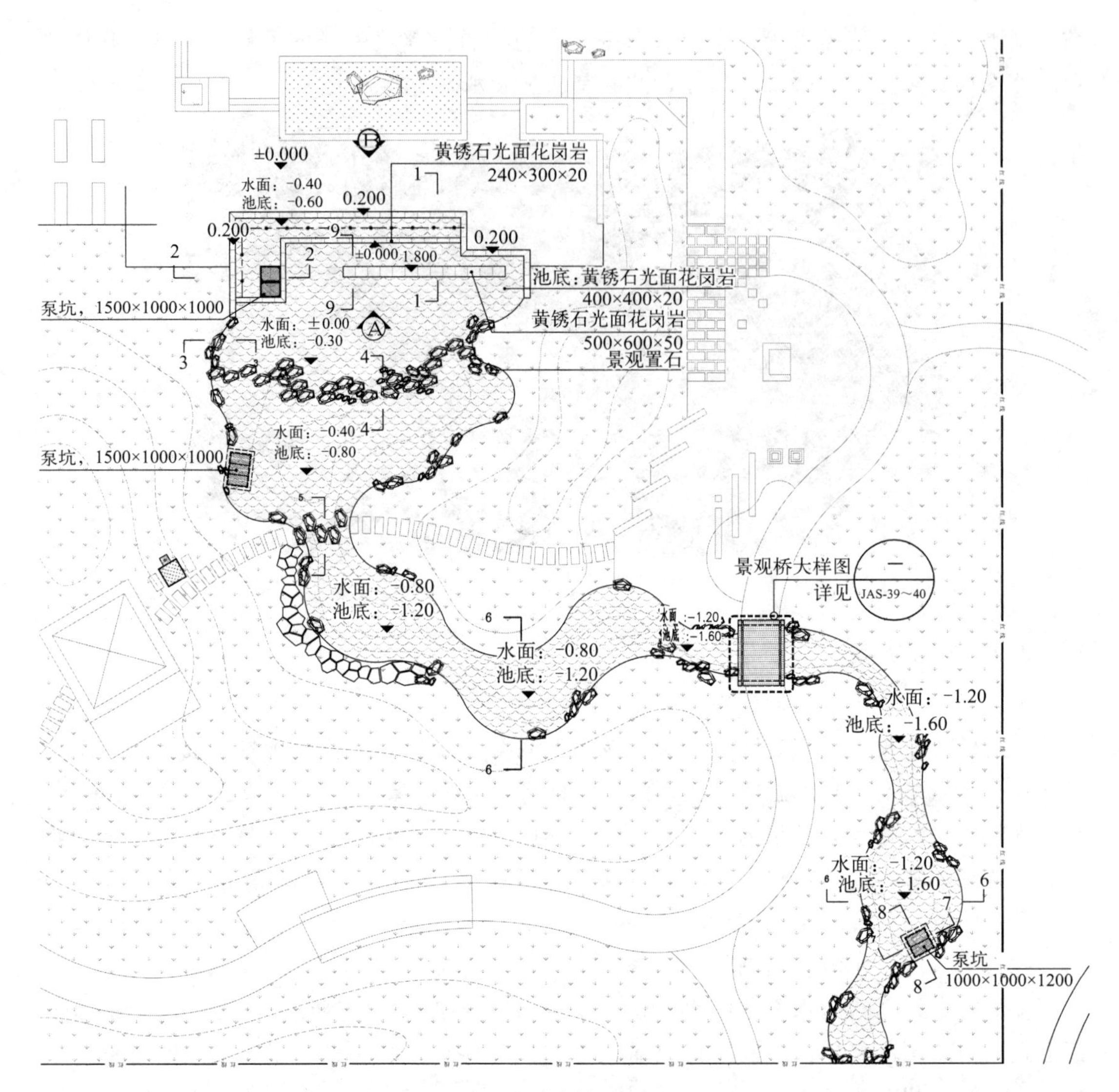

图 2-45　水景平面图

300mm×20mm 花岗岩，用 5mm 厚 1∶1 防水砂浆做结合层。墙体构造用钢筋混凝土结构，做防水层，再用 20mm 厚花岗岩进行贴面（图 2-47）。

（4）第四步：节点大样图设计

通过分析，确定砺精园水景喷头形状特殊，开孔或连接较复杂的零件和节点在整体图中不便表达清楚，因此将细部结构移出另画大样图（图 2-48）。

（5）第五步：水池结构剖面图设计

通过设计分析，在水池的剖面图中已经完成了池底和池壁的厚度设计，所以本张图纸是细化结构中钢筋的配置。如壁泉的墙体基础用直径为 10mm 的钢筋（间距 200mm）和直径为 12mm 的钢筋（间距 200mm）制作成双层双向钢筋网；墙体用直径为 12mm 的钢筋（间距 200mm）做竖向主筋，直径为 8mm 的钢筋（间距 200mm）做横向副筋，并在上端梅花形设置直径为 6mm 的钢筋（间距 600mm）（图 2-49）。

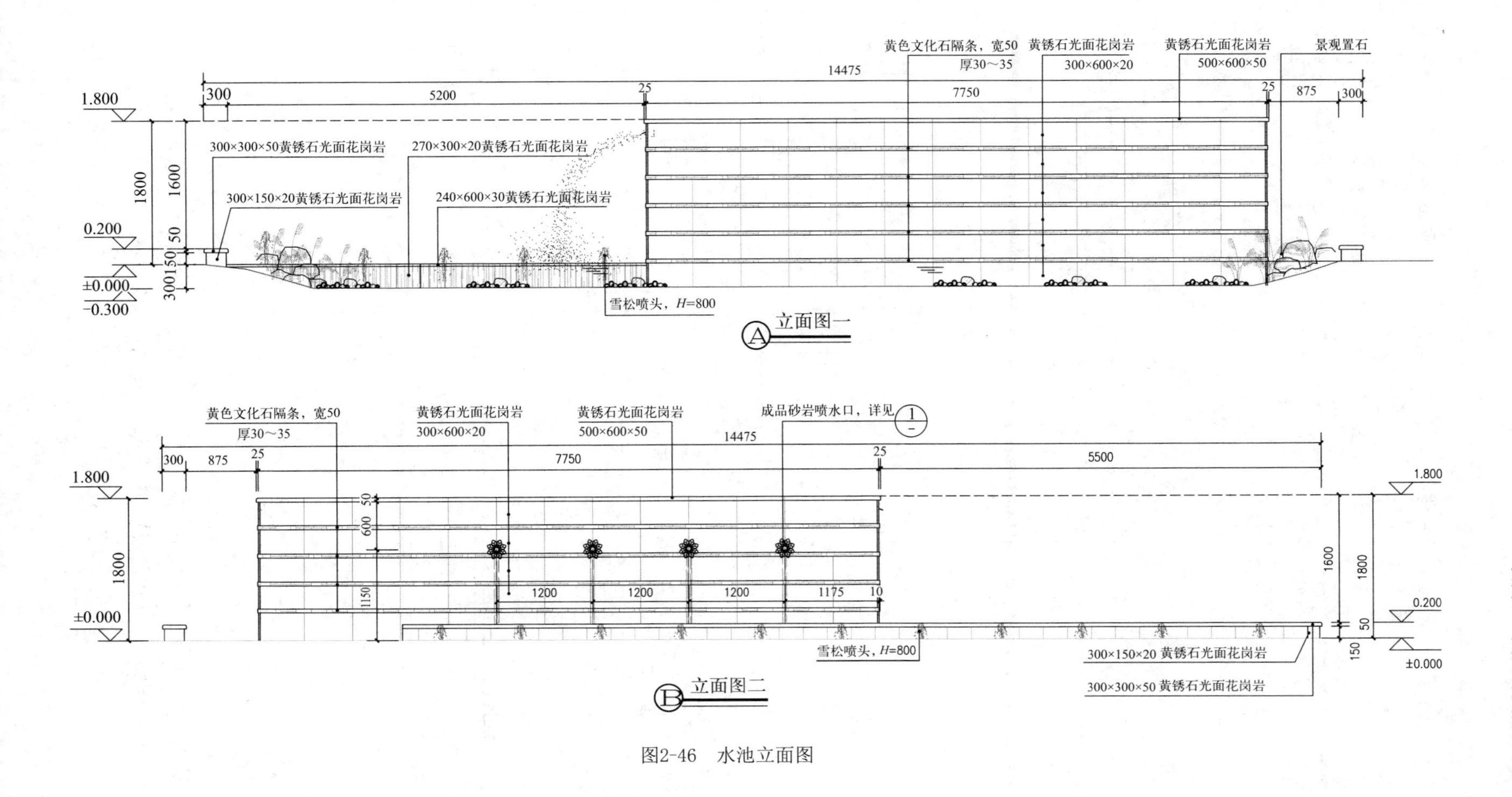
黄色文化石隔条，宽50
厚30～35
黄锈石光面花岗岩
300×600×20
黄锈石光面花岗岩
500×600×50
景观置石
14475
300
5200
25
7750
875
1.800
1800
1600
300×300×50黄锈石光面花岗岩
270×300×20黄锈石光面花岗岩
300×150×20黄锈石光面花岗岩
240×600×30黄锈石光面花岗岩
0.200
50
150
300
±0.000
−0.300
雪松喷头，H=800
A 立面图一
黄色文化石隔条，宽50
厚30～35
黄锈石光面花岗岩
300×600×20
黄锈石光面花岗岩
500×600×50
成品砂岩喷水口，详见 1
14475
300
875
25
7750
5500
1.800
1800
600
1150
1200
1200
1200
1175
10
1600
0.200
±0.000
雪松喷头，H=800
300×150×20 黄锈石光面花岗岩
300×300×50 黄锈石光面花岗岩
B 立面图二

图2-46　水池立面图

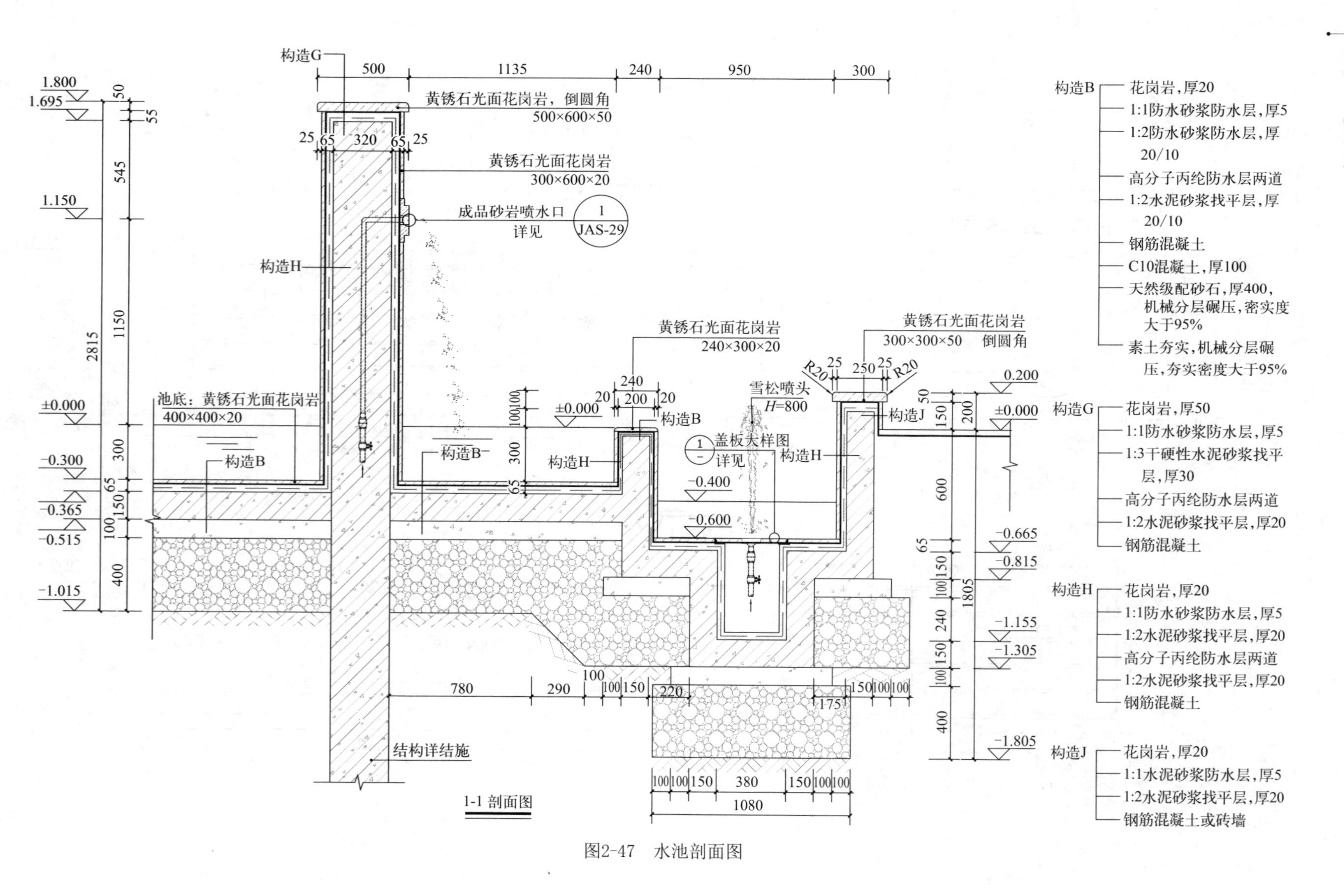
构造B
花岗岩,厚20
1:1防水砂浆防水层,厚5
1:2防水砂浆防水层,厚20/10
高分子丙纶防水层两道
1:2水泥砂浆找平层,厚20/10
钢筋混凝土
C10混凝土,厚100
天然级配砂石,厚400,机械分层碾压,密实度大于95%
素土夯实,机械分层碾压,夯实密度大于95%
构造G
花岗岩,厚50
1:1防水砂浆防水层,厚5
1:3干硬性水泥砂浆找平层,厚30
高分子丙纶防水层两道
1:2水泥砂浆找平层,厚20
钢筋混凝土
构造H
花岗岩,厚20
1:1防水砂浆防水层,厚5
1:2水泥砂浆找平层,厚20
高分子丙纶防水层两道
1:2水泥砂浆找平层,厚20
钢筋混凝土
构造J
花岗岩,厚20
1:1水泥砂浆防水层,厚5
1:2水泥砂浆找平层,厚20
钢筋混凝土或砖墙
黄锈石光面花岗岩,倒圆角 500×600×50
黄锈石光面花岗岩 300×600×20
成品砂岩喷水口 详见 1 JAS-29
黄锈石光面花岗岩 240×300×20
黄锈石光面花岗岩 300×300×50 倒圆角
雪松喷头 H=800
盖板大样图 详见
池底:黄锈石光面花岗岩 400×400×20
结构详结施
1-1 剖面图

图2-47 水池剖面图

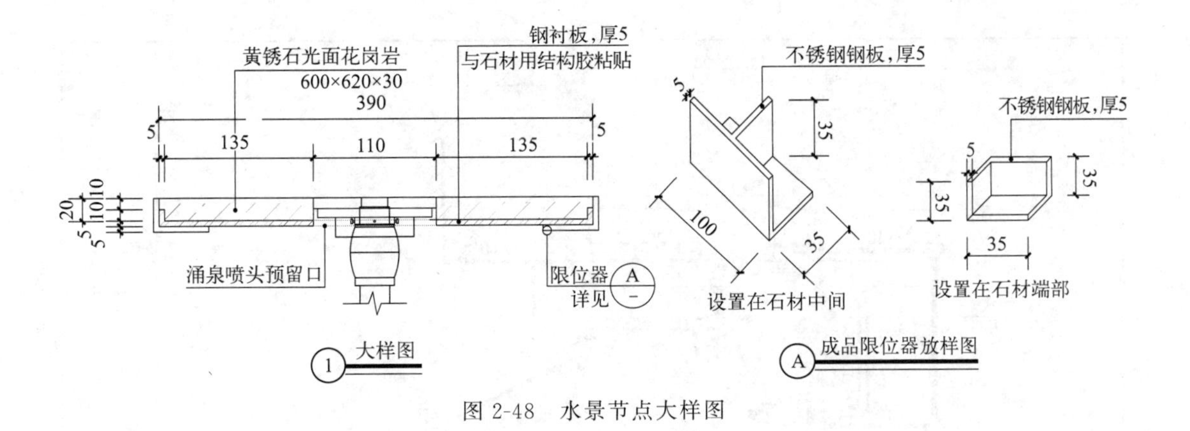

图 2-48　水景节点大样图

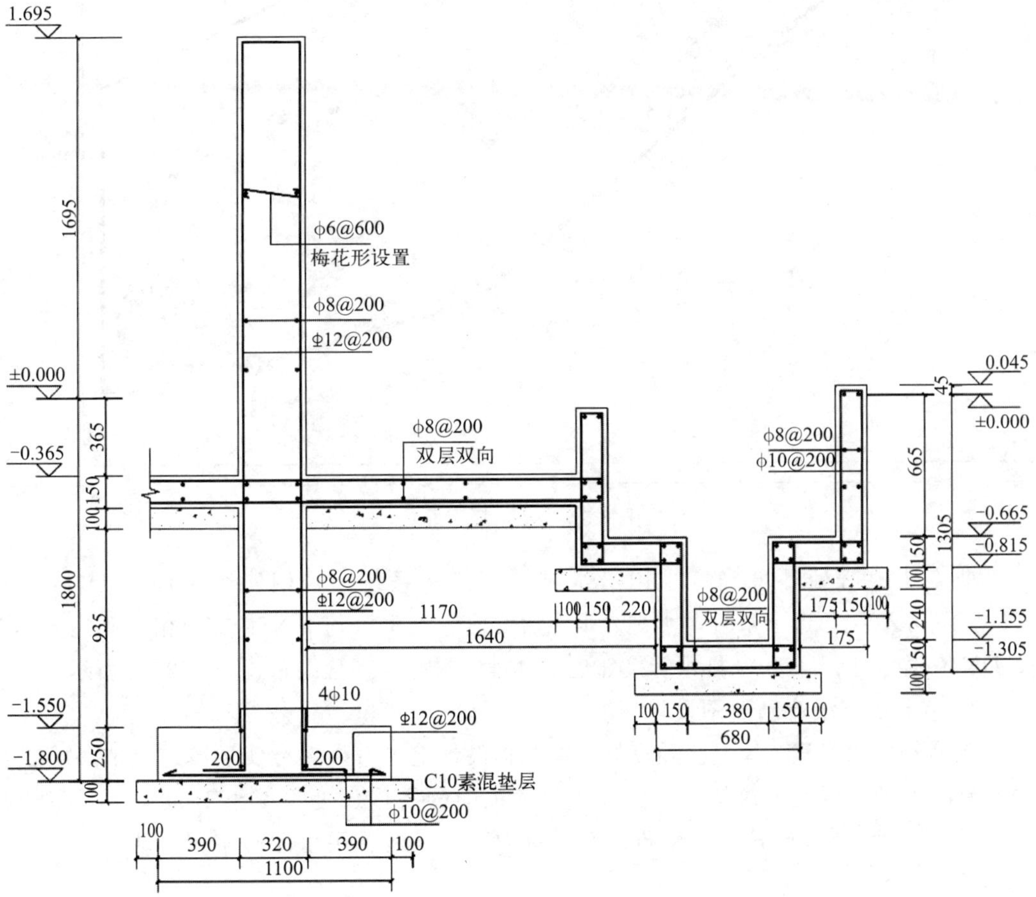

图 2-49　水池结构剖面图

（6）第六步：管线安装设计

管线的安装可以结合水景的平面图进行设计，标出给水管、排水管的位置。上水闸门井平面图要标明给水管的位置及安装方式；如果是循环用水，还要标明水泵及电机位置。上水闸门井剖面图，不仅应标出井的基础及井壁的结构材料，还应标明水泵电机的位置及进水管的高程。下水闸门井平面图应反映泄水管、溢水管的平面位置；下水闸门井剖面图应反映泄水管、溢水管的高程及井底部、井壁、井盖的结构和材料，如图 2-50 所示。

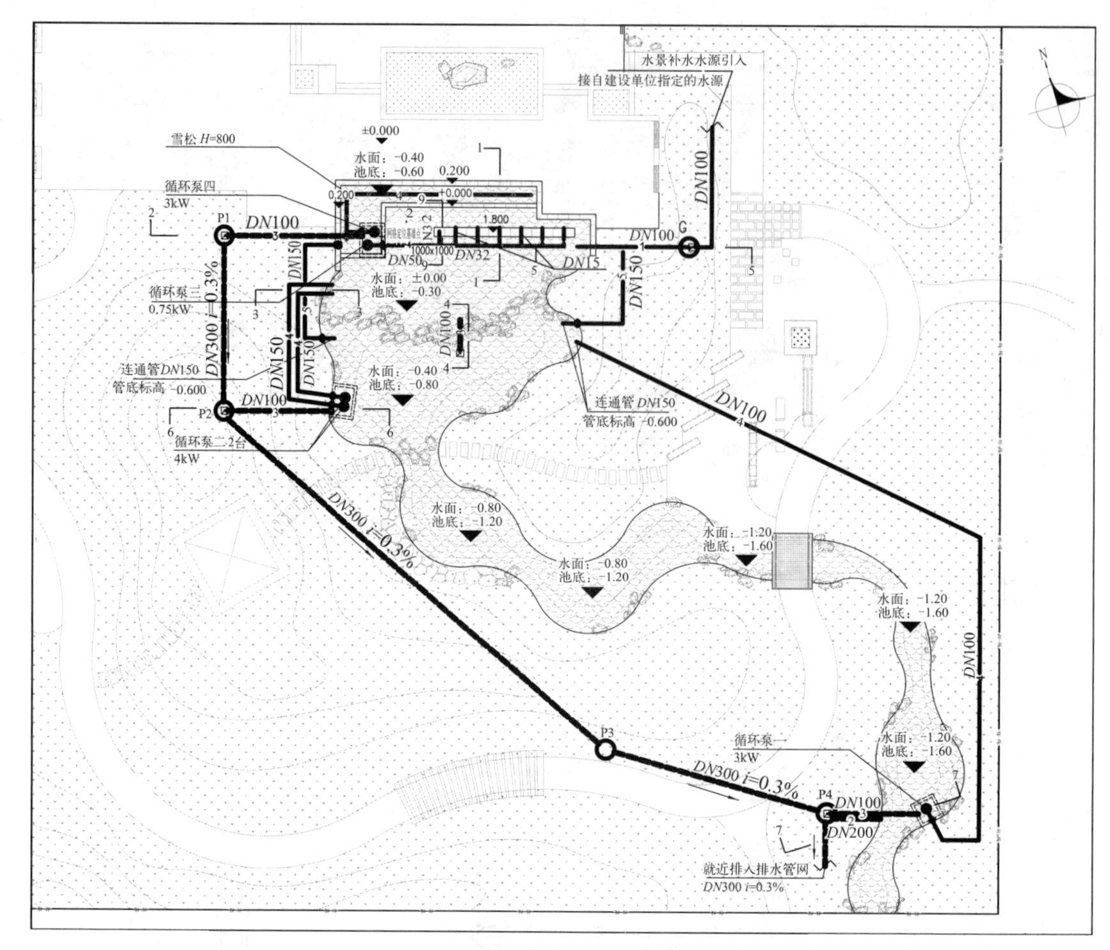

图 2-50　给排水平面图

根据该水池所处环境确定采用潜水泵循环给水系统。采用四个循环泵 *DN*100 或 *DN*50 的进水管接邻近给水管，水进入水池后，通过潜水泵与 *DN*50 支管相连到达各喷头处，*DN*50 溢水管、*DN*100 排水管接邻近集（排）水井。其管线布置如图 2-51 所示。

（7）第七步：溪流剖面图设计

溪流较小，水又浅，溪基土质良好，在工程设计上可直接在夯实的溪道上铺一层 25～50mm 厚的沙子，再盖上衬垫薄膜。衬垫薄膜纵向的搭接长度不得小于 300mm，留于溪岸的宽度不得小于 200mm，并用砖、石等重物压紧。最后用水泥砂浆把石块直接粘在衬垫薄膜上。

砺精园中溪流所处环境的土壤密实度较好，因此采用原地素土夯实，上铺 200mm 厚的中砂垫层，然后铺设厚度大于等于 6mm 的膨润土防水毯两道防水层，随后用 400mm 厚的黄黏土保证水生植物的生长需要及保护膨润土防水毯，最后搭配景观石进行装饰，如图 2-52 所示。

（8）第八步：跌水剖面图设计

跌水主要用砖、石或混凝土等材料建造，必要时，某些部位的混凝土可配置少量钢筋或使用钢筋混凝土结构。跌水分为直跌式（水流沿自由坡直接跌入下游段）和陡坡式

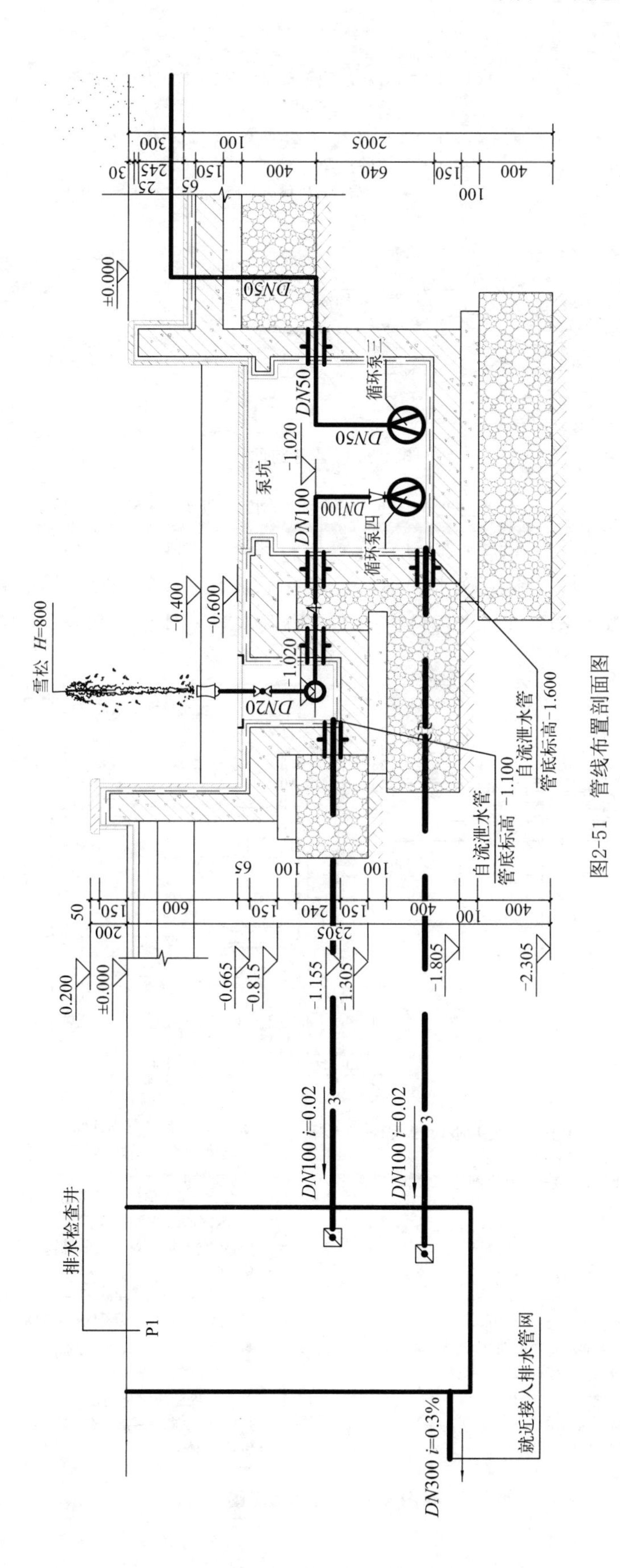

图2-51　管线布置剖面图

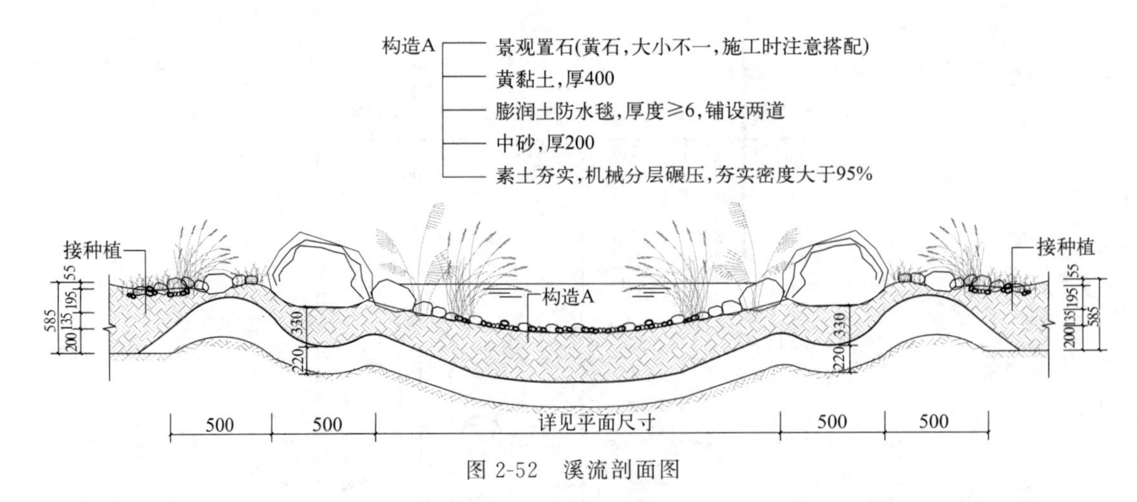

图 2-52 溪流剖面图

（水流沿斜坡面和下游连接）两种。根据砺精园跌水所处环境分析，跌水墙有 3 处从急流过渡到缓流。考虑到跌水墙的承重和造景效果，在施工图设计阶段，参考水位线、湖底标高以及水系周围环境，确定跌水的标高。考虑跌水墙基础、墙体的荷载要求，选用混凝土结构，压顶选择坚实的大块石料为砌块，协调水景整体设计风格，如图 2-53 所示。

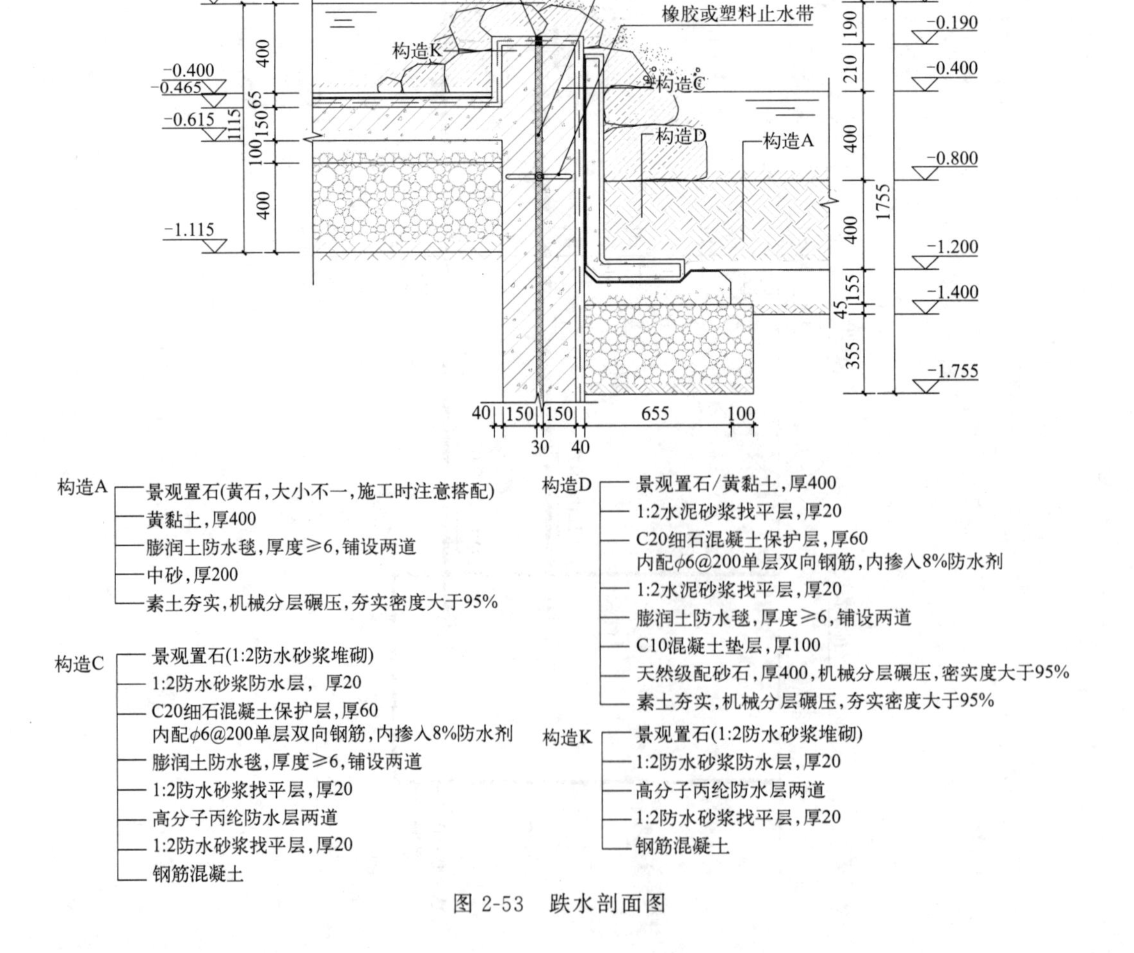

图 2-53 跌水剖面图

（9）第九步：编制水景详图设计说明

设计图中图样不能很好说明的内容可以用文字说明进行补充。如砺精园水景剖面图设计说明如下。

① 本图所注±0.000 为相对标高，绝对标高详见竖向设计。

② 金属件除锈，刷防腐漆两道，外露部分喷灰色氟碳漆。

③ 连接未经特殊说明的均采用焊接的方式，焊接后磨平焊缝。

a. 轻钢部分采用小电流细焊条焊接，电焊采用连续电焊，电焊厚度不小于该处钢构件的最小壁厚。

b. 普通钢部分采用细焊条连续双面焊接，电焊饱满，电焊厚度不小于该处钢构件的最小壁厚。

c. 热镀锌部分采用小电流氩弧连续焊接，要求焊缝连续饱满。

④ 本设计防水形式为膨润土防水毯，厚度≥6mm，铺设两道，防水层严禁切断。

⑤ 全部尺寸均以标注尺寸为准。

⑥ 未尽事宜参见国家相关规范或与项目负责人联系。

⑦ 构造做法详见建施。

（10）第十步：整体检查与修改

使用设计公司标准 A3 图框，在 CAD 布局中选用合适的比例把水景详图设计合理布置在标准图框内。根据图样的大小选择合适的出图比例，保证打印后图纸的尺寸及文字标注和图样清楚。依据图样与图框的大小设置出图比例，一般各类型平面图、立面图的出图比例为 1∶50，剖面图出图比例为 1∶20（图 2-54、图 2-55）。由于该园水景详图设计图纸较多，此处只列举部分图纸。

2.5.2.3 任务小结

在水景详图设计中，要表示出各个节点的结构做法、材质名称等。园林水景一般可分为静态水景与动态水景两大类。静态水景一般为人工水体、各类水池等，主要设计内容有驳岸做法、池底做法与给排水的设计。驳岸设计需要根据整套园林方案设计风格来确定其材料与构造。动态水景一般为溪流、跌水、瀑布、喷泉以及水循环系统等。跌水、瀑布在园林设计中是比较常见的，在施工图设计中要注意高度、高差、落水位置、水流界面构造以及细部做法等。喷泉设计要根据喷泉的体量大小设计喷射形式、高度、水系统管材的压力等。水景的防水处理在南方多雨地区可做柔性防水，在北方降雨量较少的地区需做刚性防水。应设计有效可靠的节水、溢流及自动补水措施。水景的安全性应予以特别关注，避免幼儿及老人受伤。不建议设计超过 50cm 深的水池；若设计，须满足安全规范，岸边 2m 宽以内的水深不超过 50cm。

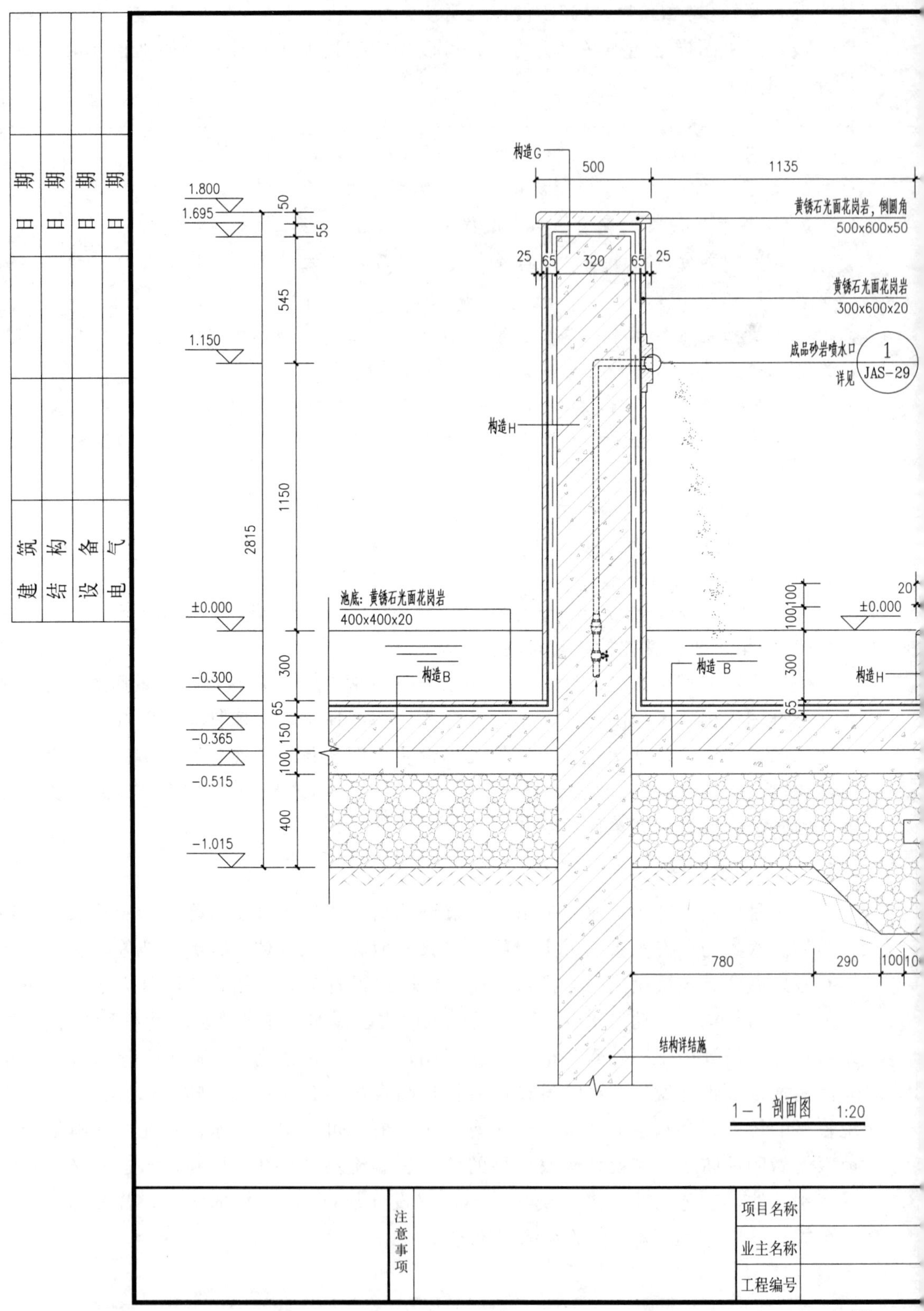
日期
日期
日期
日期
建筑
结构
设备
电气
构造G
500
1135
黄锈石光面花岗岩，倒圆角
500x600x50
1.800
1.695
50
55
25
65
320
65
25
黄锈石光面花岗岩
300x600x20
545
1.150
成品砂岩喷水口
详见
1
JAS-29
构造H
1150
2815
池底：黄锈石光面花岗岩
400x400x20
±0.000
100
100
20
±0.000
300
构造B
构造B
构造H
−0.300
65
−0.365
150
−0.515
100
400
−1.015
780
290
100
结构详结施
1-1 剖面图 1:20
注意事项
项目名称
业主名称
工程编号

图2-54

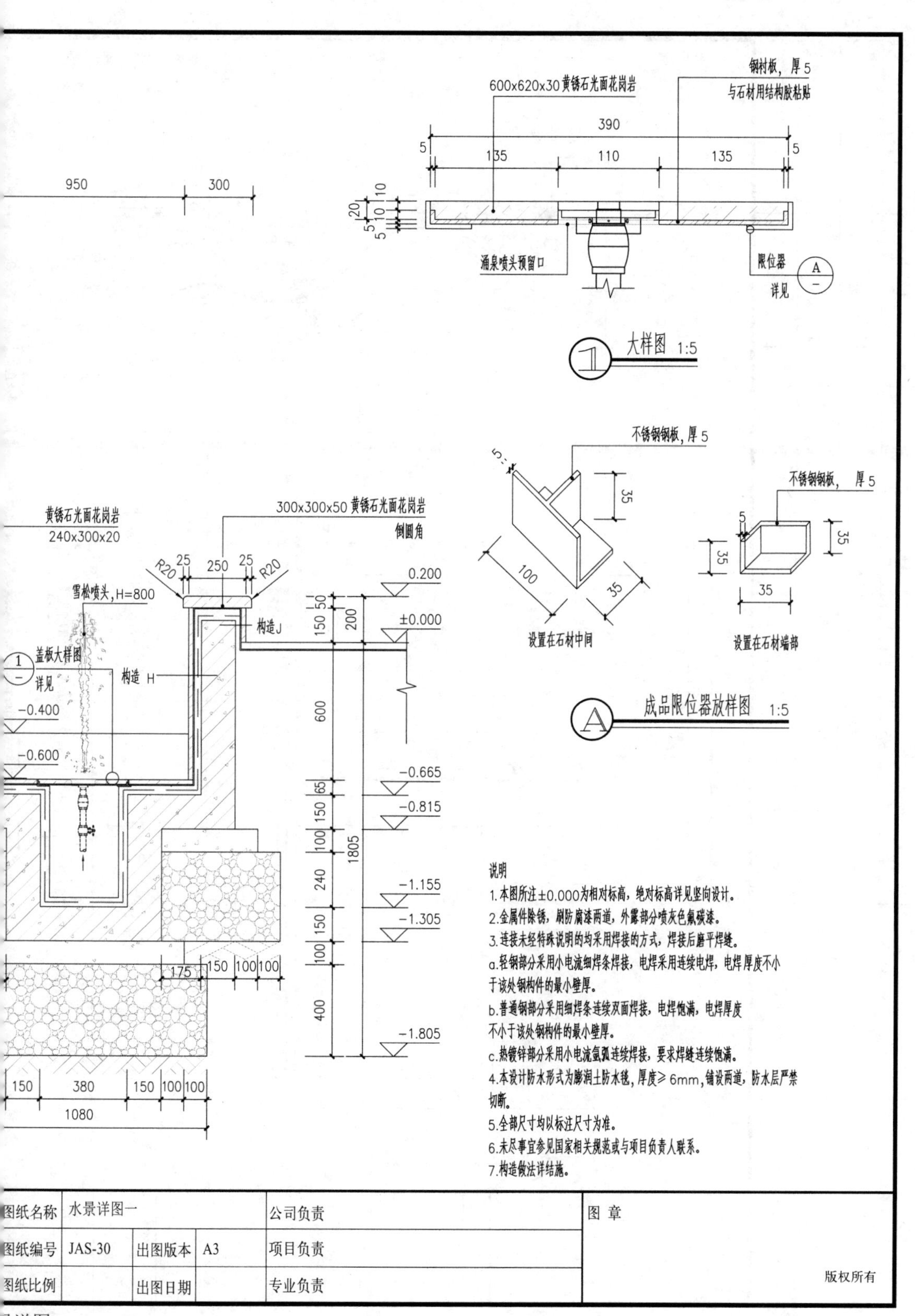

600x620x30黄锈石光面花岗岩
钢衬板，厚5
与石材用结构胶粘贴
390
5
135
110
135
5
950
300
涌泉喷头预留口
限位器
详见
A
大样图 1:5
不锈钢钢板，厚5
35
100
35
设置在石材中间
不锈钢钢板，厚5
35
35
35
设置在石材端部
成品限位器放样图 1:5
黄锈石光面花岗岩
240x300x20
300x300x50黄锈石光面花岗岩
倒圆角
R20
25
250
25
R20
雪松喷头，H=800
构造J
构造 H
盖板大样图
详见
0.200
±0.000
-0.400
-0.600
-0.665
-0.815
-1.155
-1.305
-1.805
1805
175
150
380
1080
说明
1.本图所注±0.000为相对标高，绝对标高详见竖向设计。
2.金属件除锈，刷防腐漆两道，外露部分喷灰色氟碳漆。
3.连接未经特殊说明的均采用焊接的方式，焊接后磨平焊缝。
a.轻钢部分采用小电流细焊条焊接，电焊采用连续电焊，电焊厚度不小于该处钢构件的最小壁厚。
b.普通钢部分采用细焊条连续双面焊接，电焊饱满，电焊厚度不小于该处钢构件的最小壁厚。
c.热镀锌部分采用小电流氩弧连续焊接，要求焊缝连续饱满。
4.本设计防水形式为膨润土防水毯，厚度≥6mm，铺设两道，防水层严禁切断。
5.全部尺寸均以标注尺寸为准。
6.未尽事宜参见国家相关规范或与项目负责人联系。
7.构造做法详结施。
图纸名称　水景详图一
公司负责
图　章
图纸编号　JAS-30　出图版本　A3
项目负责
图纸比例　出图日期
专业负责
版权所有

景详图一

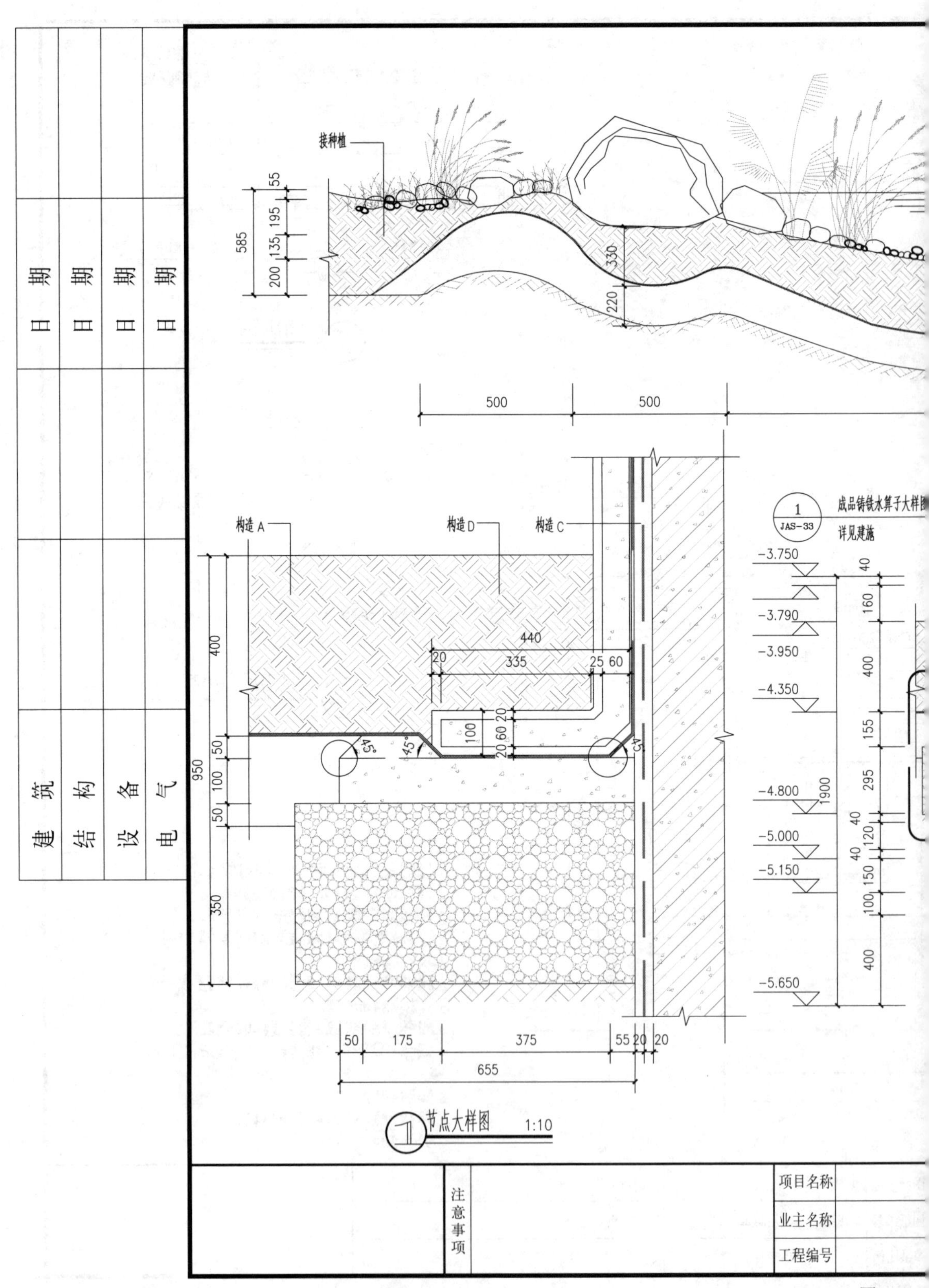

建筑 日期
结构 日期
设备 日期
电气 日期
接种植
55
195
135
200
585
330
220
500
500
构造A
构造D
构造C
440
20
335
25 60
400
100
20 60 20
45°
45°
45°
950
50
100
50
350
50 175 375 55 20 20
655
1
JAS-33
成品铸铁水箅子大样图
详见建施
-3.750
-3.790
-3.950
-4.350
-4.800
-5.000
-5.150
-5.650
1900
40
160
400
155
295
40
120
40
150
100
400
节点大样图 1:10
注意事项
项目名称
业主名称
工程编号

图2-55

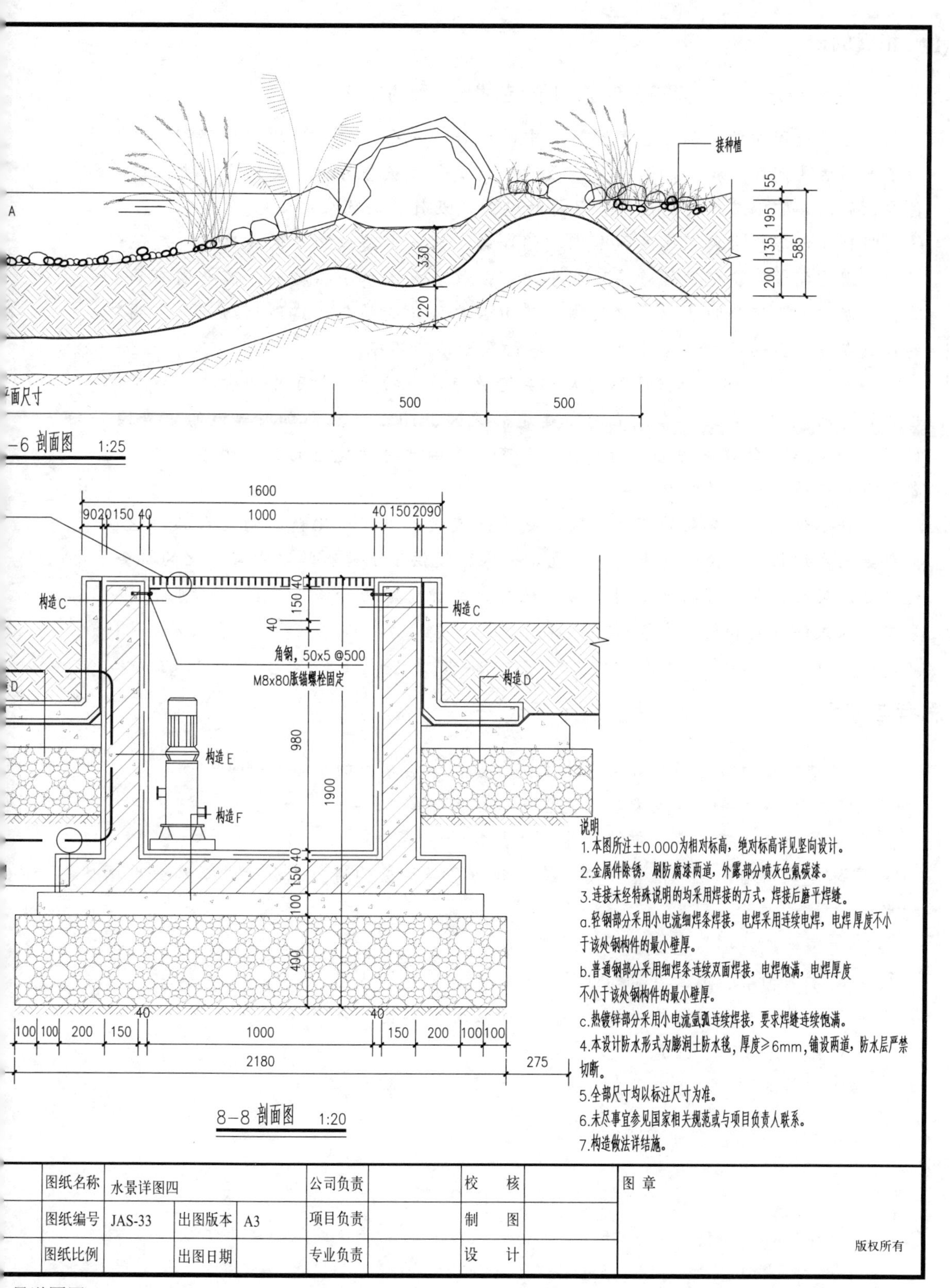

说明

1.本图所注±0.000为相对标高，绝对标高详见竖向设计。

2.金属件除锈，刷防腐漆两道，外露部分喷灰色氟碳漆。

3.连接未经特殊说明的均采用焊接的方式，焊接后磨平焊缝。

a.轻钢部分采用小电流细焊条焊接，电焊采用连续电焊，电焊厚度不小于该处钢构件的最小壁厚。

b.普通钢部分采用细焊条连续双面焊接，电焊饱满，电焊厚度不小于该处钢构件的最小壁厚。

c.热镀锌部分采用小电流氩弧连续焊接，要求焊缝连续饱满。

4.本设计防水形式为膨润土防水毯，厚度≥6mm，铺设两道，防水层严禁切断。

5.全部尺寸均以标注尺寸为准。

6.未尽事宜参见国家相关规范或与项目负责人联系。

7.构造做法详结施。

图纸名称	水景详图四			公司负责		校　核		图 章
图纸编号	JAS-33	出图版本	A3	项目负责		制　图		
图纸比例		出图日期		专业负责		设　计		版权所有

景详图四

拓展阅读

明轩开创了“园林艺术”外贸的先河

建造在美国纽约大都会艺术博物馆中的明轩是一个备受推崇的园林范例。它反映了苏州古典园林的精华，是境外造园的经典之作，被誉为中美文化交流史上的一件永恒展品。它以其精美的设计和独特的魅力，吸引了无数人的目光。

明轩是以苏州古典园林网师园内“殿春簃”为蓝本建造的中国式庭院。庭院的设计运用空间过渡、视觉转移等处理手法，吸收明画山水小品特色，使全园布局紧凑、疏朗相宜、淡雅明快，集中反映了苏州古典园林的精华，建造精巧完美。明轩的建成在美国引起了轰动，各地前来参观的民众络绎不绝。

1980 年 3 月，明轩落户于纽约大都会博物馆，成功地开创了中国古典园林走向世界的先河。1986 年在加拿大温哥华建造的逸园、1992 年在新加坡建造的蕴秀园、1998 年在美国纽约建造的寄兴园、世纪之交在美国波特兰建造的兰苏园等，可以说都是当年建造明轩的延续和发展。

明轩不仅是一座美丽的园林庭院，更是一座代表中国文化精髓的艺术品。它在大都会艺术博物馆中扮演着重要的角色，为人们提供了了解和学习中国文化的机会。通过这座庭院，人们可以感受到中国传统文化的独特魅力和深厚底蕴，也可以领略到中国人民的智慧和创造力。

思考与练习

① 园路结构分为哪几层？各层的作用是什么？各层常用的材料有哪些？

② 适合在园路铺装石材表面加工处理的方法有哪些？

③ 什么是园林建筑小品？包括哪些类型？其设计要点是什么？

④ 园林建筑基础按材料性能及受力特点分为几类？按构造方式分为几类？分别阐述其特点。

⑤ 简述园林建筑小品施工图设计深度。

⑥ 防腐木结构亭、廊的基本构造是怎样的？并绘制构造图。

⑦ 防腐木结构亭顶构架的做法有哪些？简要介绍其构造做法。

⑧ 设计园林水景时应注意一些什么问题？

⑨ 水池常用的防水材料有哪些？防水层的处理方法有哪些？

项目 3
园林植物种植施工图设计

技能目标

① 会根据小游园设计方案和园林总平面图处理植物与建筑、水景等要素的关系。
② 能选择适合的植物种类，全面考虑各种景观效果，合理配置植物。
③ 会应用 AutoCAD 等软件绘制园林植物种植施工图。

知识目标

① 熟悉园林植物的大小、形状、色彩、质感和季相变化等特点。
② 掌握园林植物种植施工图的设计要点及植物选择方法。
③ 掌握不同类型绿地设计中所需的植物种类、规格及功能要求。

工作情景

现进入施工图设计阶段，按照制定的任务书，根据园林总平面图、调查资料和工程概算，完成砺精园植物种植施工图的设计及绘制。

植物种植施工图设计是对植物种植方案设计的细化，是非常具体、准确并具有可操作性的图纸文件。在整个园林项目的规划设计及施工中，起着承上启下的作用，是将植物种植规划设计变为现实的重要步骤。它指导现场施工，同时也是植物种植工程预结算、施工组织管理、施工监理及验收的依据。因此，植物种植施工图设计要求准确、严谨，图纸表达简洁、清晰。

植物种植施工图设计要确定每一株植物的位置、具体的品种，及与其他各种植物间体形、色彩、高低错落和疏密的搭配，并对所采用的植物苗木规格进行严格的限定，以保证植物景观效果。

根据《风景园林制图标准》（CJJ/T67—2015），植物种植施工图设计应包含以下内容。

① 总平面图中应绘制工程坐标网格或放线尺寸，设计地形等高线，现状保留植物的名称、位置，设计的所有植物的种类、位置、数量（范围）。植物尺寸按实际冠幅绘制。

② 在总平面图上无法表示清楚的种植应绘制种植分区图或详图。

③ 若种植比较复杂，可分别绘制乔木种植图、灌木及地被种植图。

④ 苗木表中应包含序号、中文名称、拉丁学名，以及苗木的详细规格、数量、特殊要求等。

根据以上设计内容，植物种植施工图主要包含种植设计说明（包括种植详图），设计图纸（种植平面图，可包含乔木种植图、灌木及地被种植图），苗木表三部分。为了反映植物的高低配置要求及设计效果，必要时还要绘出立面图和透视图。

任务 3.1

编制植物种植设计说明

3.1.1　植物种植设计说明的相关知识

植物种植设计说明是植物种植施工图中不可缺少的组成部分，对植物种植施工图中的设计要点和施工要点进行交代。在植物种植设计说明中，要对植物种植施工的各主要环节提出要求，并对设计中所采用的植物苗木规格进行严格的规定，以满足植物造景的需要和不同种植区域功能的要求。

3.1.1.1　植物种植设计说明的用途

① 对整套植物种植施工图纸的阅读起着指导和引领的作用。

② 使施工人员对植物种植施工图设计有总体的了解，为施工组织管理提供依据。

③ 使甲方及施工人员、养护管理人员明确植物种植设计的原则、构思，植物景观的安排，苗木的种类、规格、数量等，保证植物种植设计得以顺利实施。

3.1.1.2　植物种植设计说明的内容及编制要求

植物种植设计说明一般包括种植施工说明和种植详图两部分。设计说明中需体现植物种植设计的原则、景观和生态要求；对种植土壤的规定和建议；树木与建筑物、构筑物、管线之间的距离要求；对树穴、种植土、树木支撑等进行必要规定；对植物材料提出设计要求等。植物种植设计说明具体内容如下。

（1）设计依据

给出植物种植施工图设计依据，一般包括甲方审查通过的园林设计方案，植物种植施工图设计参照的现行国家、省市、行业设计规范、标准，及验收规范、标准等。

（2）场地平整

平整绿化地面至设计坡度要求，将植物种植场地平整坡度控制在标准范围内；清除场地内的杂草、杂物、碎石、建筑垃圾等；设计以现场平整为标准，如需要土方倒运及客土改良，则应说明处理方法。

（3）土壤要求

给出土壤理化性质应达到的具体标准，土壤 pH 应符合本地区栽植土标准或按 pH 5.6～8.0 进行选择，土壤全盐含量应为 0.1%～0.3%，土壤容重应为 1.0～1.35g/cm^3，土壤有机质含量不应小于 1.5%，土壤块径不应大于 5cm。未达到要求栽植标准的，需采取相应的土壤改良、施肥和置换客土等措施。植物种植土壤有效土层厚度应符合规范要求，参考表 3-1。

表 3-1 植物种植土壤有效土层厚度

植物类型	草坪，一、二年生花卉，草本地被	小灌木、宿根花卉、小藤本	大、中灌木，大藤本	浅根乔木（胸径＜20cm）	深根乔木（胸径＜20cm）	乔木（胸径≥20cm）
土层厚度/cm	≥30	≥40	≥90	≥100	≥150	≥180

（4）种植穴要求

种植穴应符合设计要求，位置要准确；土层干燥地区应在种植前浸种植穴；种植穴规格应根据苗木根系、土球直径和土壤情况而定；种植穴应垂直下挖，上口和下底相等。以下种植穴形式均为错误：锅底形、上小下大形、上大下小形。种植穴规格应符合设计要求及相关规范，参考表 3-2～表 3-6。

表 3-2 常绿乔木类种植穴规格 单位：cm

树高	土球直径	种植穴深度	种植穴直径
100～150	20～40	30～50	40～60
150～250	35～55	60～80	70～80
250～350	50～80	70～90	80～100
350～400	80～100	90～100	100～120
400～500	100～120	90～100	120～150

表 3-3 落叶乔木类种植穴规格 单位：cm

胸径	种植穴深度	种植穴直径	胸径	种植穴深度	种植穴直径
2～3	30～40	40～60	5～6	60～70	80～90
3～4	40～50	60～70	6～8	70～80	90～100
4～5	50～60	70～80	8～10	80～90	100～110

表 3-4 花灌木类种植穴规格 单位：cm

树高	土球(直径×高)	圆坑(直径×高)	说明
120～150	30×20	60×40	三株以上
150～180	40×30	70×50	
180～200	50×30	80×50	
200～250	70×40	90×60	

表 3-5 竹类种植穴规格 单位：cm

种植穴深度	种植穴直径
大于盘根或土球(块)厚度 20～40	大于盘根或土球(块)厚度 40～60

（5）基肥使用

植物种植施工前必须下足基肥，弥补绿地土壤瘦瘠对植物生长的不良影响，以使绿化尽快见效。必须依据当地园林施工要求确定基肥，施用基肥前需经该工程主管单位同意，

表 3-6　篱类种植槽规格　　单位：cm

种植高度	单行	双行
30～50	30×40	40×60
50～80	40×40	40×60
100～120	50×50	50×70
120～150	60×60	60×80

用量依实而定。

（6）苗木要求

① 品种、规格。种植苗木表中要规定苗木的品种、规格，包括胸径、地径、冠幅、株高等。

a. 胸径：乔木主干离地表面 1.3m 处的直径。苗木表中规定的数值为上限和下限，种植时最小不能低于下限。

b. 地径：苗木主干离地表 0.1m 处的直径。苗木表中规定的数值为上限和下限，种植时最小不能低于下限。

c. 冠幅：苗木树冠垂直投影最大与最小直径的平均值。在保证树木成活和满足交通运输的前提下，应尽量保留树木原有冠幅，利于绿化尽快见效。棕榈科植物因品种冠形特性，按生长顶点以下留叶片数计量种植苗冠幅。

d. 株高：从地表面至苗木自然生长冠顶端的垂直高度。苗木表中的规定为苗木种植时自然或人工修剪后的高度，要求乔木尽量保留顶端生长点。苗木选择时应满足种植苗木表中所列的苗木高度范围，并结合植物造景进行高低错落搭配。

② 苗木质量要求，见表 3-7～表 3-9。

表 3-7　土球苗、裸根苗综合控制指标

序号	项目	综合控制指标
1	树冠形态	形态自然周正，树冠丰满，无明显偏冠、缺冠，冠径最大值与最小值的比值宜小于 1.5；乔木植株高度、胸径、冠幅比例匀称；灌木冠层和基部饱满度一致，分枝数为 3 枝以上；藤本主蔓长度和分枝数与苗龄相符
2	树干	枝干紧实、分枝形态自然、比例适度，生长枝节间比例匀称；乔木植株主干挺直，树皮完整，无明显空洞、裂缝、虫洞、伤口、划痕等；灌木、藤本等植株分枝形态匀称，枝条坚实有韧性
3	叶片	标准匀称，硬挺饱满，颜色正常，无明显蛀眼、卷蔫、萎黄或坏死
4	根系	根系发育良好，无病虫害，无生理性伤害和机械损害等
5	生长势	植株健壮，长势旺盛，不因修剪造型等造成生长势受损，当年生枝条生长量明显

表 3-8　土球苗土球

序号	项目	规格
1	乔木	土球苗的土球直径应为其胸径的 8～10 倍，土球高度应为土球直径的 4/5 以上
2	灌木	土球苗土球直径应为其冠幅的 1/3～2/3，土球高度为土球直径的 3/5 以上
3	棕榈	土球苗土球直径应为其地径的 2～5 倍，土球高度应为土球直径的 2/3 以上
4	竹类	土球足够大，至少应带来鞭 300mm、去鞭 400mm，竹鞭两端各不少于 1 个鞭芽，且保留足量的护心土，保护竹鞭、竹兜不受损

注：常绿苗木、全冠苗木、落叶珍贵苗木、特大苗木和不易成活苗木，以及有其他特殊质量要求的苗木应带土球掘苗，且应依据实际情况进行调整。

表 3-9 土球苗根系幅度

序号	项目	规格
1	乔木	裸根苗木根系幅度应为其胸径的8～10倍，且保留护心土
2	灌木	裸根苗木根系幅度应为其胸径的1/2～2/3，且保留护心土
3	棕榈	裸根苗木根系幅度应为其胸径的3～6倍，且保留护心土

注：超大规格裸根苗木的根系幅度应根据实际情况进行调整。

（7）定点放线

按施工图所标具体尺寸定点放线，若为不规则种植，应用方格网法及图中比例尺定点放线；图中未标明尺寸的种植，按图比例依实放线定点，定点放线应准确、符合要求；若图中尺寸与现场尺寸有出入，须在不影响景观效果的前提下现场调整。

（8）种植要点

应根据树木品种的习性和当地气候条件，选择最适宜的时期进行栽植。栽植的树木品种、规格、位置应符合设计规定。带土球树木栽植前应去除土球不易降解的包装物。栽植时，应注意观赏面的合理朝向，树木栽植深度应与原种植线持平。栽植树木回填的栽植土应分层踏实。除特殊景观树外，树木栽植应保持直立，不得倾斜。行道树或行列栽植的树木应在一条直线上，相邻植株规格应合理搭配。绿篱及色块栽植时，株行距、苗木高度、冠幅大小应均匀搭配，树形丰满的一面应向外。树木栽植后应及时绑扎、支撑、浇透水。树木栽植成活率不应低于95%，名贵树木栽植成活率应达到100%。

（9）修剪造型

苗木栽植前的修剪应根据各地自然条件，推广使用抗蒸腾剂的免修剪栽植技术或以疏枝为主，适度轻剪，保持树体地上、地下部位生长平衡。苗木栽植后可综合考虑植物艺术形态及造景效果，重新进行修剪造型，并对剪口进行处理，使花草树木种植后初显冠形，既能优化初期效果，又能达到远期的设计目的和理想化景观。

（10）种植期养护

从园林植物栽植后到工程竣工验收前，为施工期间的植物养护时期，应对各种植物精心养护管理。养护内容主要包括根据植物生长习性和墒情及时浇水；结合中耕除草，平整树台；加强病虫害观测，控制突发性病虫害发生，防治应及时；根据植物生长情况及时追肥、施肥；树木应及时剥芽、去蘖、疏枝整形；草坪应适时进行修剪；花坛、花境应及时清除残花败叶，使植株生长健壮；绿地应保持整洁，做好维护管理工作，及时清理枯枝、落叶、杂草、垃圾；对树木应加强支撑、绑扎及裹干措施，做好防强风、干热、洪涝及越冬防寒等工作；园林植物病虫害防治应采用生物防治方法和生物农药及高效低毒农药，严禁使用剧毒农药；对生长不良、枯死、损坏、缺株的园林植物应及时更换或补栽，用于更换及补栽的植物材料应和原植株的种类、规格一致。

（11）绿化施工注意事项

要求施工单位在挖穴时注意地下管线走向，遇到地下异物时做到“一探、二试、三挖”，保证不挖坏地下管线和构筑物。同时，遇到问题应及时向工程监理单位、设计单位及工程主管单位反映，以使绿化施工符合现场实际。种植高大乔木遇空中有高压线时应及时反映，高压线下必须有足够的净空安全高度，一般不宜种植高大乔木，具体参照有关规范标准。如绿化施工图有与现场不符处，应及时反映给设计单位，以便及时处理。植物与建筑、管线之间的安全距离见表3-10～表3-13。

表3-10　植物与架空电力线路导线之间的最小垂直距离

线路电压/kV	<1	1～10	35～110	220	330	500	750	1000
最小垂直距离/m	1.0	1.5	3.0	3.5	4.5	7.0	8.5	16.0

表3-11　植物与地下管线最小水平距离　单位：m

名称	新植乔木	现状乔木	灌木与绿篱
电力电缆	1.5	3.5	0.5
通信电缆	1.5	3.5	0.5
给水管	1.5	2.0	—
排水管	1.5	3.0	—
排水盲沟	1.0	3.0	—
消防龙头	1.2	2.0	1.2
燃气管道(低中压)	1.2	3.0	1.0
热力管	2.0	5.0	2.0

注：乔木与地下管线的距离是指乔木树干基部的外缘与管线外缘的净距离；灌木或绿篱与地下管线的距离是指地表处分蘖枝干中最外的枝干基部外缘与管线外缘的净距离。

表3-12　植物与地下管线最小垂直距离　单位：m

名称	新植乔木	现状乔木	灌木或绿篱
各类市政管线	1.5	3.0	1.5

表3-13　植物与建筑物、构筑物外缘的最小水平距离　单位：m

名称	新植乔木	现状乔木	灌木与绿篱
测量基准点	2.00	2.00	1.00
地上杆柱	2.00	2.00	—
挡土墙	1.00	3.00	0.50
楼房	5.00	5.00	1.50
平房	2.00	5.00	—
围墙(高度小于2m)	1.00	2.00	0.75
排水明沟	1.00	1.00	0.50

注：乔木与建筑物、构筑物的距离是指乔木树干基部外缘与建筑物、构筑物的净距离；灌木或绿篱与建筑物、构筑物的距离是指地表处分蘖枝干中最外的枝干基部外缘与建筑物、构筑物的净距离。

（12）种植详图

种植详图一般对某一类植物的施工方法进行详细说明，说明施工过程中挖坑、覆土、施肥、支撑等种植施工要求。

3.1.2　植物种植设计说明的实践操作

3.1.2.1　任务分析

植物种植设计说明是对植物种植施工图设计的概括总结和必要补充。植物种植设计说明需以新建项目植物种植施工图设计为主要依据，结合项目实际情况准确编写。

编写植物种植设计说明前要熟悉新建项目场地的土壤条件、地形、标高等信息，充分考虑甲方提供的意见或建议，根据植物种植平面图内容、植物种植形式、种植设计注意要点，以及苗木表等信息，交代施工图设计要点及施工要点。

3.1.2.2 任务实施

（1）第一步：搜集信息

① 搜集项目场地条件信息，分析新建项目场地条件。砺精园项目占地约 3300m^2，地势平缓无陡坡；园区西侧有规则式栽植的现状乔木。

② 熟悉植物种植平面图设计内容。新建项目植物种植形式以常绿乔木、落叶乔木、灌木、地被、花卉等自然式组团配置为主。北侧入口位置列植、点状种植落叶乔木；其中有常绿乔木 15 株、落叶乔木 167 株、灌木 202 株，地被和花卉 699m^2、草坪 1530m^2。

③ 熟悉苗木表，选用苗木规格。通过识读苗木表确定苗木胸径、株高、冠幅、造型等信息。

④ 绿化与其他专业联系。场地内无高大建筑物和构筑物，有多处园林景观小品；绿化范围内有电力电缆、给水管、排水管。

（2）第二步：编写植物种植设计说明

砺精园植物种植设计说明如下。

一、植物种植设计依据

① 设计合同及甲方提供的相关建议和意见；

② 甲方审查通过的景观设计方案；

③ 设计人员现场考察、测量记录，相关专业施工设计图；

④《园林绿化工程施工及验收规范》（CJJ 82—2012）；

⑤《园林绿化木本苗》（CJ/T 24—2018）；

⑥《公园设计规范》（GB 51192—2016）；

⑦ 辽宁省相关绿化标准。

二、树木栽植技术要求

1. 绿地的平整、构筑与清理

① 按规范规定平整绿化地面至设计坡度要求，平面绿化场地平整坡度控制在 2.5‰～3.0‰。

② 根据设计的线形与标高构筑湿地，确保水能排到指定的蓄水池。同时清除现场碎石及杂草杂物。

③ 设计以现场平整为标准，如发生土方倒运及客土改良，以现场监理签证量为准。

2. 土壤要求

① 施工方应对现场使用的种植土进行土壤检测，并支付相关费用。施工前应将检测结果及改良方案提交业主和景观设计师认可，得到书面确认后方可施工。

② 土壤应是疏松湿润，不含砂石、建筑垃圾，排水良好，富含有机质的肥沃土壤。回填土和换土要求为农田土。

③ 对草坪、花卉种植地应施基肥，翻耕30cm，搂平耙细，去除杂物，平整度和坡度符合设计要求。

④ 土层厚度应符合规定的园林植物种植最低土层厚度，详见表3-1。

3. 树穴要求

① 树穴应符合设计要求，位置要准确。

② 土层干燥地区应在种植前浸树穴。

③ 树穴规格应根据苗木根系、土球直径和土壤情况而定。树穴应垂直下挖，规格应符合设计要求及相关规范。

以下树穴均为错误：锅底形，上小下大形，上大下小形。

④ 种植穴、槽的大小规格应符合以下规定：

常绿乔木类种植穴规格详见表3-2；落叶乔木类种植穴规格详见表3-3；花灌木类种植穴规格详见表3-4；绿篱类种植穴规格详见表3-6。

4. 基肥

要求施工种植前必须施足基肥，弥补绿地瘦瘠对植物生长的不良影响，使绿化尽快见效。必须依当地园林施工要求确定基肥，在施工前基肥要和土壤充分混匀。施用基肥前须经业主和景观设计师认可。

5. 除虫、杀虫剂的使用

如使用，则必须符合国家和地方有关规定要求。

6. 苗木要求

① 严格按苗木规格要求购苗，应选择枝干健壮、形体优美的苗木；苗木移植时尽量减少截枝量，严禁出现没枝的单干苗木；乔木的主枝应不少于三个；树形特殊的树种，分枝必须有四层以上；行道树保留原有树冠的2/3。

a. 规则式种植的乔灌木（如行道树等）应树干通直、冠形丰满，苗木分枝点高统一在2.8m。同等苗木的规格大小统一。

b. 丛植或群植的乔灌木，同种或不同种苗木都应高低错落，充分体现自然生长的特点。

c. 孤植树应选择树形姿态优美、造型独特、冠形圆整耐看的优质苗木。

d. 整形装饰篱木规格大小应一致，修剪整形的观赏面应为圆滑曲线弧形，起伏有致。

e. 分层种植的灌木花带边缘轮廓线上种植密度应大于规定密度，平面线形流畅，外缘成弧形，高低层次分明，且与周边点种植物的高差不少于300mm。

② 具体苗木品种、规格见施工图（苗木表）。

a. 高度（单位：m）：指从地表面至乔木正常生长顶端的垂直高度，为苗木经过处理的种植自然高度。

b. 胸径（单位：cm）：为所种植乔木离地面1.3m处的直径，表中规定值为胸径的上限和下限，最小不能低于下限，最大不能超过上限3cm（主景树可达5cm），以求种植苗木均匀统一，形成良好景观效果。

c. 冠幅：指乔木、灌木、灌丛垂直投影面的直径。乔木的冠幅是指乔木修剪小枝后，树冠的垂直投影直径。

d. 灌木的冠幅是指枝叶丰满部分的垂直投影直径，不包括局部的徒长枝。

③ 所有植物必须健康、新鲜，无病虫害，无缺乏矿物质元素等症状，并且生长旺盛。外地树苗必须经过严格检疫，合格后才能栽植。

④ 行道树相邻同种苗木的高度要求相差不超过 50cm，干径相差不超过 1cm。

⑤ 苗木的挖掘、包装应符合现行标准《园林绿化木本苗》(CJ/T 24—2018) 的规定。

⑥ 苗木的运输、栽植、后期养护管理及其他未尽事宜皆参照以上规范进行施工。

⑦ 主要树种选购后请与设计师联系，确认后方可栽植。

⑧ 带土球栽植：常绿苗木、落叶珍贵苗木、特大苗木和不易成活的苗木，以及有其他特殊质量要求的苗木，应带球起掘。带土球苗木掘苗的土球直径应为其基径的 8～10 倍，土球高度应为土球直径的 4/5 以上。裸根苗木掘苗的根系保留长度应为胸径的 8～10 倍，并保证主侧根不劈不裂，尽量保留护心土。

移植胸径在 20cm 以上的落叶乔木和胸径在 15cm 以上的常绿乔木，应该按照树木胸径的 6～8 倍挖掘土球或方形土台装箱。

7. 定点放线

按施工平面图所示尺寸定点放线，图中未标明尺寸的种植，按图中比例依实放线定点，要求定点放线准确，符合设计要求。

8. 种植

① 成列的乔木应按苗木的自然高度依次排列；点植的花草树木应自然种植，高低错落有致。

② 种植土应击碎分层捣实，最后起土圈并淋足定根水。

③ 种植胸径在 5cm 以上的乔木应设支架固定，支架应牢固，绑扎树木处应夹垫物，绑扎后的树干应保持直立。乔木种植后，如非雨天应每天至少浇水两次，集中养护管理。

④ 片植灌木及花卉种植均匀，不露土。

⑤ 草坪移植平整度误差≤1cm。在铺草前，微地形应预留一定的自然沉降空间，避免后期的沉降。铺草时要平整表土，拍细，压实，后铺一层 2～3cm 的细沙滚压平整，再进行铺草。铺草完成后需再滚压两遍。草坪铺设需用草卷地毯式铺设，严禁一块一块拼铺。

⑥ 绿化种植应在主要建筑、地下管线、道路工程等主体工程完成后进行。

⑦ 攀援植物种植后，应根据植物生长需要进行绑扎或牵引。

⑧ 大树移植后，两年内应配备专职技术人员做好修剪、剥芽、喷雾、叶面施肥、浇水、排水、设置风障、搭荫棚、包裹树干、防寒和病虫害防治等一系列养护管理工作，在确认大树成活后，方可进入正常养护管理。

9. 衔接

① 乔木与灌木衔接要保证灌木边界圆润，乔木与灌木相接时留空。

② 灌木与铺装：如有条件，灌木尽量与铺装紧密衔接；当根系过大导致灌木无法与铺装紧贴时，则应以卵石、草皮等装饰。

③ 灌木与草坪衔接分界线需保持平滑圆润，严格控制草坪在分界线处的切割工艺，灌木与草坪需衔接紧密，不露土。

④ 花卉与铺装衔接要求：当与铺装相接时，需用3～4排花卉渐渐外倾过渡，使花卉局部搭至铺装线内。

⑤ 草坪与铺装衔接要求：沿线与铺装始终保持水平且覆土饱满，禁止出现塌陷，草卷土面（草根）低于铺装2cm。

10. 修剪造型

使花草树木种植后的初始冠形能有利于将来达到理想的绿化景观效果。

11. 若在正常植树季节施工，可按上述技术要求进行栽植，若在非植树季节施工，则需对上述技术要求进行相应调整。

12. 现有植物的保留与保护

① 施工前应在本设计中的植物保留区标明需保留的植物，并采取保护措施。

② 图中未标明序号的圆形和云线符号为原有保留植物，对于图中未能标明的现场乔木应予保留。

③ 在建筑对保留植物可能造成影响的情况下，应在施工前与设计师进行确认。

13. 种植养护期

种植养护期一般为2年，若有其他情况，甲乙双方可以在施工合同中进行约定。

三、植物与建筑、管线的安全距离

① 植物与架空电力线路导线之间的最小垂直距离应符合表3-10的规定。

② 植物与地下管线最小水平距离应符合表3-11的规定，行道树绿带下方不得敷设管线。

③ 植物与地下管线最小垂直距离应符合表3-12的规定。

④ 植物与建筑物、构筑物外缘的最小水平距离应符合表3-13的规定。

四、植物种植详图

植物种植示意图如图3-1所示。

（3）第三步：整理出图

使用设计公司标准A3图框，在CAD布局中将种植设计说明合理布置在标准图框内。

3.1.2.3 任务小结

植物种植设计说明作为植物种植施工图的重要组成部分，是依据国家及地方有关园林绿化施工的各类规范、规定与标准而制定的，应详细说明植物种植施工的要求，结合项目实际情况编写。

植物种植设计说明应包括以下几个方面的内容。

① 说明所引用的相关规范和标准，例如《园林绿化工程施工及验收规范》（CJJ 82—2012）、《公园设计规范》（GB 51192—2016）、《城市绿地设计规范》（GB 50420—2007）、《园林绿化木本苗》（CJ/T 24—2018）、《城市道路绿化规划与设计规范》（CJJ 75—97）等，以及有关的地方性规范和规定性文件。

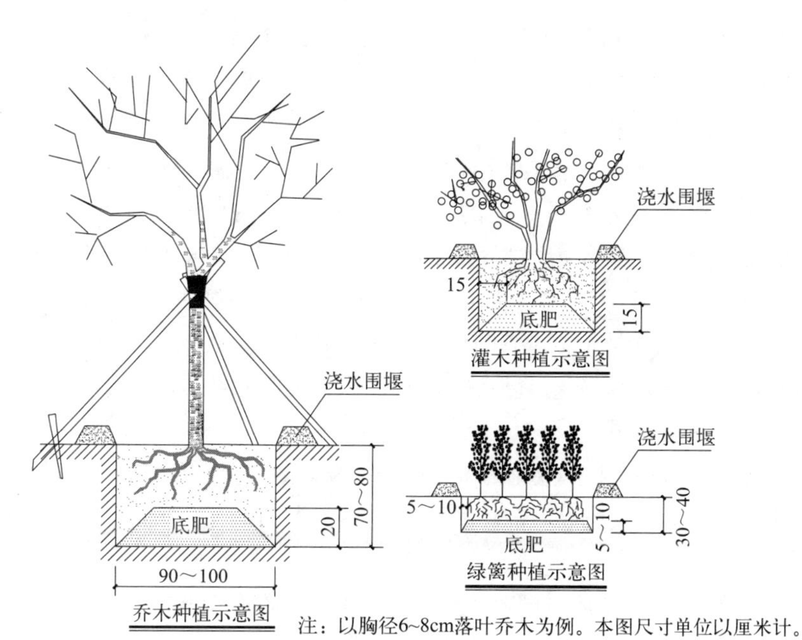

图 3-1　植物种植示意图

② 阐述植物种植设计构思和苗木总体质量要求。

③ 种植土壤条件及地形的要求，包括土壤的 pH、土壤的含盐量，以及各类苗木所需的种植土层厚度。

④ 各类苗木栽植穴（槽）的规格和要求。

⑤ 苗木栽植时的相关要求，应按照苗木种类以及植物种植设计特点分类编写，包括苗木土球的规格、观赏面的朝向等。

⑥ 苗木栽植后的相关要求，应按照苗木种类以及是否为珍贵树种分类编写，包括浇水、施肥以及根部是否喷布生根激素、保水剂和抗蒸腾剂等。

⑦ 苗木后期管理的相关要求，应按照苗木种类结合种植设计构思进行说明，尤其是重要景观节点处植物的形态要求。合理的苗木后期管理要求是甲方及物业公司后期管理的重要依据。

⑧ 说明园林种植工程同其他相关单项施工的衔接与协调，以及对施工中可能发生的未尽事宜的协商解决办法。

任务 3.2

设计植物种植平面图

3.2.1　植物种植平面图设计的相关知识

3.2.1.1　园林植物的常见种植形式

园林植物的造景以乔木和灌木为主，辅以地被、花卉、草坪等不同植物种类的栽植，配置成具有各种功能的植物群落。其种植形式千变万化，在不同地区、不同场合，因目的及要求不同，可以有多种形式的组合与种植方式，主要分为规则式、自然式和混合式 3 种。

规则式种植一般配合中轴对称的格局，以等距行列式、对称式种植为主，通常在主体建筑主入口和主干道两侧，主要包括对植、列植、整形绿篱等形式；花卉布置通常采用模纹种植，体现在以图案为主要形式的花坛和花带上，有时候也布置成大规模的花坛群。自然式种植要求反映自然界植物群落之美，多选用树形或树体部分美观奇特的品种，以不规则的株行距配置成各种形式，主要包括孤植、丛植、群植、林植等；花卉的布置以花丛、花境为主。这些种植形式各有其特点和适用范围，现代园林中常采用规则式和自然式交融的混合式，强调传统艺术手法与现代工艺、形式的结合。

（1）乔、灌木的种植形式

1）孤植　是指在空旷地上孤立地种植一株或几株（一丛）相同种类的植物，表现单株栽植效果的种植形式，常用于广场、庭院、草坪、水面附近、桥头、园路尽头或转弯处等位置。

孤植树有两种类型，一种是与园林艺术构图相结合的庇荫树，另一种单纯作为孤赏树应用。前者往往选择体型高大、枝叶茂密、姿态优美的乔木，而后者更加注重孤植树的观赏价值。

孤植树的选择要注意其形体、高矮、姿态等都要与空间大小相协调。开阔空间应选择高大的乔木作为孤植树，而狭小空间则应选择小乔木或者灌木等作为主景。应避免孤植树处在场地的正中央，而应稍稍偏移一侧，以形成富于动感的景观效果。在空地、草坪、山冈上配置孤植树时，必须留有适当的观赏视距，如图 3-2 所示，并以蓝天、水面、草地等色彩单一的背景加以衬托。

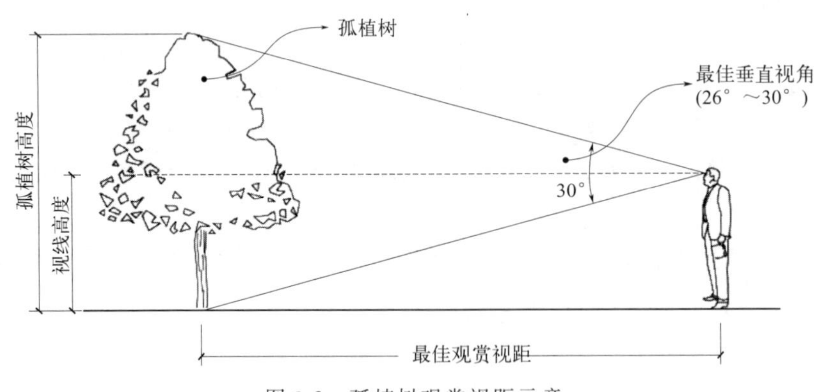

图 3-2　孤植树观赏视距示意

2）对植　是指用两株或两丛（多株）相同或相似的植物以相互呼应之势种植在构图中轴线的两侧，以主体景物中轴线为基线依照景观的均衡关系对称的种植方式。对植多用于公园、建筑的出入口两旁，或纪念物、蹬道台阶、桥头、园林小品的两侧，可以烘托主景，也可以形成配景、夹景。按照构图形式，对植可分为对称式和非对称式两种方式。

① 对称式对植。以主体景观的轴线为对称轴，对称种植两株（丛）品种、大小、高度一致的植物，如图 3-3 所示。两株植物种植点的连线应被中轴线垂直平分。对称式对植的两株植物大小、形态、造型需要相似，以保证景观效果的统一。

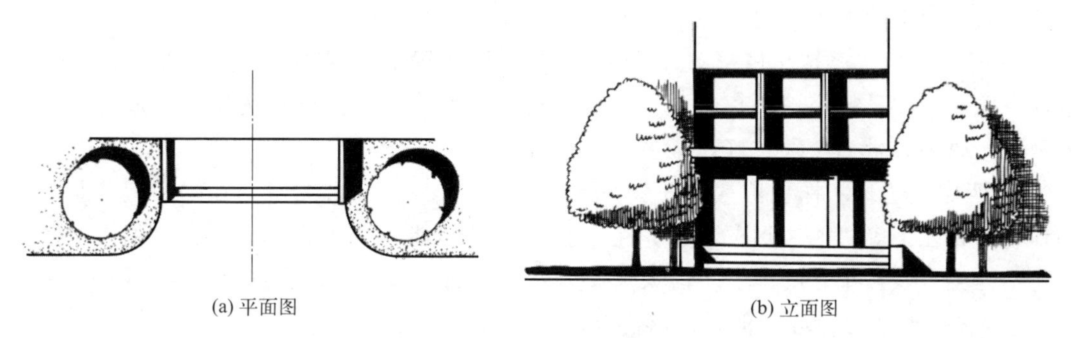

(a) 平面图　　(b) 立面图

图 3-3　对称式对植示意图

② 非对称式对植。两株或两丛植物在主轴线两侧按照中心构图法或者杠杆均衡法进行配置，形成动态的平衡。非对称式对植的两株（丛）植物的动势要向着轴线方向，形成左右均衡、相互呼应的状态，如图 3-4 所示。

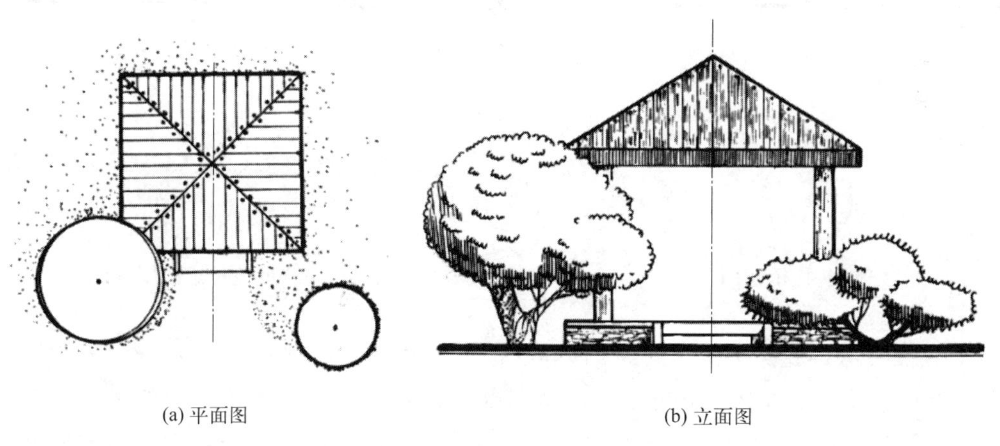

(a) 平面图　　(b) 立面图

图 3-4　非对称式对植示意图

3）丛植　是指将两三株或一二十株同种植物紧密地种植在一起，其树冠线彼此密接形成整体轮廓线的种植方式。丛植多用于自然式园林中，树丛通常以观赏为主，可作为主景，也可作为配景、背景或遮阴用。树丛作为主景时，宜配置在有通透视线和适宜观赏距离的地方，构成主景突出的园林小景，如空旷草坪（或其周围）、水边、河畔、岛上、斜坡、山冈上、公园入口处、园路岔口或转弯处、岩石旁、庭院角隅、白墙前。在道路转弯处若配置树丛，则可引导视线或遮挡视线，效果较好。一般观赏距离以树高的 3～4 倍为宜。树丛还可以作为假山石、建筑物的配景或背景，如以广玉兰、雪松等深色树丛为背景，前置红枫、白玉兰、樱花，或布置花坛、花境，陪衬效果非常好。

自然式丛植的植物品种可以相同，也可以不同，植物的规格、大小、高度尽量要有所差异，按照美学构图原则进行植物的组合搭配。一方面对于树木的大小、姿态、色彩等都要认真选配，另一方面还应该注意植物种植密度以及景观观赏距离等。根据丛植植株数量，有以下几种配置形式。

① 两株一丛。两株丛植必须严格遵循多样统一原理，一般由同一树种组成，但在体量、姿态、动势上要有所差异。如选用两个不同树种，则必须注意外形差异不可太大，

两株树的间距不能大于两树冠径之和的一半，这样才能形成一个整体。

② 三株一丛。三株丛植（图 3-5）配置在平面布置上构成不等边三角形。其中大体量的一株与小体量的一株距离较近，立面上以一株为主，其余两株为辅，构成主从相宜的画面。树种数量为一种较好，最多不超过两种。

③ 四株一丛。四株丛植（图 3-6）搭配以三株与一株结合为宜。在平面上，丛植的四株树分布在不等边四边形的四个角上，任意三株不能在一条直线上；在立面上，形成一对三的关系，且单独的一株不能太远离另外三株的组合。树种宜选择 1～2 种；如果有 3 种，则在体形姿态上应相似，以求协调。

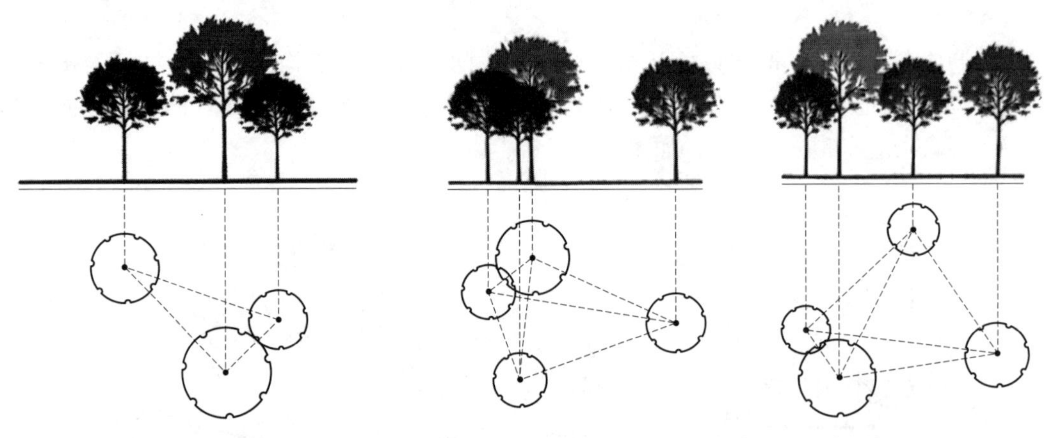

图 3-5　三株丛植示意图　　图 3-6　四株丛植示意图

④ 五株一丛。五株丛植（图 3-7）可组合为四株与一株或三株与两株的形式，构成不等边的五边形、四边形或三角形。立面上以株数多的组合为主体，其他为陪衬。两组间的距离不能太大，树种选择可为 1 种或 2～3 种。为求呼应与统一，同一树种应分布在各个组群中。

⑤ 六株及以上丛植。六株及以上丛植（图 3-8）的配置较为复杂，但构图方法与前面相同，关键在于在调和中求对比，在差异中求统一，要有主从关系。树种不宜太多，一般 7 株以下的丛植，树种不宜超过 3 种；15 株以下的丛植，树种也不宜超过 5 种。

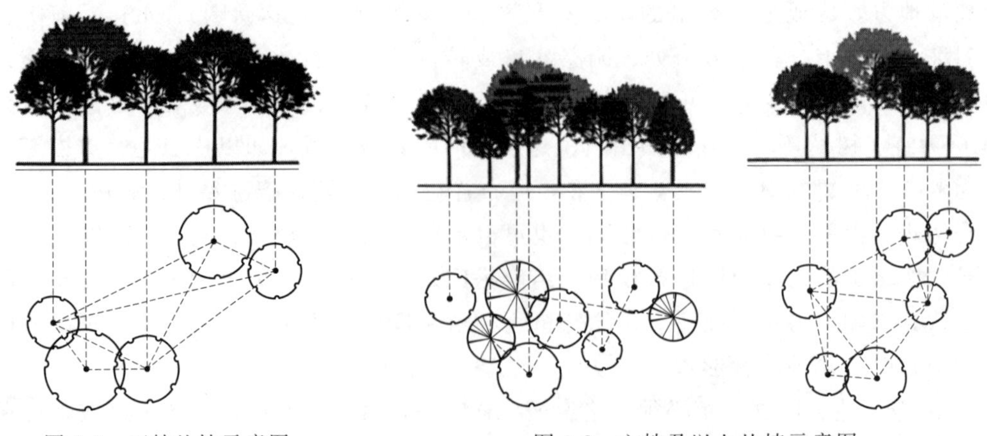

图 3-7　五株丛植示意图　　图 3-8　六株及以上丛植示意图

4）群植　以一种或两种乔木为主体，与多种乔木和灌木搭配，组成较大面积的树木群体，称为群植或树群（图 3-9）。群植所用植物数量较多，一般在 10 株以上，具体的数量还要取决于空间大小、观赏效果等因素。树群可作为主景或背景，如果两组树群分列两侧，还可以起到透景、框景的作用。按照组成品种数量，群植可分为单纯群植和混交群植两种。

① 单纯群植以一种乔木组成，可应用宿根花卉作为地被观赏。单纯群植整体性强，壮观、大气，但其植物种类单一，因此要注意选用抗病虫害的树种，以防止病虫害的传播。

② 混交群植是群植的主要形式。这种群植一般不允许游人进入，采用郁闭式、多层次的群落结构，包括乔木层、亚乔木层、大灌木层、小灌木层及草本层。与单纯群植相比，混交群植的景观效果较为丰富，且可避免病虫害的传播，使用率较高。但要注意植物种类不宜过杂，宜选择一两种骨干树种，并有一定数量的乔木和灌木作为陪衬。

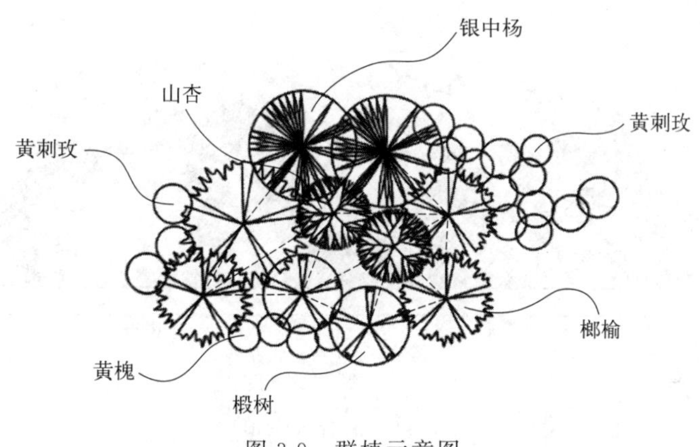

图 3-9　群植示意图

5）列植　列植是指乔灌木按照一定的株行距，成行成列地种植。其景观效果整齐、单纯、气势宏大。列植多出现在规则式园林中，常用于建筑旁、水边、公路旁，以及铁路和城市街道沿线等地方。列植树木常起到引导视线、提供遮阴、作为背景、衬托气氛等作用。如幽密的行道树，既提供荫凉，还能体现整齐的对称美感。假如前方有观赏景点，列植树木还能起到夹景作用。

列植的基本形式有两种：一是等行等距，常用于规则式园林中，如城市广场；二是等行不等距，常用于规则式园林或自然式园林的局部，如河岸边。等行不等距的株距富有变化，景观灵活、多变，如果在树种及体量上稍做变化，景观效果更好。从规则式到自然式的过渡，也可通过调整株距而达到目的。列植应处理好植物与地上、地下管线的关系，还要保障行车行人的安全。

6）带植　带植的长度应大于宽度，并应具有一定的高度和厚度。按配置植物的种类划分，带植可分为单一植物带植和多种植物带植。前者利用相似的植物颜色和规格形成类似“绿墙”的效果，统一规整，而后者变化更为丰富。

带植可以是规则式的，也可以是自然式的，设计师需要根据具体的环境和要求加以选择。比如，防护林带多采用规则式带植，其防护效果较好；游步道两侧可以采用自然式带植，以达到“步移景异”的效果（图 3-10），也可采用混合式带植，既有规则式的统一整齐，又有自然式的随意洒脱（图 3-11）。

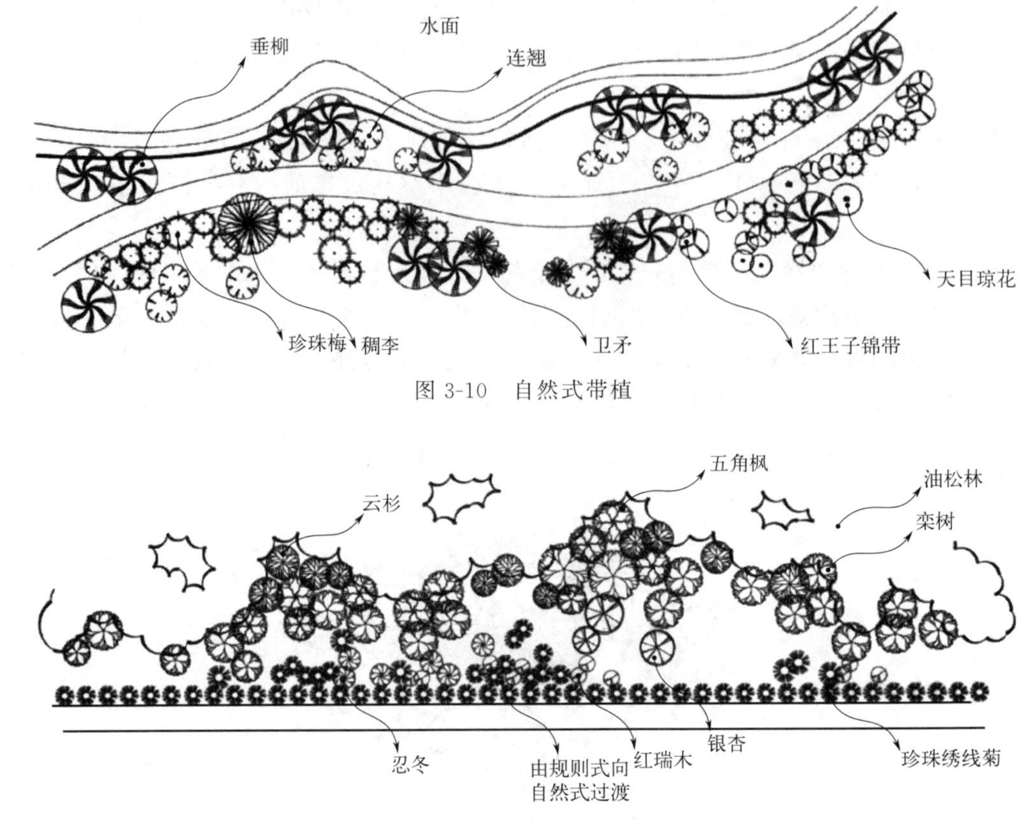

图 3-10　自然式带植

图 3-11　混合式带植

带植林带应该分为背景、前景和中景三个层次，在进行景观设计时应利用植物高度和色彩的差异，以及栽植疏密的变化增强林带的层次感。通常林带从前景到背景，植物的高度由低到高，色彩由浅到深，密度由疏到密。对于自然式林带而言，还应该注意各层次之间要形成自然的过渡。如图 3-11 中的种植带共分为三个层次，珍珠绣线菊沿道路栽植，作为前景，叶色黄绿，花色洁白，秋叶红褐色；第二层则以栾树、银杏、五角枫、云杉等高大乔木构成中景，两者之间通过红瑞木、忍冬以及珍珠绣线菊组成的灌木丛过渡；第三层为油松林，色调最深，高度最高，作为背景，中景与背景之间通过云杉过渡。

（2）草坪、地被的种植形式

1）草坪　草坪能形成开阔的视野，增加景深和景观层次，并能充分表现地形美，一般铺植在建筑物周围、运动场、林间空地等，供观赏、游憩或作为运动场地使用。

设计草坪景观时，需要综合考虑景观观赏、实用功能、环境条件等多方面的因素。

① 面积。尽管草坪景观视野开阔、气势宏大，但由于养护成本相对昂贵、物种构成单一，所以不提倡大面积使用，应在满足功能、景观等需要的前提下尽量减少草坪的面积。

② 空间。从空间构成角度来看，草坪景观不应一味开阔，而是要与周围的建筑、树丛、地形等结合，形成一定的空间感和领地感，即达到“高”“阔”“深”“整”的效果。

③ 形状。为了获得自然的景观效果，方便草坪的修剪，草坪的边界应该尽量简单而圆滑，避免复杂的尖角（图 3-12）。在建筑物的拐角、规则式铺装的转角处可以栽植地被、灌木等植物，以消除尖角产生的不利影响。

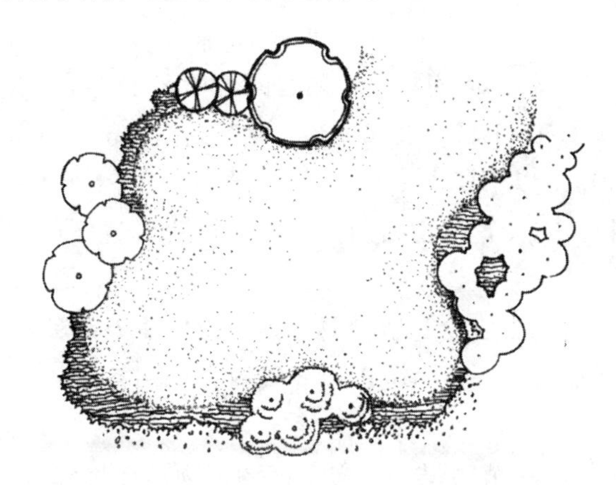

图 3-12　草坪边界的植物配置示意图

2）地被植物　地被植物具有品种多、抗性强、管理粗放等优点，并能够调节气候、组织空间、美化环境、吸引昆虫等。因此，地被植物在园林中的应用越来越广泛。

地被植物常用于以下情况：

① 需要保持开阔视野的非活动场地；

② 阻止游人进入的场地；

③ 可能会出现水土流失，并且很少有人使用的坡面，比如高速公路边坡等；

④ 栽培条件较差的场地，如沙石地、林下、风口、建筑北侧等；

⑤ 管理不方便的场地，如水源不足、剪草机难进入、大树分枝点低的地方；

⑥ 杂草猖獗，无法生长草坪的场地；

⑦ 有需要绿色基底衬托的景观，希望获得自然野化效果的场地，如某些郊野公园、湿地公园、风景区、自然保护区等。

地被植物的配置，应先明确需要铺植地被的地段，在图纸上圈定种植地被的范围，结合环境条件、使用功能、景观效果等因素合理选择地被植物。利用地被植物造景与草坪造景相同，目的都是为了获得统一的景观效果，所以在一定的区域内，应有统一的基调，避免应用太多的品种。基于统一的风格，可利用不同深浅的绿色地被取得同色系的协调效果，也可配以具有斑点或条纹的种类，或植以颜色鲜艳的草花和叶色美丽的观叶地被，如紫花地丁、白三叶、黄花蒲公英等。

3.2.1.2　植物种植平面图的内容及绘制要求

植物种植平面图设计是对植物种植方案设计的细化，是非常具体、准确并具有可操作性的图纸文件。植物种植平面图将所涉及的内容延伸到每一个细节、每一株植物，通过每一株植物材料的具体搭配来体现设计构思、设计风格、设计意境，创造出优美宜人的植物景观。

植物种植平面图的具体内容如下。

（1）绘图比例

植物种植平面图的绘图比例一般采用1∶200、1∶300、1∶500。图上应标注指北针或风玫瑰图。

（2）图例

植物图例应具有可识别性，简明易懂。保留的古树名木应单独用图例标明。图例可参考《风景园林制图标准》（CJJ/T 67—2015）和《总图制图标准》（GB/T 50103—2010）。同时，绘制植物图例还应注意以下要点。

① 点状种植的植物，需设置植物图例，不同的植物设置不同的图例，图例中应标注种植点位置。

② 片状种植的植物，不需要设置植物图例，应绘出清晰的种植范围边界线。

③ 草坪种植的图例是在草坪种植范围边界线内，采用打点的方式表示。

（3）文字

植物种植平面图中，应在植物附近用文字标注植物的名称和数量。

① 点状种植的植物，应将相同树种的图例用细线通过种植点连成一体，以免误会或漏掉，并在连线的末端用引出线标注植物名称和这一组植物的数量（单位：株）。注意避免不同树种的连线交叉。不同规格的相同树种，要分别标注名称，如“银杏A、银杏B”，并且分别连线计数。

② 片状种植和草坪，应在种植范围边界线附近，用引出线标注植物名称和种植面积（单位：m^2）。

（4）定位

植物种植平面图中应标注尺寸或绘制方格网进行定位，为施工放线提供依据。

① 规则式点状种植，可在图中用尺寸标注出植物种植点的间距、种植点与周围固定建（构）筑物或地下管线之间的距离，作为施工放线的依据。

② 自然式点状种植、片状种植和草坪种植，可以用方格网定位植物位置和种植距离。方格网可采用（2m×2m）～（10m×10m），方格网应与总图的坐标网一致。孤植树也可用坐标进行精准定位。对于边缘线呈规则几何形状的片状种植或草坪种植，也可用尺寸标注的方式定位。

3.2.1.3 植物种植平面图的分类

植物种植平面图作为施工阶段的指导性图纸，要清楚地表达各种植物的规格、冠幅、数量、界线、定位等信息，图面中标注的文字、图例、符号等内容须疏密错落、清楚美观、容易辨认。由于植物种植平面图涵盖的设计内容较多，单一图纸上很难表达得全面清晰，因此，在实践中往往将植物种植平面图拆分为植物种植总平面图、分区植物种植平面图、分区植物种植定位定线图几个单项进行表达。根据设计内容的繁简和图纸表达的需要，有时单项分区平面图会有增减。

各类植物种植平面图的设计要点如下。

① 植物种植总平面图。是概括整个设计范围内植物种植关系的图纸。图面上需要将乔木、灌木、绿篱、地被等全部体现出来，但不需要标注植物的种类、数量和面积。

② 分区植物种植平面图。是详细表示乔木、灌木、地被的数量、品种、种植密度的图纸，需要对每株乔木或灌木、每丛地被或绿篱进行文字连线说明（种类、数量）。对于地块面积较大的项目，受打印输出图幅尺寸限制，应对植物种植平面图进行分区处理。

若地块内植物数量多、种植层次较为复杂，则应绘制分层植物种植平面图，即分别绘制上层乔木的种植平面图和中下层灌木及地被的种植平面图；若地块内植物数量较少、种植层次单一，则可将乔木、灌木、地被汇总在一张分区图上表示。

③ 分区植物种植定位定线图。标注乔灌木种植点、地被种植区域的平面定位尺寸。规则式栽植标注出株间距、行间距以及端点植物与参照物之间的距离；自然式栽植借助坐标网格定位。对于地块面积较大的项目，受打印输出图幅尺寸限制，应对植物种植定位定线图进行分区处理。

若地块内植物数量多、种植层次较为复杂，则应绘制分层植物种植定位定线图，即分别绘制上层乔木的种植定位定线图和中下层灌木及地被的种植定位定线图；若地块内植物数量较少、种植层次单一，则可将乔木、灌木、地被汇总在一张分区植物种植定位定线图上表示。

3.2.2　植物种植平面图设计的实践操作

3.2.2.1　任务分析

植物种植施工图设计阶段要对照设计意向书，结合现状分析、功能分区，对初步设计方案进行修改和调整。应该从植物的形状、色彩、质感、季相变化、生长速度、生长习性等多个方面进行综合分析，还应该参考有关设计规范、技术规范中的要求。具体要求如下。

① 核对每一区域的现状条件与所选植物的生态特性是否匹配，是否做到了“适地适树”。

② 从平面构图角度分析植物种植方式是否适合。植物的布局形式应该与基地总体景观风格相协调，与其他构景要素相协调，还应该综合考虑周围环境情况、设计意图和功能用途等方面，使植物景观与环境达到和谐。

③ 从景观构成角度分析所选植物是否满足观赏的需要，可以通过立面图或效果图来分析植物景观的效果。

④ 满足技术要求。确定植物具体种植点位置时应该参考相关设计规范和技术规范的要求。

⑤ 进行图面的修改和修整，完善植物种植设计详图，并填写苗木表，编写设计说明。植物种植设计涉及自然环境、人为因素、美学艺术、历史文化、技术规范等多个方面，在设计中需要综合考虑。

本次任务是在已有手绘植物种植方案平面图、植物表（详见导入 0.2 课程项目概述中图 0-22)、植物群落效果图（详见导入 0.2 课程项目概述中图 0-23）的基础上，进行植物种植施工图的深化设计。

3.2.2.2　任务实施

（1）第一步：绘制平面植物图例，整理项目植物图例列表

① 识读种植方案平面图、植物表，列出植物选择列表（表 3-14）。

表 3-14 砺精园项目种植初步设计植物选择列表

种植类型	植物种类	备注
点状种植常绿乔木	红皮云杉	
点状种植落叶乔木	特型乔木、国槐 a、国槐 b、水曲柳、丛生五角枫、丛生稠李、京桃、山杏、山楂、光辉海棠、金叶榆	
点状种植灌木	小叶黄杨球、水蜡球、紫丁香、榆叶梅、金银忍冬、连翘、紫叶风箱果	
片状种植灌木及地被植物	红瑞木、金叶榆篱、红王子锦带、小叶黄杨、金山绣线菊、金娃娃萱草、鸢尾、玉簪、睡莲	
草坪	优异草坪	

② 根据项目需求品种和规格，在 AutoCAD 软件中将植物选择列表中的苗木绘成植物图例。植物图例大小反映点状种植乔、灌木的冠幅实际大小，树例的圆心位置表示点状种植乔、灌木的种植点位置。植物图例样式不宜过于复杂，且应辅以文字、字母或数字标识，以免打印出图效果杂乱（图 3-13）。每种植物图例绘制完成后需定义为“块”，方便随时调取复用及数量统计。

（2）第二步：绘制植物种植施工总平面图

① 设置参照底图，新建种植图层。将已经绘制完成的“园林总平面图”作为绘制植物种植施工总平面图的参照底图。新建“现状乔木”“常绿乔木”“落叶乔木”“点状种植灌木”“片状种植灌木及地被”图层。

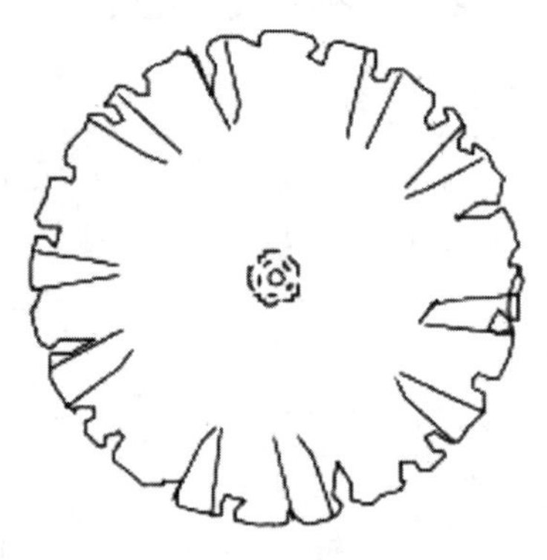

图 3-13 植物图例

② 按已划分好的图层确定苗木点位关系，结合方案设计平面图种植点位按“大乔木→小乔木→大灌木→小灌木→地被”的顺序将已建好的植物图例复用到指定位置，从大到小，从高到低依次分层配置。针对植物种植方案设计中不合理的植物配置形式需及时调整优化。

③ 植物种植点位确定后，再次检查图层设置是否准确。检查无误后，添加指北针（或风玫瑰）、图名、比例尺（绘图比例），见图 3-14。

（3）第三步：绘制分区植物种植施工平面图

① 设置分区，植物种植施工平面图的分区设置应与园林总平面图的分区划分一致。本任务项目所在地块的面积较小，因此不做分区处理。

② 在已绘制完成的植物种植施工总平面图基础上，关闭“点状种植灌木”“片状种植灌木及地被”图层，保持“现状乔木”“常绿乔木”“落叶乔木”图层为打开状态。新建“现状乔木文字”“常绿乔木文字”“落叶乔木文字”图层，对每株乔木进行文字说明（种类、数量）。将同种乔木位于同一组团的种植点进行连线（图 3-15）。提取乔木种植苗木表，显示图例、植物名称等信息。

③ 在已绘制完成的植物种植施工总平面图基础上，关闭“现状乔木”“常绿乔木”“落叶乔木”图层，保持“点状种植灌木”“片状种植灌木及地被”图层为打开状态。新建“点状种植灌木文字”“片状种植灌木及地被文字”图层，对点状种植灌木进行文字说

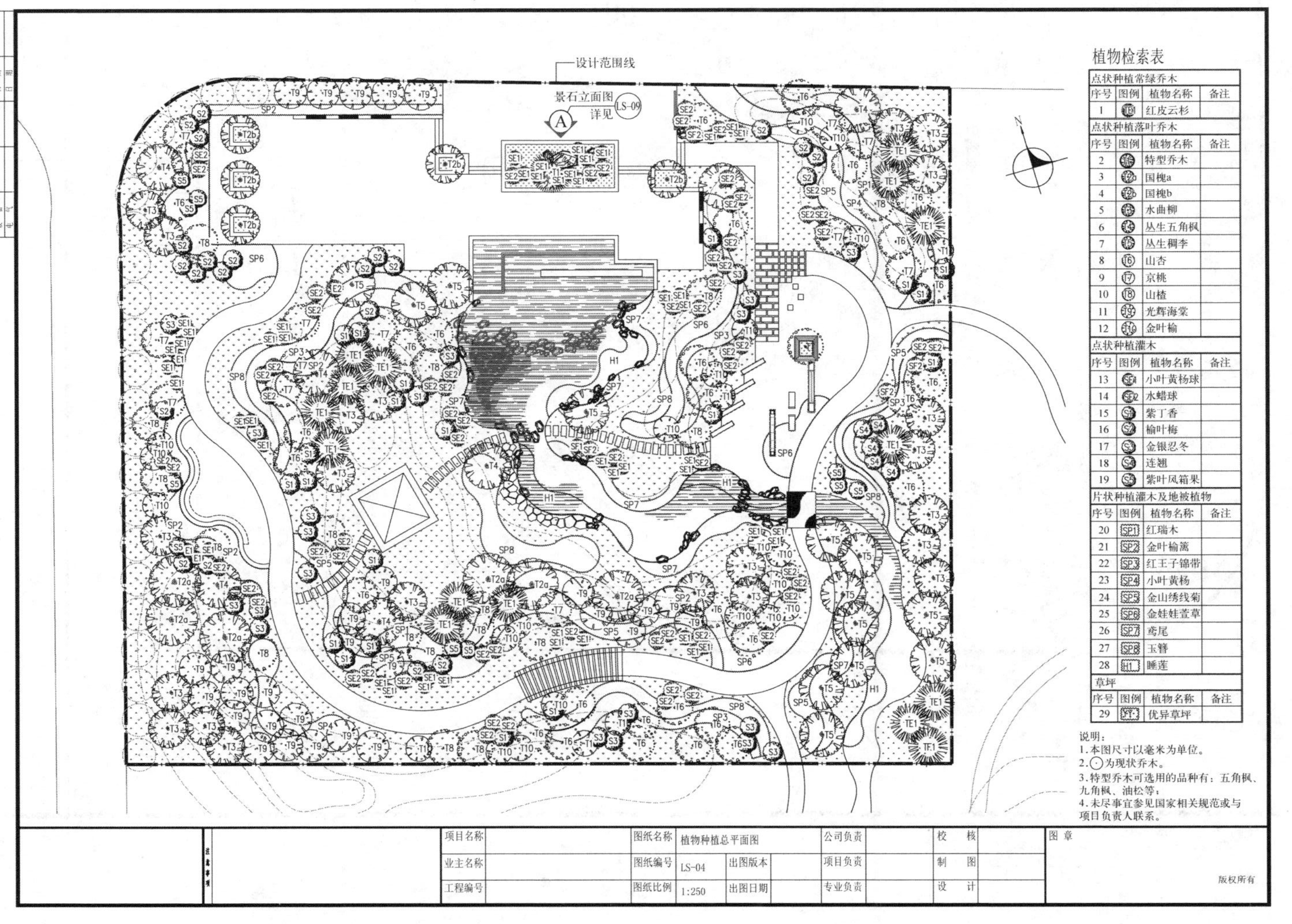

图3-14　砺精园植物种植总平面图

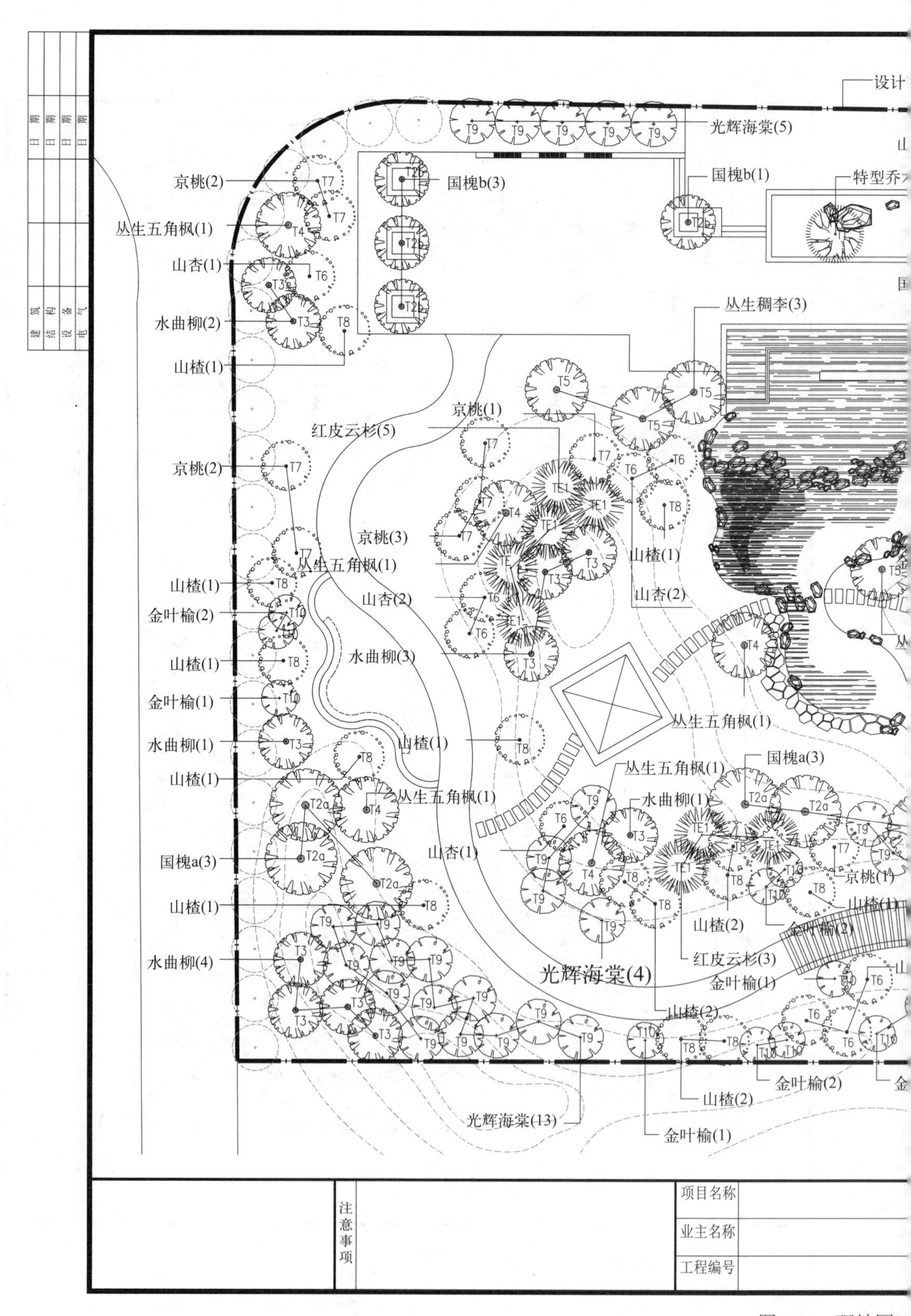
设计
光辉海棠(5)
国槐b(3)
国槐b(1)
特型乔木
京桃(2)
丛生五角枫(1)
山杏(1)
水曲柳(2)
山楂(1)
丛生稠李(3)
京桃(1)
红皮云杉(5)
京桃(2)
京桃(3)
丛生五角枫(1)
山楂(1)
山杏(2)
金叶榆(2)
山楂(1)
山杏(2)
水曲柳(3)
山楂(1)
金叶榆(1)
水曲柳(1)
山楂(1)
丛生五角枫(1)
丛生五角枫(1)
国槐a(3)
丛生五角枫(1)
水曲柳(1)
国槐a(3)
山杏(1)
京桃(1)
山楂(1)
山楂(2)
金叶榆(2)
水曲柳(4)
红皮云杉(3)
光辉海棠(4)
金叶榆(1)
山楂(2)
金叶榆(2)
山楂(2)
光辉海棠(13)
金叶榆(1)
注意事项
项目名称
业主名称
工程编号
建筑
结构
设备
电气
日期
日期
日期
日期

图3-15 砺精园

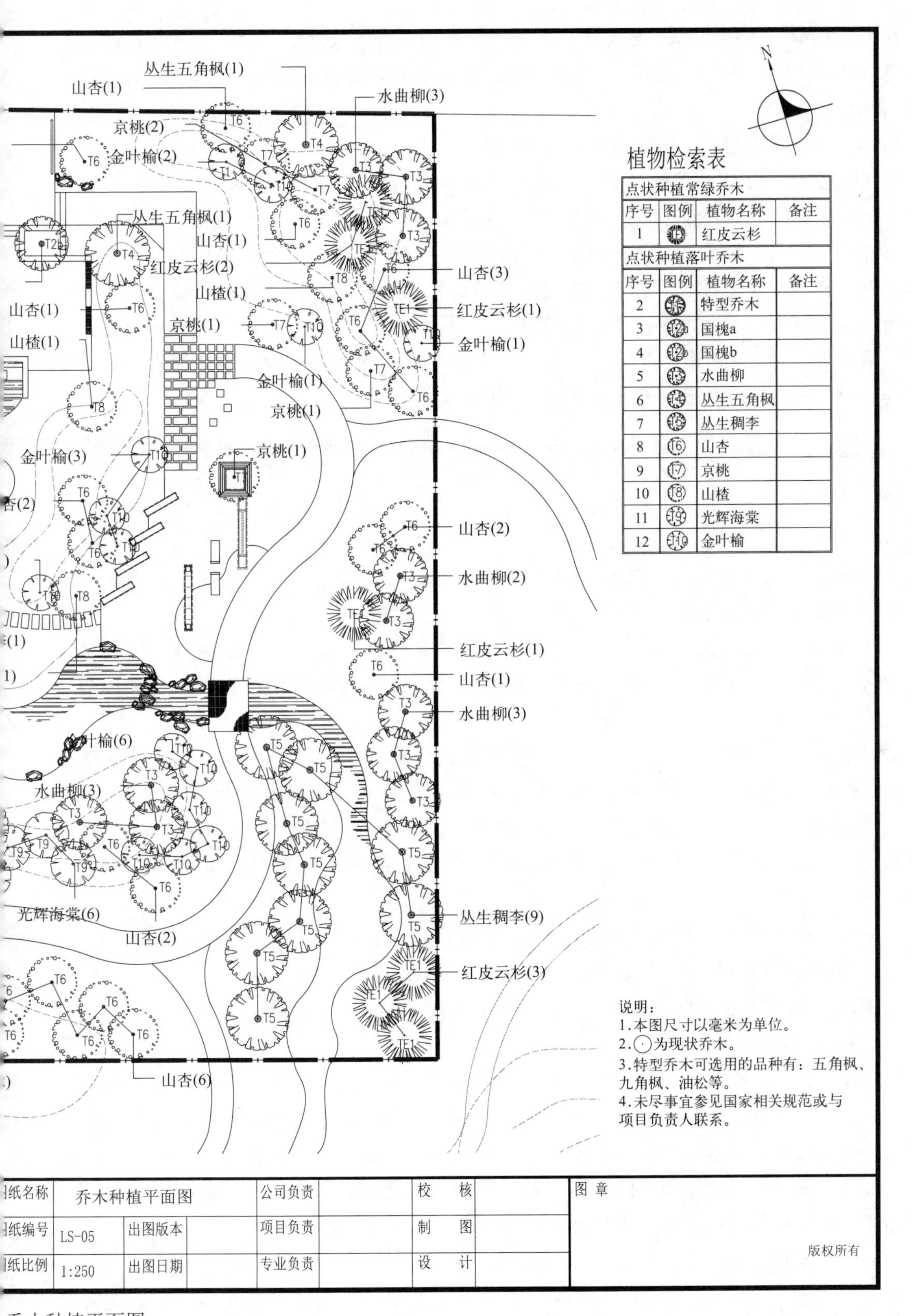
N
从生五角枫(1)
山杏(1)
水曲柳(3)
京桃(2)
金叶榆(2)
从生五角枫(1)
山杏(1)
红皮云杉(2)
山杏(3)
山楂(1)
山杏(1)
红皮云杉(1)
京桃(1)
山楂(1)
金叶榆(1)
金叶榆(1)
京桃(1)
金叶榆(3)
京桃(1)
山杏(2)
水曲柳(2)
红皮云杉(1)
山杏(1)
水曲柳(3)
叶榆(6)
水曲柳(3)
光辉海棠(6)
山杏(2)
从生稠李(9)
红皮云杉(3)
山杏(6)
植物检索表
点状种植常绿乔木
序号 图例 植物名称 备注
1 红皮云杉
点状种植落叶乔木
序号 图例 植物名称 备注
2 特型乔木
3 国槐a
4 国槐b
5 水曲柳
6 从生五角枫
7 从生稠李
8 山杏
9 京桃
10 山楂
11 光辉海棠
12 金叶榆
说明：
1.本图尺寸以毫米为单位。
2.⊙为现状乔木。
3.特型乔木可选用的品种有：五角枫、九角枫、油松等。
4.未尽事宜参见国家相关规范或与项目负责人联系。
图纸名称 乔木种植平面图 公司负责 校 核 图 章
图纸编号 LS-05 出图版本 项目负责 制 图
图纸比例 1:250 出图日期 专业负责 设 计
版权所有

乔木种植平面图

明（种类、数量），同种点状种植灌木位于同一组团的进行连线处理；对片状种植灌木及地被进行文字说明（种类、面积）（图 3-16）。提取灌木及地被种植苗木表，显示图例、植物名称信息。

（4）第四步：绘制分区植物种植定位定线图

① 设置分区，植物种植施工平面图的分区设置应与园林总平面图的分区划分一致。本任务项目所在地块面积较小，因此不做分区处理。

② 新建“乔木定位定线”图层，在已绘制完成的“砺精园乔木种植平面图”的基础上标注乔木种植点的平面定位尺寸。规则式栽植标注出株间距、行间距以及端点植物与参照物之间的距离；自然式栽植借助坐标网格定位，放线尺寸以米为单位，方格网设置为大方格 10m×10m，内设小方格 2m×2m（图 3-17）。标记方格网放线定位原点，通常选择场地中原有的建筑角点或重要标志物为定位原点。

③ 新建“灌木及地被定位定线”图层，在已绘制完成的“砺精园灌木、地被种植平面图”的基础上标注灌木种植点、地被种植区域的平面定位尺寸。规则式栽植标注出株间距、行间距以及端点植物与参照物之间的距离；自然式栽植借助坐标网格定位，放线尺寸以米为单位，方格网设置为大方格 10m×10m，内设小方格 2m×2m。标记方格网放线定位原点（图 3-18），通常选择场地中原有的建筑角点或重要标志物为定位原点。

（5）第五步：编制苗木表（植物材料表）

① 列出点状种植常绿乔木、点状种植落叶乔木的苗木表信息，包括图例，植物名称，学名（拉丁名），规格（胸径、冠幅、高度），数量；其他特殊的植物形态要求在备注中注明。

② 列出点状种植灌木的苗木表信息，包括图例，植物名称，学名（拉丁名），规格（株高、冠幅、枝条数）和数量，其他特殊的植物形态要求可在备注中注明。

③ 列出片植灌木及地被的苗木表信息，包括图例，植物名称，学名（拉丁名），规格（株高、冠幅、密度），面积，数量（株数）；其他特殊的植物形态要求可在备注中注明。

④ 列出草坪的苗木表信息，包括图例、植物名称、学名（拉丁名）、规格（高度）和面积；其他特殊的植物形态要求可在备注中注明。

⑤ 按列出的苗木表信息，依次在植物种植平面图中统计苗木数量。

（6）第六步：整理出图

使用设计公司标准 A3 图框，在 CAD 布局中选用合适比例，将砺精园植物种植施工总平面图、乔木种植平面图、灌木及地被种植平面图、乔木种植定位定线图、灌木及地被种植定位定线图、苗木表分别合理布置在标准图框内。苗木表可单独布局，也可置于植物种植总平面图内。根据图样的大小选择合适的出图比例，保证打印后图纸的尺寸及文字标注和图样清楚。该设计图比例选择为 1∶300，为出图打印做准备。

3.2.2.3 任务小结

① 植物种植设计应注意气候及日照对植物配置的影响，根据日照分析图合理配置喜阳植物和耐阴植物，防止植物种类和色彩过分单一；充分考虑时间的影响，兼顾近期和

远期的景观效果以及对用户的负面影响。

② 以乡土树种为主，注意植物种类的合理搭配，营造近自然植物群落，常绿植物和落叶植物搭配，不同色彩、形态、高度、花期的乔灌木合理选择搭配，使植物景观在不同的季节和角度均可获得良好的视觉效果。

③ 研究综合管线图，保证植物与管线及检查井之间的最小间距，避免对管线造成损伤或产生安全问题。

④ 绘制植物种植施工图时，首先在园林总平面图上确定定位轴线或绘制直角坐标网，然后再绘制植物配置及定位。

拓展阅读

践行生态文明建设理念

党的十九大报告指出，加快生态文明体制改革，建设美丽中国。园林对城市的发展和人居环境建设发挥重要的作用。中国现代园林追求的“与自然和谐”的观念与古典园林中“天人合一”观点是一致的。

计成在《园冶·兴造论》中说“园林巧于‘因’‘借’，精在‘体’‘宜’”。“天人合一”作为中国古典园林艺术追求的终极意境，讲究“虽由人作，宛自天开”，整个创作过程如明旨、立意、相地、布局等环节，都是依据自然条件进行，无不体现生态环保观念。

现代园林追求“与自然和谐”的观念，提出“生态城市”建设的理念。宗旨是在人类居住环境和更大的郊野范围内创造和保存自然景色的美，是一种在城郊环境中再现和保持自然风景的艺术。由于社会发展的需要，现代园林涉及文化遗存、环境维护、自然风景保护、高速公路、乡镇乃至城市景观设计等内容，涉及的领域包括了城市规划、环境保护、生态、水文地质、可持续发展战略等。在建园林的过程中，要讲求生态效应，通过造园来改善人们的生存环境，引导人们回归自然。

近年来，顺应当前人们追求回归自然的趋势，从而产生了生态型园林。生态型园林的基本要素是生态量和系统的恢复力，它符合人与自然的关系，符合当地环境与自然群落的特点，符合自然的演变与更新规律。

思考与练习

① 园林植物种植设计前需要准备的工作有哪些？

② 绘制园林植物种植施工图的注意事项有哪些？

③ 简述园林植物与水体、建筑及道路的景观关系。

④ 简述园林植物种植设计原则。

⑤ 常见的园林植物种植形式有哪些？

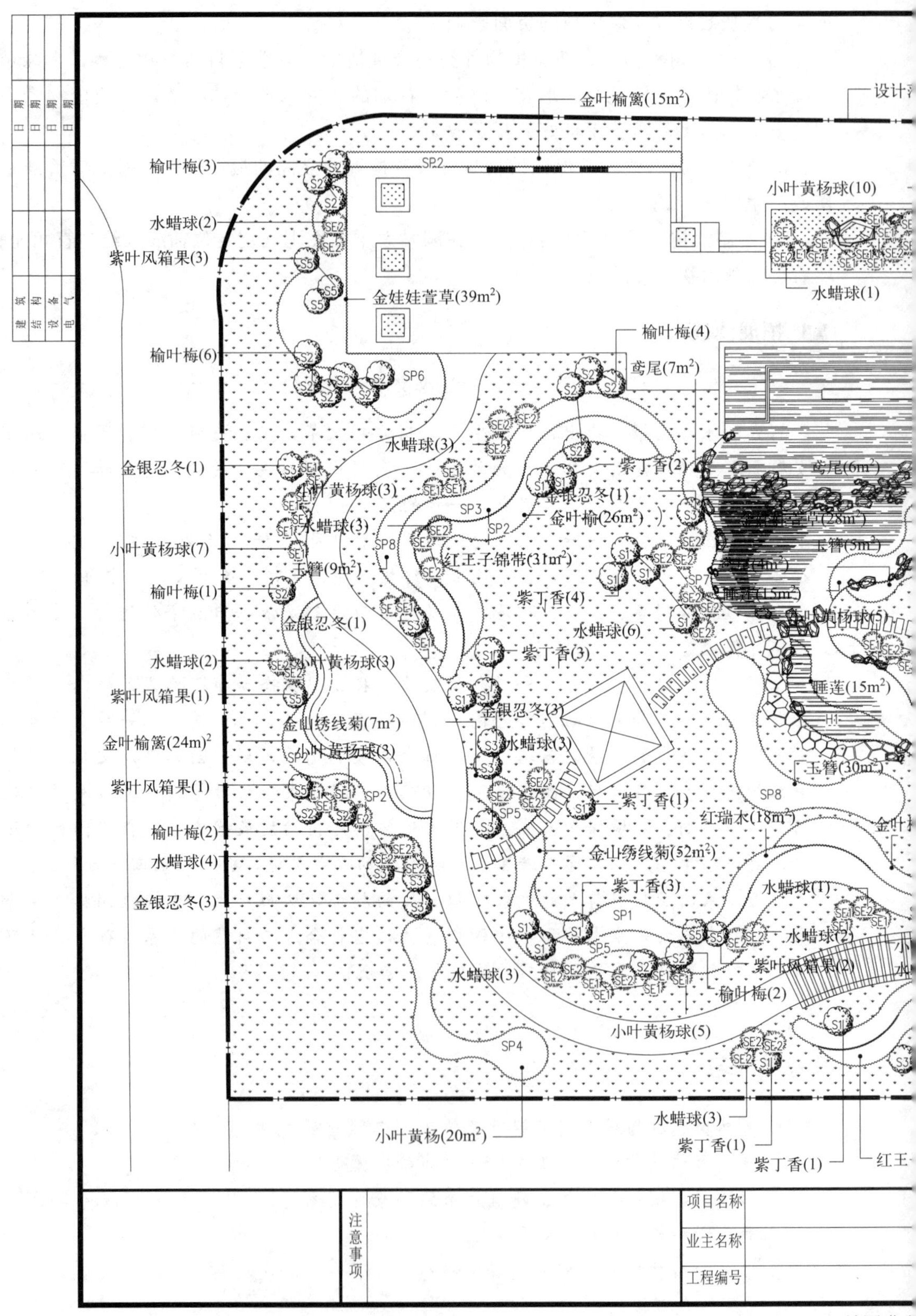
金叶榆篱(15m²)
设计
榆叶梅(3)
水蜡球(2)
紫叶风箱果(3)
金娃娃萱草(39m²)
小叶黄杨球(10)
水蜡球(1)
榆叶梅(6)
榆叶梅(4)
鸢尾(7m²)
水蜡球(3)
紫丁香(2)
金银忍冬(1)
鸢尾(6m²)
小叶黄杨球(3)
金叶榆(26m²)
水蜡球(3)
红王子锦带(31m²)
玉簪(5m²)
小叶黄杨球(7)
玉簪(9m²)
紫丁香(4)
睡莲(15m²)
榆叶梅(1)
水蜡球(6)
金银忍冬(1)
紫丁香(3)
水蜡球(2)
小叶黄杨球(3)
睡莲(15m²)
紫叶风箱果(1)
金银忍冬(3)
金山绣线菊(7m²)
金叶榆篱(24m)²
水蜡球(3)
小叶黄杨球(3)
玉簪(30m²)
紫叶风箱果(1)
紫丁香(1)
红瑞木(18m²)
榆叶梅(2)
金山绣线菊(52m²)
水蜡球(4)
紫丁香(3)
水蜡球(1)
金银忍冬(3)
水蜡球(2)
紫叶风箱果(2)
水蜡球(3)
榆叶梅(2)
小叶黄杨球(5)
小叶黄杨(20m²)
水蜡球(3)
紫丁香(1)
紫丁香(1)
注意事项
项目名称
业主名称
工程编号

图3-16　砺精园灌木

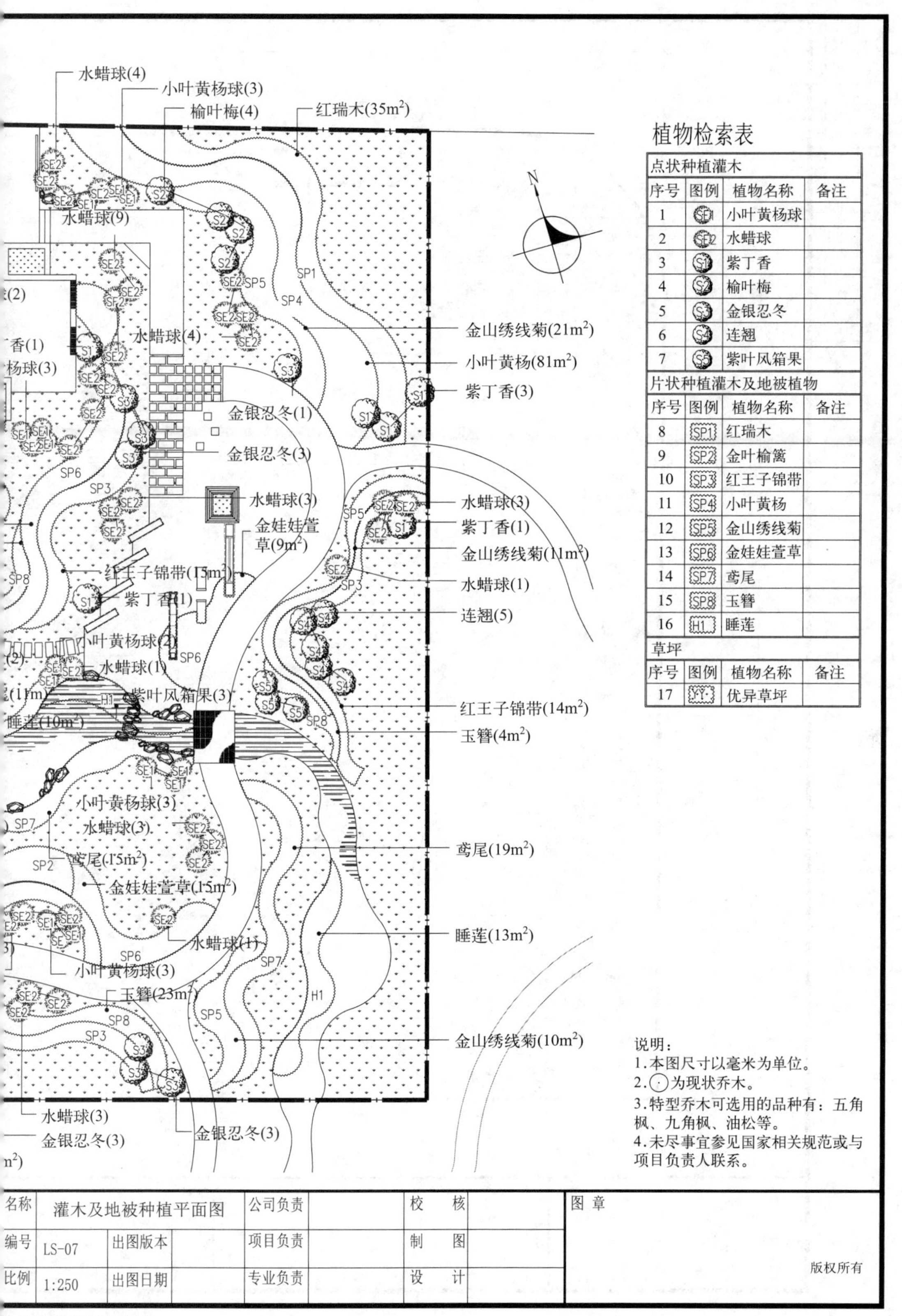
水蜡球(4)
小叶黄杨球(3)
榆叶梅(4)
红瑞木(35m²)
水蜡球(9)
水蜡球(4)
金山绣线菊(21m²)
小叶黄杨(81m²)
紫丁香(3)
金银忍冬(1)
金银忍冬(3)
水蜡球(3)
金娃娃萱草(9m²)
水蜡球(3)
紫丁香(1)
金山绣线菊(11m²)
水蜡球(1)
红王子锦带(15m²)
紫丁香(1)
连翘(5)
小叶黄杨球(2)
水蜡球(1)
紫叶风箱果(3)
睡莲(10m²)
红王子锦带(14m²)
玉簪(4m²)
小叶黄杨球(3)
水蜡球(3)
鸢尾(15m²)
金娃娃萱草(15m²)
鸢尾(19m²)
水蜡球(1)
睡莲(13m²)
小叶黄杨球(3)
玉簪(23m²)
金山绣线菊(10m²)
水蜡球(3)
金银忍冬(3)
金银忍冬(3)
N
植物检索表
点状种植灌木
序号 图例 植物名称 备注
1 SE1 小叶黄杨球
2 SE2 水蜡球
3 S1 紫丁香
4 S2 榆叶梅
5 S3 金银忍冬
6 S4 连翘
7 S5 紫叶风箱果
片状种植灌木及地被植物
序号 图例 植物名称 备注
8 SP1 红瑞木
9 SP2 金叶榆篱
10 SP3 红王子锦带
11 SP4 小叶黄杨
12 SP5 金山绣线菊
13 SP6 金娃娃萱草
14 SP7 鸢尾
15 SP8 玉簪
16 H1 睡莲
草坪
序号 图例 植物名称 备注
17 YY 优异草坪
说明：
1.本图尺寸以毫米为单位。
2.⊙为现状乔木。
3.特型乔木可选用的品种有：五角枫、九角枫、油松等。
4.未尽事宜参见国家相关规范或与项目负责人联系。
名称 灌木及地被种植平面图 公司负责 校核 图章
编号 LS-07 出图版本 项目负责 制图
比例 1:250 出图日期 专业负责 设计 版权所有

及地被种植平面图

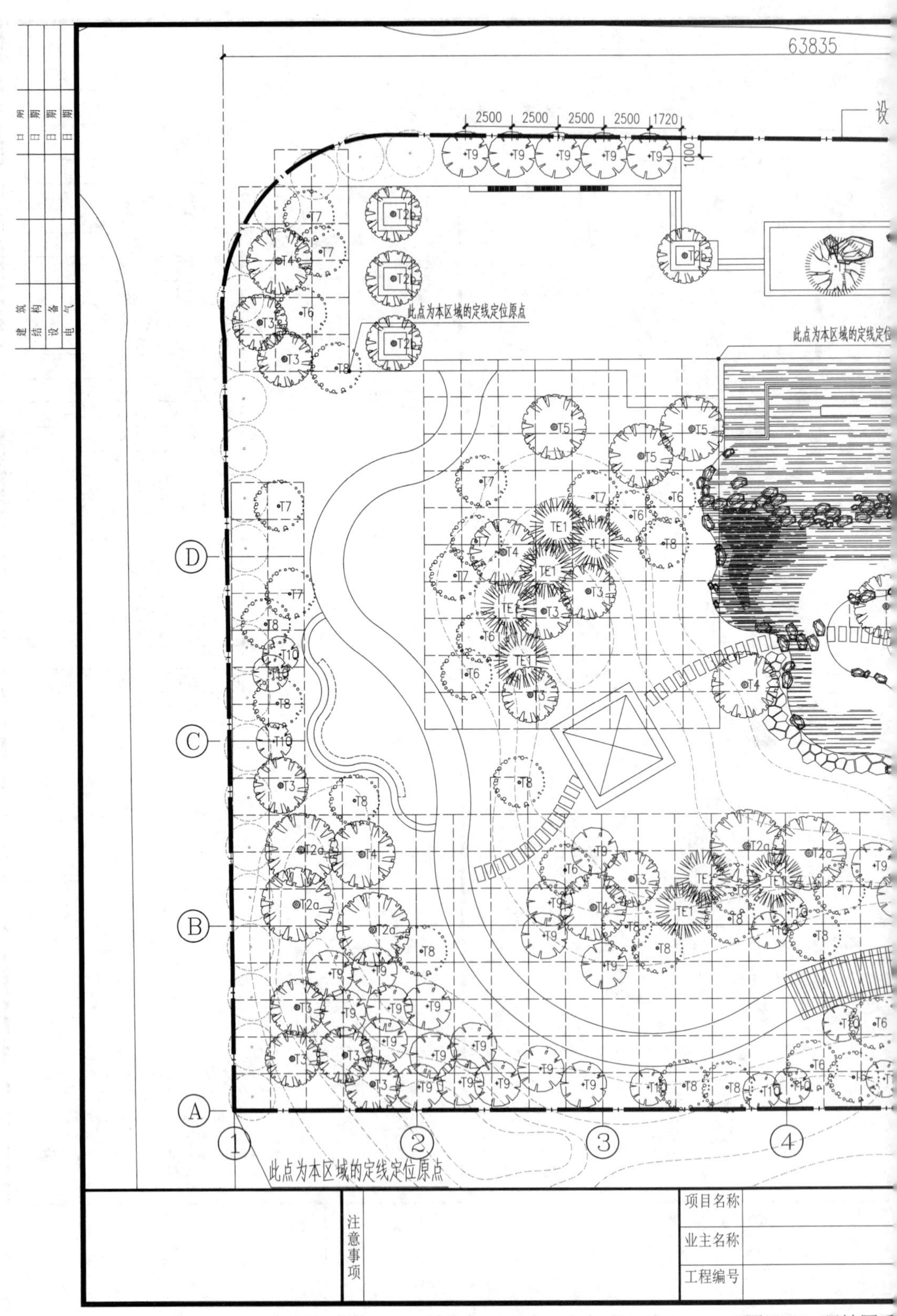
63835
2500
2500
2500
2500
1720
1000
此点为本区域的定线定位原点
此点为本区域的定线定位原点
此点为本区域的定线定位原点
注意事项
项目名称
业主名称
工程编号

图3-17 砺精园乔

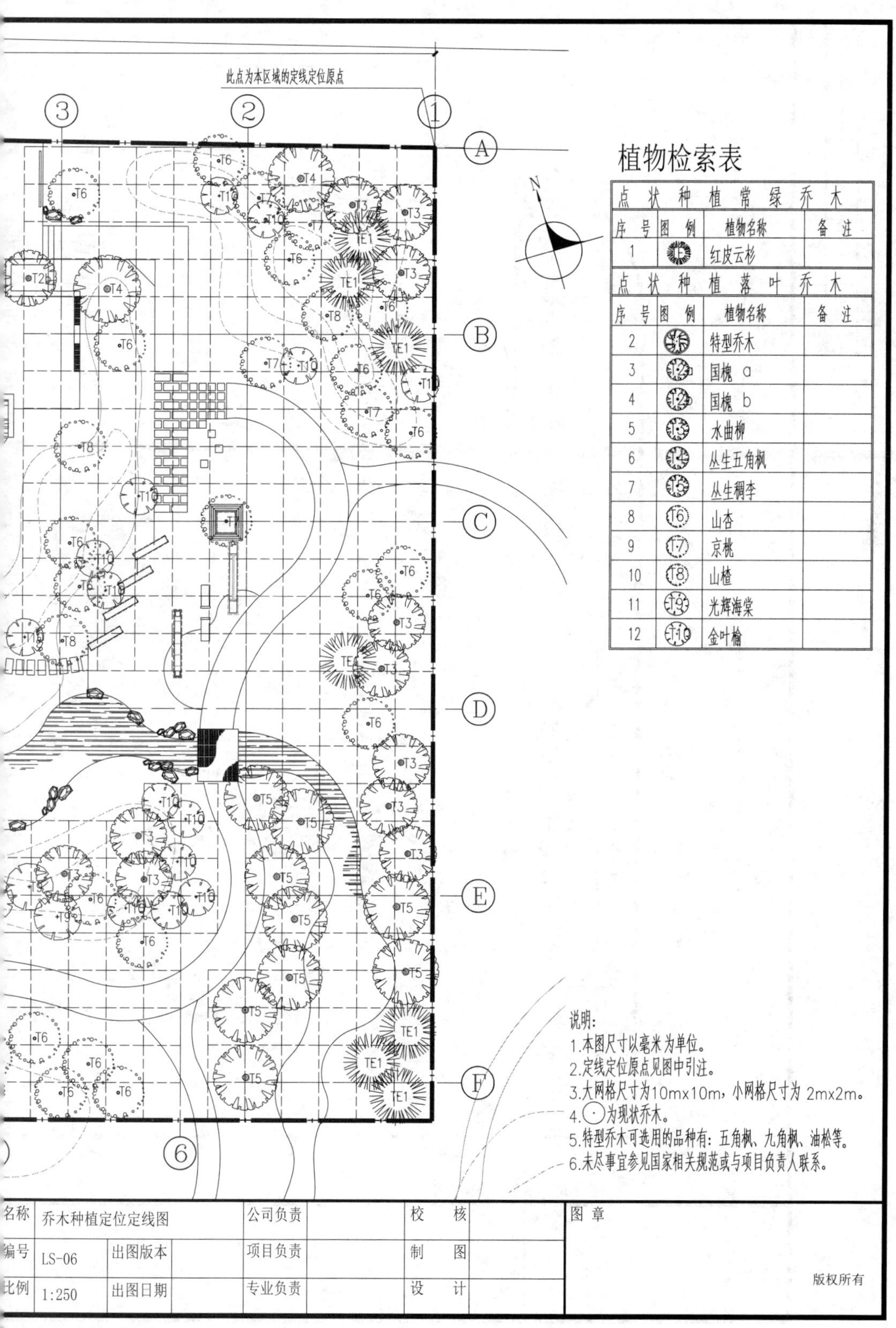
此点为本区域的定线定位原点
植物检索表
点 状 种 植 常 绿 乔 木
序号 图例 植物名称 备注
1 TE1 红皮云杉
点 状 种 植 落 叶 乔 木
序号 图例 植物名称 备注
2 T2 特型乔木
3 T3 国槐 a
4 T4 国槐 b
5 T5 水曲柳
6 T6 丛生五角枫
7 T7 丛生稠李
8 T8 山杏
9 T9 京桃
10 T10 山楂
11 T11 光辉海棠
12 T12 金叶榆
说明:
1.本图尺寸以毫米为单位。
2.定线定位原点见图中引注。
3.大网格尺寸为10mx10m，小网格尺寸为 2mx2m。
4.⊙为现状乔木。
5.特型乔木可选用的品种有：五角枫、九角枫、油松等。
6.未尽事宜参见国家相关规范或与项目负责人联系。
名称 乔木种植定位定线图
编号 LS-06 出图版本
比例 1:250 出图日期
公司负责 项目负责 专业负责
校核 制图 设计
图章
版权所有

植定位定线图

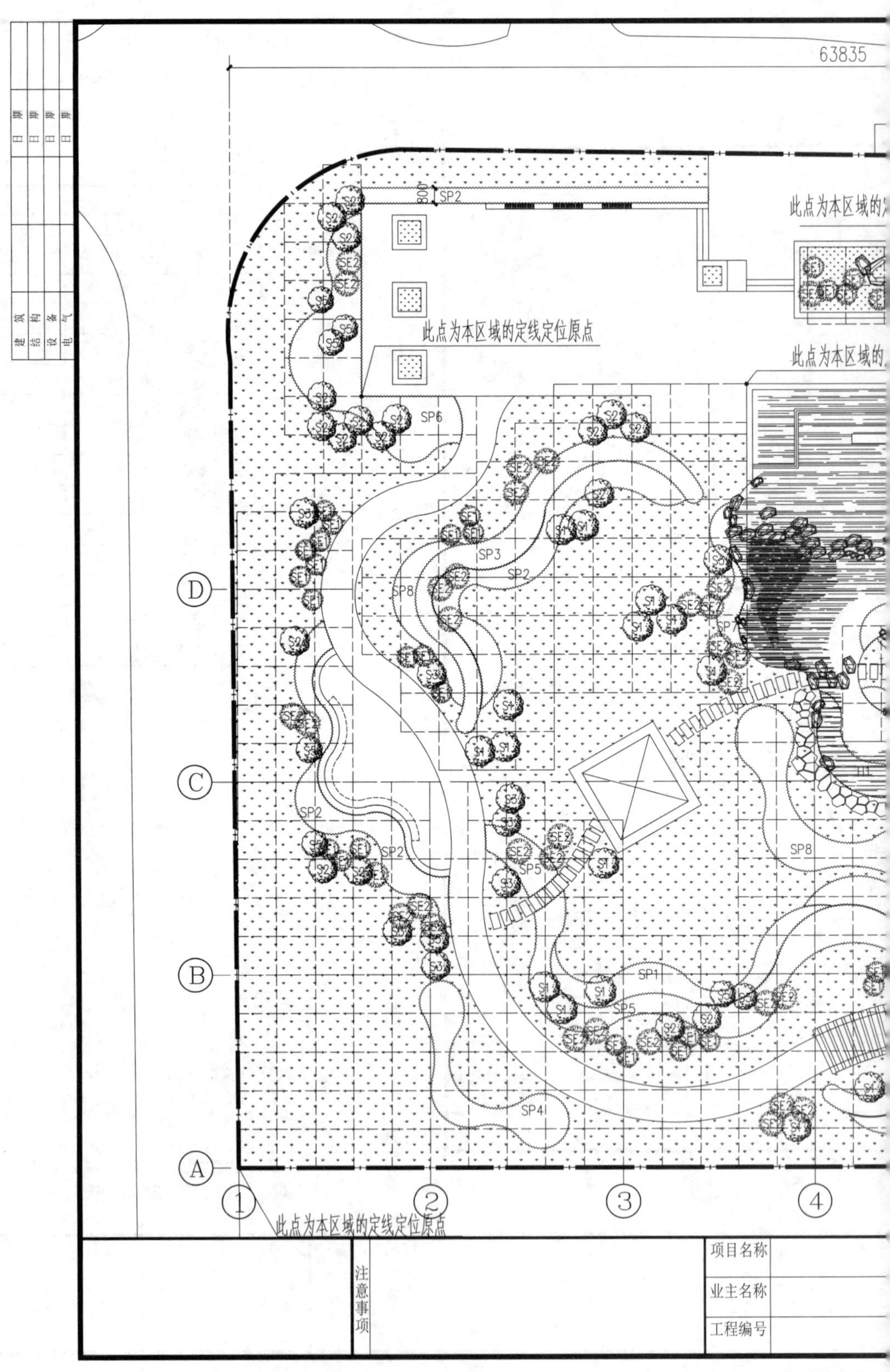
63835
SP2
800
此点为本区域的定线定位原点
此点为本区域的定线定位原点
此点为本区域的定线定位原点
SP6
SP3
SP2
SP8
SP7
SP2
SP2
SP5
SP8
SP1
SP5
SP4
D
C
B
A
1
2
3
4
注意事项
项目名称
业主名称
工程编号
建筑
结构
设备
电气
日期
日期
日期
日期

图3-18　砺精园灌木

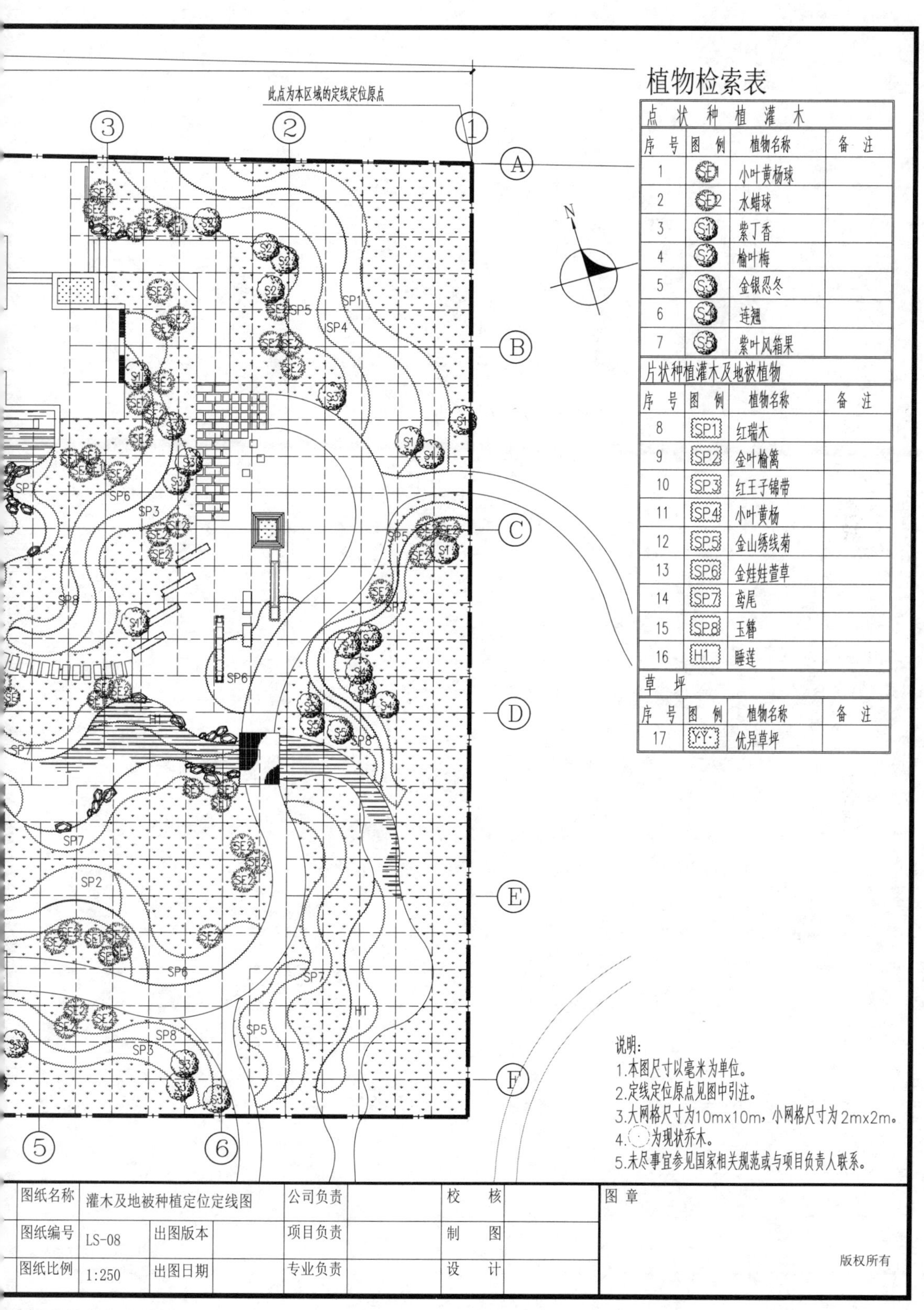
此点为本区域的定线定位原点
植物检索表
点状种植灌木
序号 图例 植物名称 备注
1 SE1 小叶黄杨球
2 SE2 水蜡球
3 S1 紫丁香
4 S2 榆叶梅
5 S3 金银忍冬
6 S4 连翘
7 S5 紫叶风箱果
片状种植灌木及地被植物
序号 图例 植物名称 备注
8 SP1 红瑞木
9 SP2 金叶榆篱
10 SP3 红王子锦带
11 SP4 小叶黄杨
12 SP5 金山绣线菊
13 SP6 金娃娃萱草
14 SP7 鸢尾
15 SP8 玉簪
16 H1 睡莲
草坪
序号 图例 植物名称 备注
17 Y·Y 优异草坪
说明：
1.本图尺寸以毫米为单位。
2.定线定位原点见图中引注。
3.大网格尺寸为10mx10m，小网格尺寸为2mx2m。
4.◌为现状乔木。
5.未尽事宜参见国家相关规范或与项目负责人联系。
图纸名称 灌木及地被种植定位定线图
图纸编号 LS-08 出图版本
图纸比例 1:250 出图日期
公司负责 项目负责 专业负责
校核 制图 设计
图章
版权所有

地被种植定位定线图

笔 记

→» 项目 4

园林水电部分施工图设计

技能目标

① 会根据小游园设计方案、园林总平面图和竖向布置图，分析确定小游园的用水点及排水布置。

② 会根据小游园用水点的类型、位置、用水量，进行给水管网的布置。

③ 会根据小游园的竖向设计，分析确定绿地的排水方向、各类型场地和园路的排水形式，进行排水管网的布置和管道附属设施设计。

④ 会根据小游园设计方案中的景点设置要求，确定景观用电点的位置，选择合适的灯具和光源，对用电点配电线路进行合理布置。

⑤ 应用 AutoCAD 等软件，绘制园林水电部分施工图。

知识目标

① 熟悉园林给排水管道及其附属物的结构做法。

② 掌握园林给排水的特点、布置形式及材料的选择方法。

③ 掌握园林照明方式、光源选择及配电线路的布置。

工作情景

现进入施工图设计阶段，根据砺精园方案设计、园林总平面图和竖向布置图，按照制定的任务书，分析确定用水点。根据用水点的位置和用水量，进行公园的给水管网布置。分析公园的竖向布置图，合理组织好各园路和硬质场地的排水，进行合理的雨水管渠布置，并设置必要的管道附属物。要求给排水管网布置合理，绘制成园林给排水施工图。完成砺精园的电气施工图。

园林给排水系统隶属于城市给排水系统，它们之间存在着密切的关系。在学习设计园林给排水施工图之前，必须对市政给水、排水系统有一定的了解，才能更好地解决在实践应用中遇到的问题和挑战，提高绘图的准确性和可操作性。

科学合理地规划和设计园林给排水系统，不仅有利于城市环境保护，提高水资源利用效率，还能带来经济和社会效益。同时也有利于给排水系统与其他园林要素相结合发挥出更好的景观效果。其中，园林给水系统可以直接使用城市配水管网中的水，也可采用经水质净化后的湖泊、河流或自然降水作为用水的来源，最后通过管网和附属设备输送到各用水节点，从而保证生活用水、景观用水、灌溉用水等使用需求。园林排水系统是指对园林景观中的雨水和污水进行有效管理和处理的系统。它包括收集、储存、分流、过滤、再生和排放等一系列措施。园林给排水系统的设计目的是保护水资源、减少洪涝灾害风险，并提供良好的景观环境。

园林给排水施工图是指在园林建筑物或工程项目中，用于指导给水和排水系统施工的图纸和说明文件。在设计中，要根据建设需求和设计规范，系统地计算给水和排水管网的管径大小，明确管道走向和管道材质，标明管道、水表井、阀门井、检查井及管道附属构筑物的位置，说明施工原则和验收标准等基本信息，用以保证材料准确采购，施工正常进行。

园林用电既有动力用电，又有照明用电，因此一般园林供电系统可分为动力系统和照明系统两部分。照明系统根据功能还可细分为普通照明与景观照明两种类型。园林照明、喷泉、喷灌设施等用电，都是使用交流电源，即电压、电流的大小和方向要随时间变化而周期性改变的一类电源。园林设施所直接使用的电源电压主要是 220V 和 380V，属于低压供电系统，其最远输送距离在 350m 以下，最大输送功率在 175kW 以下。

任务 4.1 设计园林给排水施工图

4.1.1 园林给排水施工图设计的相关知识

4.1.1.1 园林常用给水管材

（1）铸铁管

铸铁管分为灰铸铁管和球墨铸铁管（图 4-1）。灰铸铁管具有经久耐用、耐腐蚀性强、使用寿命长的优点，但其质地较脆，不耐震动，质量大，使用过程中时常发生爆管。球墨铸铁管相比灰铸铁管在延伸率上大大提高，能够抗压、抗震，且其重量比同口径的灰铸铁管轻 1/3～1/2，重量接近钢管，耐腐蚀性比钢管高几倍至十几倍。

（2）钢管

钢管有较好的机械强度，耐高压，耐震动，质量较小，单管长度长，接口方便，有较强的适应性，但耐腐蚀性差，防腐造价高。钢管有焊接钢管和无缝钢管两种。给排水工程中因造价原因多选择焊接钢管，焊接钢管又分为镀锌钢管（白铁管）和非镀锌钢管（黑铁管）。镀锌钢管是经防腐处理后的钢管，其防腐、防锈，不使水质变坏，并延长了自身的使用寿命，是室内生活用水的主要给水管材（图 4-2）。

图 4-1　球墨铸铁管

图 4-2　镀锌钢管

（3）钢筋混凝土管

钢筋混凝土管防腐能力强，不需要任何防水处理，有较好的抗渗性和耐久性，但质量大、质地脆，装卸和搬运不便。其中，自应力钢筋混凝土管后期会膨胀，使管疏松，使用于接口处易爆管、漏水。为克服这个缺陷，现采用预应力钢筒混凝土管（PCCP管），其利用钢筒和预应力钢筋混凝土管复合而成，具有抗震性好、使用寿命长、耐腐蚀、抗渗漏的特点，是较常用的大水量输水管材。

（4）塑料管

塑料管表面光滑，不易结垢，水头损失小，耐腐蚀，质量小，加工连接方便，但管材强度低，性质脆，抗外压和冲击性差，多用于小口径管线的铺设，公称直径一般小于200mm。安装在有较大荷载的路面下时，要外加钢管保护。塑料管是园林绿地、农田喷灌系统中应用最多的一种材料。较常用的塑料管有聚氯乙烯（PVC）管、聚乙烯（PE）管和聚丙烯（PP）管。在设计和施工中要根据地形复杂程度、管道埋深和管网工作压力等条件具体分析，合理选用。

① 聚氯乙烯（PVC）管。聚氯乙烯管材根据其外观的不同，可分为光滑管和波纹管。光滑管的承压规格有 0.20MPa、0.25MPa、0.32MPa、0.63MPa、1.00MPa 和 1.25MPa 几种，后三种规格的管材能够满足园林绿地喷灌系统的承压要求，常被采用。聚氯乙烯管有硬质聚氯乙烯管和软质聚氯乙烯管，园林绿地喷灌系统主要使用硬质聚氯乙烯管。

② 聚乙烯（PE）管。聚乙烯管材分为高密度聚乙烯（HDPE）管材和低密度聚乙烯（LDPE）管材。高密度聚乙烯管材具有使用方便、耐久性好的特点，但是价格较贵，在室外给排水工程中使用较少。低密度聚乙烯管材材质较软，力学强度低，但抗冲击性好，适合在较复杂的地形敷设，是园林绿地系统中常用的给排水管材。

③ 聚丙烯（PP）管。聚丙烯管材的最大特点是耐热性优良。聚氯乙烯管材和聚乙烯管材的一般使用温度均局限于 60℃以下，但聚丙烯管材在短期内的使用温度可达 100℃以上，正常情况可在 80℃条件下长时间使用，因此可在室内作为供给热水管线或者用于移动或半移动喷灌系统（暴露在外的管道需要一定的耐热性）。

4.1.1.2　园林常用排水管材

（1）混凝土管和钢筋混凝土管

混凝土管和钢筋混凝土管多用于排出污水和雨水，管口通常有承插式、企口式和平口式三种。排水用的混凝土管管径一般小于450mm，适用于埋深不深或上部荷载不大的地段。当管道埋深较大或者铺设在土质条件不良的地段时，排水管线通常都采用钢筋混凝土管。

（2）塑料管

塑料管具有自重轻、耐腐蚀、内壁水流阻力小、抗腐蚀性能好、使用寿命长、安装方便等特点，多用在建筑的排水系统及室外小管径排水管，主要有UPVC波纹管和PE波纹管等（图4-3、图4-4）。

图4-3　UPVC波纹管

图4-4　PE波纹管

（3）金属管

常用的有铸铁管（图4-5）和钢管。金属管强度高，抗渗性好，内壁水流阻力小，防火性能好，抗压、抗震性能强，节长，接头少，易于安装与维修，但价格较贵，耐酸碱腐蚀性差，常用在有较大压力的排水管线上。

（4）陶土管

是用低质黏土及瘠性料烧成的多孔性管材（图4-6），可以排输污水、废水、雨水、灌溉用水，以及酸性、碱性等腐蚀性废水。其内壁光滑，水阻力小，不透水性能好，抗腐蚀，但易碎，抗弯、拉强度低，节短，施工不方便，不宜用在松土和埋深较大的地方。

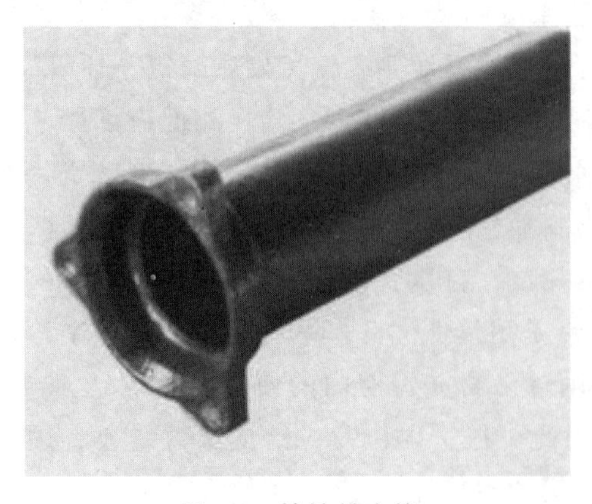

图4-5　铸铁排水管

图4-6　陶土管

4.1.1.3　园林常用给排水管件

园林中常用的给排水管件很多，不同材质的管件有些差异，但分类较接近，有直接、弯头、三通、四通、管帽及活性接头、管箍、存水弯、管卡、支架、吊架等。每类管件又可细分，如接头可分为内接头、外接头、内部接头、同径或异径接头；阀门可分为球阀、截止阀、蝶阀、闸阀等（图 4-7）。

图 4-7　园林常用给排水管件

4.1.1.4　园林给水系统设计的内容与要点

园林给水系统包含生活用水，造景用水（水池、喷泉、瀑布、跌水等），灌溉用水（喷灌、滴灌、根灌等），消防用水。用水方式不同，设计的侧重点也有所不同，应符合相应的设计规范和标准。但设计的根本目的都是为了满足园林植物的生长需求，以及生活、景观水体的供水需求。

（1）给水管道平面图设计

园林给水管道平面图要根据项目区域的景观和植物配置来设计。设计师需要综合考虑项目用地周边自然水源和市政给水管网的布置情况，科学经济地选定水源位置，满足水质标准要求，经过严谨的水量计算，综合布置管道，以确保给水系统的可靠性和高效性。给水管道平面图主要表现给水管线布置的位置、管径的材质和规格、灌溉取水点的位置、各附属井的位置。

园林给水管道平面图的设计要点如下。

① 保证管道内的水压在正常范围内，取水主干管应靠近主要供水点和相邻的调节设施，如高位水池或水塔。

② 管网设计符合使用需求。生活用水和消防用水点应用环形管网布置，灌溉用水和造景用水点较分散的可采用树桩管网布置。

③ 优化给水管线设计，力求管线最短。减少水头压力损失，使安装方便快捷，降低工程造价。

④ 管路不得穿越建筑内部，并要和其他管线保持一定距离。各类管线水平间距及垂直间距详见《建筑给水排水设计标准》（GB 50015—2019）中附录E。尽量少穿越道路，如需穿越，应满足覆土深度要求；若不能满足覆土深度要求，应在管线外增设镀锌钢管，防止车辆经过损坏管路。

⑤ 给水管道宜平行于建筑物敷设在人行道、慢车道或草地下；管道外壁到建筑物外墙的净距离不宜小于1m，且不得影响建筑物的基础。当室外给水管道与污水管道交叉时，给水管道应敷设在上面，且接口不应重叠；当给水管道敷设在下面时，应设置钢套管，钢套管的两端应采用防水材料封闭。

⑥ 取水点位置一般设计在园路附近、灌木丛中，便于绿化养护人员取水操作。

⑦ 给水管管径由主干管至支管，由大变小。末端管径一般设计为*DN*25，如主干管管径至末端管径依次设计为*DN*40、*DN*32、*DN*25。在主干管顶端、管线关键部位和管线变径处应设阀门。

⑧ 给水管道内为有压水，管道敷设不需有坡度。若施工区域内有季节性冰冻，给水管道内水源有排除的要求，则需设置坡度，在最低端设置泄水井和阀门。

⑨ 给水管道室外埋地管的管顶覆土厚度不宜小于0.7m，并应敷设在冻土线以下0.2m处。在无活荷载和冻土影响时，其管顶离地面高度不宜小于0.3m。

（2）喷灌给水平面图设计

喷灌给水属于园林灌溉用水，由于其使用功能单一，且工程量较大，因此应专门绘制平面图单独指导施工。喷灌给水平面图主要表现的是喷灌给水管线布置的位置、管线的长度、管道的材质和规格、喷灌规格和喷灌点的覆盖范围等。

喷灌给水平面图的设计要点与园林给水管道平面图的设计要点基本一致，此外还需要注意的事项如下。

① 灌溉区划设计应符合土质情况和植物的生长需求，将灌溉区划分为不同的区域，确定每个区域的灌溉方式和灌溉量。可以根据绿地的坡度、土壤类型和植物的需水量等因素进行划分。无相关资料时，用水定额可按1.0～3.0L/(m^2·d）计算。

② 喷灌给水管道需设置坡度，在最低端设置泄水井和泄水阀。

③ 网管中必须安装安全装置，如逆止阀、进排气阀、泄水阀、过滤网等。

④ 管道纵剖面力求平顺，减少转折点。管道有起伏时，高点应设置进、排气阀，以免管道内产生负压。

⑤ 喷灌设施要先确定灌溉的范围，再定位喷头的位置。一般情况下，喷灌的管线都是垂直设计，以保证水头压力均衡。

（3）喷泉的管道设计

喷泉的给排水管网主要由进水管、配水管、补给水管、溢流管和泄水管等组成（图4-8）。其布置要点如下。

① 给水干管、次管可布置在专用管沟内，上铺格栅以方便检修。小型水景工程可外露直接敷设在水池内。为保持各喷头的水压一致，宜采用环状配管或十字对称配管。

② 补给水管是为了补充水源，保证喷泉各喷口水压平衡。若补给水管直连自来水管，则应在接管处设逆止阀，以防污染城市水源。并在管上设浮球阀或液位继电器，控

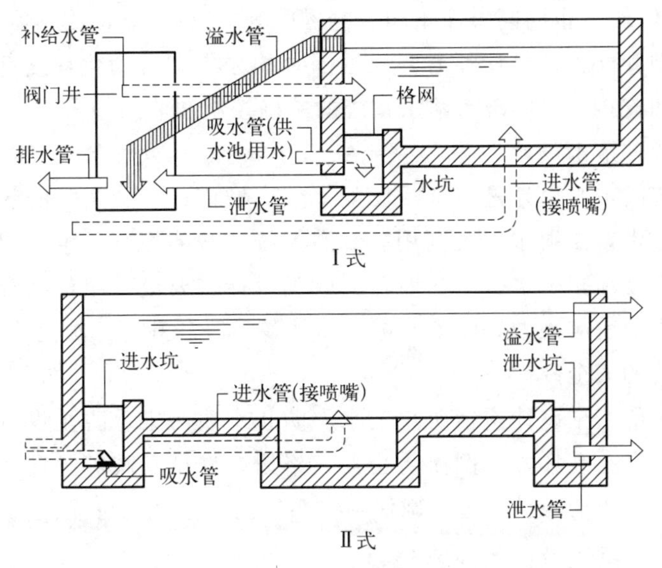

图 4-8　喷泉管道布置示意图

制补给水管的开合。

③ 溢水管连接园林内的排水管或雨水井，并应有不小于 0.3%的坡度；溢水口外应设格栅或筛网，格栅间隙或筛网网格直径应不大于管道直径的 1/4。大型水池可设若干个溢水口，均匀布置在水池内。溢水口的位置应保持在距池顶 200～300mm 处为宜。

④ 水池应尽量采用重力方式泄水，如果不具备重力方式泄水的条件，须设置排水泵压力排水。排水泵可专门设置，也可利用水泵的吸水口兼作泄水口，利用水泵泄水。泄水口的入口也应设格栅或筛网。大型喷泉应设泄水阀门；小型水池只设泄水塞等简易装置，直通园林雨水管道系统，或与园林湖池、沟渠等连接。所有管道均应有一定坡度，一般不小于 0.02%，以便将管道内的水全部排出。

⑤ 与喷头连接的水管，水管管径不能有急剧变化，管径要一致。如有变化，必须使管径逐渐由大变小，并必须在喷头前有一段适当长度的直管，管长一般不小于喷头直径的 20～50 倍，以保持射流稳定。

⑥ 为方便对喷口射流的调节，每一个或每一组具有相同高度射流的管道，都应有自己独立的调节设备，用阀门或整流圈来调节流量和水压。

⑦ 喷水池每月应排空换水并清洗。

⑧ 管道安装完毕后，应进行水压实验。冲洗管道后再安装喷头。管道穿池底和外壁时要采取防漏措施，一般是设置防水套管。在可能产生振动的地方，应设柔性防水套管。

(4) 给水设备及控制设备设计

给水设备主要包括增压和储水设备。当市政自来水压力无法满足园林给水的实际使用压力时，就需要配置水泵、水箱、气压给水设备和过滤器等设备，并选择相应的型号。设计师需要根据园林的水量需求和水质要求，选择适合的设备，并合理布置和连接，以确保给水系统的正常运行和水质的良好。

给水设备及控制设备要根据所设计给水系统的特点和要求选型、配置。包括阀门

（如球阀、蝶阀、闸阀、止回阀、截止阀、电磁阀等），调节器，传感器（液位继电器等）等控制设备的选型和配置。设计师需要根据园林的需求和自动化程度选择适合的控制设备，并合理布置和连接，以实现对给水系统的精确控制和监测。

（5）给水系统的节水设计

园林给水系统的节水设计是非常重要的。生态城市、智慧园林的建设往往需要考虑采用节水设备和技术，如雨水收集利用、滴灌系统、智能控制、生活用水的中水处理再利用等，以最大限度地减少水资源的浪费。此类设计需要设计单位结合厂家产品进行分析，因此在设计之前就应该做好设备的选型，并联系厂家进行二次设计。

（6）给水系统的安全设计

园林给水系统的安全设计包括防止漏水、防止水质污染、防止设备故障、防止漏电等方面的设计，如真空破坏器、倒流防止器、格栅、进排气阀等。设计师需要合理选择材料和设备，采取适当的防护措施，确保给水系统的安全性和可靠性。

4.1.1.5 园林排水系统设计的内容与要点

园林排水系统包括污水和雨水的处理与排除。由污水排水系统和雨水排水系统组成。污水排水系统主要用于排除园林中产生的污水，包括厕所、洗手池、喷泉等设施产生的废水。污水通过管道收集，然后送往污水处理设备进行处理，最后再通过排水管道排出园林。雨水排水系统主要用于排除园林中产生的雨水，包括雨水收集、储存和排放等环节。

在设计中可以采用雨污合流制排水或采用雨污分流制排水，通常情况下，宜采用雨污分流制排水。排水系统设计还要考虑排除部分影响建筑安全的地下水。

（1）排水管道平面图设计

园林中的自然降水可以通过土壤来吸收一部分，多余的降水经地形的落差汇集到地势低洼处，再通过雨水井收集后，就近排入市政雨水网管中。在设计之初，应计算出项目所在地单位时间内的雨水最大径流量，进而设计出排水管道的材质和管径。同时考虑后期如何方便地进行维护和防止积水，包括设置检查井、跌水井、排水口等，以确保排水系统的正常运行。

园林排水管道平面图设计的要点如下。

① 结合场地具体情况确定排水口最低点高程，并考虑排水管道与其他地下管道的间距，然后按照主管→干管→支管的顺序布置排水管。

② 对园林项目场地的地势进行分析，确定高低差和坡度等情况，以便合理规划排水系统。

③ 尽可能运用重力流排雨水，采用管线最短和深埋最浅的施工方案。在满足冰冻深度和荷载要求的前提下，管线的坡度与地面坡度相适应，以减少土方量。

④ 管路不得穿越建筑内部，并要和其他管线保持一定距离。各类管线水平间距及垂直间距详见《室外排水设计标准》（GB 50014—2021）。

⑤ 管道应沿着道路、建筑物平行布线，尽量布置在绿地中，尽量避免通过道路和广场。若条件不允许，可敷设在人行道或慢车道下。排水干管不能设置在狭窄的道路下或没有道路的空地上，以便于后期维修。

⑥ 排水管道管径越小，要求管道的坡度越大。排水管埋深越深，要求管道的坡度越大。排水管道最小管径与相应最小设计坡度见表4-1。

表4-1　排水管道最小管径与相应最小设计坡度

管道类别	最小管径/mm	相应最小设计坡度/%
污水管	300	塑料管0.2,其他管0.3
雨水管和合流管	300	塑料管0.2,其他管0.3
雨水口连接管	200	1
压力输泥管	150	—
重力输泥管	200	1

⑦ 不同材质的排水管道设计流速不同。一般排水管道设计流速为0.75m/s、暗渠设计流速为0.4m/s。水流若超过最大设计流速应设置跌水井，以消除水能。排水管道的最大设计流速见表4-2。

表4-2　排水管道的最大设计流速

管道材质	最大设计流速/(m/s)
金属管道	10.0
石棉管道	3.0
混凝土管道	4.0
塑料管道	4.0

⑧ 连接雨水井的支管最小管径为150mm，排水干管的最小管径为300mm。

⑨ 一般情况下，排水管道宜埋设在冰冻线以下。排水管顶的最小覆土深度应根据管材强度、外部荷载、土壤冰冻深度和土壤性质等条件，结合当地埋管经验确定。埋设深度不得高于土壤冰冻线以上0.15m，且覆土厚度不宜小于0.3m。

⑩ 排水管顶在园路下的最小覆土深度为：人行道下0.6m，车行道下0.7m。

（2）排水附属构筑物布局

根据园林区域的布局和功能需求，合理布置排水设施，如雨水井、检查井、跌水井、雨水收集池、雨水花坛等，以及污水处理设施，如污水处理池、污水井等。在园林排水系统中，常需要设计雨水井和检查井的布置位置。雨水井、检查井的布置要点如下。

① 按汇水面积所产生的流量、雨水口的泄水能力及园路道牙形式确定雨水口的形式、数量。雨水口间距宜为25～50m。连接管串联雨水口个数不宜超过3个。雨水口与检查井管线的连接长度不宜超过25m。当道路纵坡大于2%时，雨水口的间距可大于50m。

② 检查井在直段的最大间距见表4-3。

③ 排水管道有较大转折的，转折处应设置检查井。排水管道管径有变化的，连接处应设置检查井。排水管道高程有变化的，连接处应设置检查井。排水管道有交汇处的，交汇处应设置检查井。

④ 排水检查井按《市政排水管道工程及附属设施》（06MS201）进行设计和施工。

⑤ 位于车行道的检查井，应采用足够承载力和稳定性良好的井盖与井座。

⑥ 当接入检查井的支管（接户管或连接管）管径大于300mm时，接管数不宜超过3条。

表 4-3 检查井在直段的最大间距

管径或暗渠净高/mm	最大间距/m	
	污水管道	雨水(合流)管道
200～400	40	50
500～700	60	70
800～1000	80	90
1100～1500	100	120
1600～2000	120	120

4.1.1.6 园林给排水施工图设计的内容及绘制要求

(1) 设计说明

园林给排水施工图设计说明是对园林项目中给排水系统设计的详细说明和要求，以便于图纸能清晰地指导施工操作。设计说明中包含了项目的设计依据，以及给排水施工的步骤、方法、材料要求等。其内容会根据各项目的特点和需求进行调整和补充。

设计说明可根据工程的具体情况编写以下内容。

① 项目概况：对项目的基本情况进行描述和总结，明确园林给排水系统设计的目标和要求，包括排水能力、水质要求、环境保护要求等。

② 设计标准和规范：确定设计所遵循的标准和规范，一般多选用国家标准、行业规范、技术手册等，编写时要注意标准和规范的时效性。

③ 给水系统设计说明：包括给水管道的布置、管径选择及连接方式、水源选择、水质的处理、水泵选型、管线基础的埋深、检测和维护的办法等内容。

④ 排水系统设计说明：包括排水系统的容量、排水点的位置、排水管道的布置、管径选择及连接方式、坡度设计、排水设备选型、泄洪措施和环保内容的考虑等内容。

⑤ 雨水收集和利用设计说明：若建设要求中有海绵城市的设计需求，则还应编写雨水收集系统、雨水花园、雨水再利用的文字说明。

⑥ 施工要求：包括给排水系统施工的沟槽挖掘及回填、地基处理、管道敷设等分项工程的施工工艺要求、材料要求、质量控制要求等。

⑦ 给排水系统附属构筑物：如水表井、喷灌喷头、快速取水井、雨水口、阀门井、检查井、排水口、污水格栅、沉淀池、调节池等，参照设计图集和施工工艺说明。

⑧ 设备选型和配置：确定给排水系统所需的设备类型和规格，如水泵、阀门、过滤器等。

⑨ 运行和维护要求：包括给排水系统的检测运行要求、管理要求、设备维护要求、定期检查和清洁要求等。

⑩ 安全和环保要求：包括给排水系统设计中的安全措施、环境保护要求等。

⑪ 监测和验收要求：确定给排水系统的监测和验收标准，包括水质监测、设备性能测试等。

⑫ 其他说明：根据项目的特点和需求进行调整和补充。

(2) 给排水管道平面布置图

展示给水和排水管道的布置位置和走向，包括主管道、支管道、分支管道等。图中要标注管道的材料、规格，如有需要也可标明管道的长度、坡度、标高等信息。还要标明检查井、跌水井、雨水井、阀门井等附属构筑物的位置。

（3）给排水管道施工详图

展示给水和排水系统设备及管道节点的详细构造和安装办法，包括管道的交叉、穿越、防冻、固定、保温、支撑、密封，设备的防振、防伸缩沉降等。图中应标注施工方法和材料。

（4）设备井中构件连接图

展示给水和排水管道在检修井中的阀门构件、放气泄水构件、水表、连接构件等设备的布置顺序和细节。图中要标注连接方式和材料规格。

雨水口的设置位置一般应在园路交叉口的雨水汇流点、路侧边沟的一定距离处和地势低洼的种植地，以及设有道路边石的低洼处，以防止雨水漫过道路后造成道路及低洼处积水而妨碍交通。园路上雨水口的间距一般为 20～50m，在低洼段和易积水地段可多设雨水口。

雨水管网必须设置检查井以便对管渠系统定期检查。检查井通常设置在管渠交汇、转弯、尺寸或坡度变化、跌水等处，以及相隔一定距离的直线管渠段上。检查井在直线管渠段上的最大间距是：管径小于 500mm 的，最大间距为 50m；管径在 500～700mm 的，最大间距为 60m。

（5）设备安装图

展示给水和排水设备的安装位置和细节，包括水泵的安装方式、消声隔振，水箱的安装位置、高度等。图中应标注安装方式和尺寸。

给排水工程中的附属构筑物可以根据相关图集进行设计和施工。如水表井、阀门井可参考《室外给水管道附属构筑物》（05S502）进行设计和施工；雨水口、雨水箅子、检查井可参考《市政排水管道工程及附属设施》（06MS201）进行设计和施工。

给排水工程中的附属构筑物也可以采购市场上成熟的成品构件，在施工现场安装施工，如快水表井、速取水阀门、阀门井、检查井、排水沟等构件。设计单位应给出所需采购产品的意向图、产品特征和相关技术指标。

当给排水工程中的附属构筑物出现结构材料特殊、施工工艺复杂等情况，在给排水平面图中无法表达清楚时，就需要绘制出此类构筑物的大样图，如图 4-9、图 4-10 所示。

4.1.2　园林给排水施工图设计的实践操作

4.1.2.1　任务分析

通过分析砺精园设计方案可知，该园有造景用水和养护用水两种用水类型。造景用水的用水点是入口广场附近的壁泉和喷泉，养护用水主要指植物的灌溉用水。为满足两种用水类型需求，宜安装地下快速取水阀，每个取水阀的灌溉辐射范围为 50m。灌溉时既可以安装自动喷头喷灌，也可人工取水喷灌。取水阀位置选择宜满足两个条件：一是灌溉辐射范围应覆盖整个公园的绿地植物种植区；二是为取水浇灌操作方便，宜将地下快速取水阀安装在道路旁。由于该园面积不大，周围有城市的给水管网系统，因此水源考虑直接从小游园东北面入口处接入，便于控制管理。

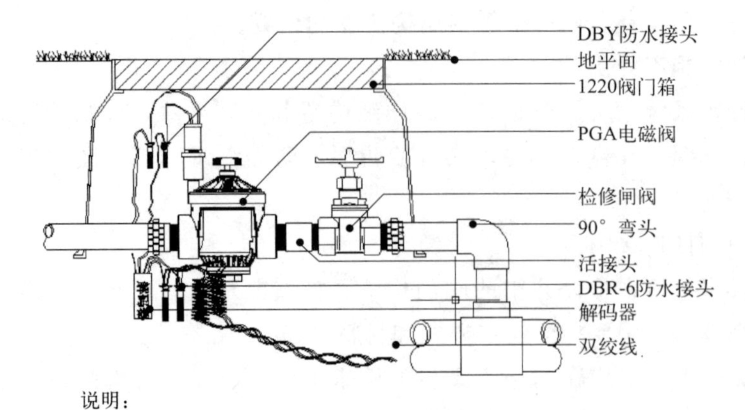

说明：

1.电磁阀安装时，其标识方向必须与水流方向一致。
2.信号线与电磁阀使用DBY防水接头连接，连接处留出余量，方便以后维修。

图 4-9 阀门井大样图

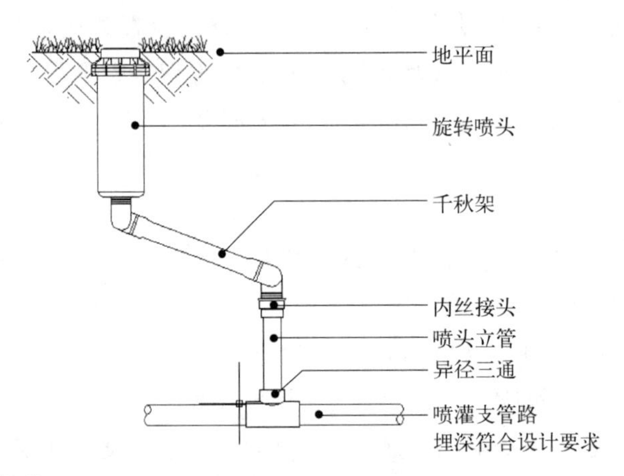

说明：

1.喷头通过千秋架、立管与喷灌支管路连接，安装完毕后其顶部与地面齐平。
2.喷头底部为内丝接口，千秋架两端均为外丝接口。

图 4-10 喷灌喷头大样图

砺精园排水主要是雨水，地面类型主要是各类硬质场地和园路、绿化种植。因此，园林排水设计可利用地形及场地和园路的坡度以地面排水为主，结合沟渠和管道排水。地面排水是通过竖向设计利用地形组织和划分排水区域，并就近排入园林水体或城市雨水干管。设计应符合实际需求，力求发挥景观的实用功能，保护植物的生长环境，提高景观设施的利用率。

4.1.2.2 任务实施

(1) 第一步：搜集信息

① 搜集项目场地条件信息，分析新建项目场地条件。项目占地约 $3300m^2$，园区中心有一座水池，水池内有涌泉并形成跌水。园区内无生活污水，土质情况良好，现有的水电设施齐全，有排水检查井一座，配电源箱一座。

② 熟悉给排水设计内容。结合前期设计方案的地形和水景设计，选择取水点，设计

给水系统、喷灌系统，满足场地内喷泉供水、灌溉用水等需求；设计排水系统，满足水池排水、雨水排水需求。

③ 与其他专业联系。场地内无高大建筑物、构筑物，无其他管网，且有预留电源、水源和排水点。

(2) 第二步：分析确定公园的用水点

造景用水的用水点分别是入口广场附近的壁泉和喷泉（图 4-11），由于整个小游园占地面积较小，甲方提出可以暂时不考虑植物的灌溉用水。

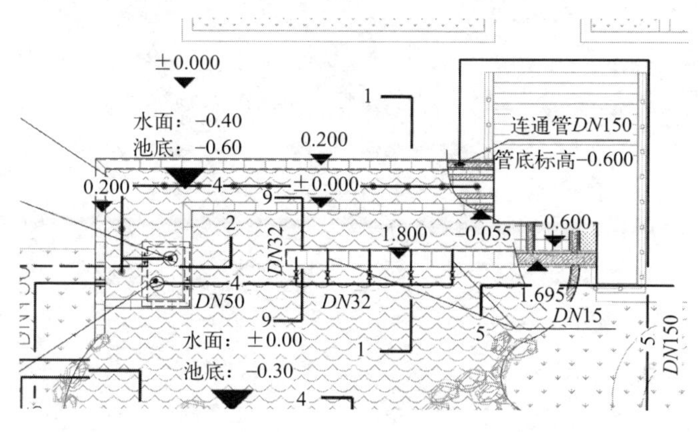

图 4-11 砺精园景观用水点

(3) 第三步：给水管网的布置设计

给水管网的布置形式主要有树枝状管网和环状管网两种。因本次设计任务的造景用水点集中在一个水系中，所以设置一个补水管将水注入水池。再设计循环水系统分别在景观给水干管和两处造景用水支管上端安装水泵、截止阀和水表等设施设备，以控制调节该园的景观给水，如图 4-12 所示。再用给水管线连接取水点和用水点。在此过程中绘制多种方案，结合给水管线绘制的要点，分析场地环境的利弊，确定一种科学实用且经济方便的布置方案。

(4) 第四步：地面排水形式及方向设计

地面排水是通过竖向设计利用地形组织和划分排水区域，并就近排入园林水体或城市雨水干管。绿化种植地面中形成地表径流的雨水其排除途径主要有以下几种：①绿地→硬质场地和园路→雨水井→公园雨水管网→市政排水管网；②绿地→排水明沟→就近水体；③绿地→就近水体。

通过砺精园设计方案和竖向设计分析确定：入口广场排水坡度为 1%，为两坡面三坡向排水。广场南高北低，大部分雨水流入园区外的道路，再通过园外道路组织排水。西北侧广场为双坡向排水，坡度为 1%，在场地高程最低处设置雨水口 C1 收集雨水，再通过园区内雨水管排入市政雨水管网。绿地种植地面排水主要是通过高差排入就近水系或就近的硬质场地和园路，再通过园路组织排水（图 4-13）。

(5) 第五步：排水管网的布置

根据砺精园布局和竖向设计，设计排水途径宜沿主园路一侧布置雨水干管，在各类型场地和每隔一段距离的园路低处设置雨水口，及时排除场地和园路的雨水，使其流入园内

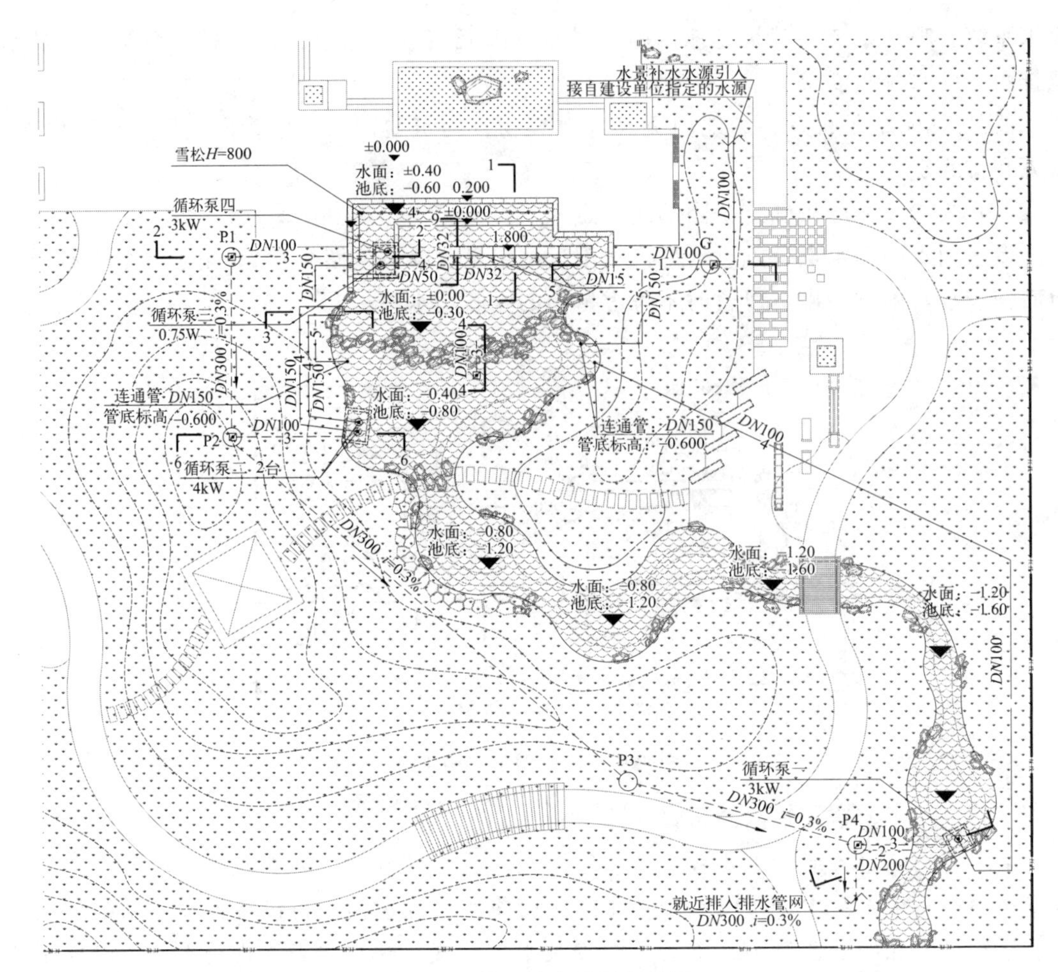

图 4-12　景观给水管网布置图

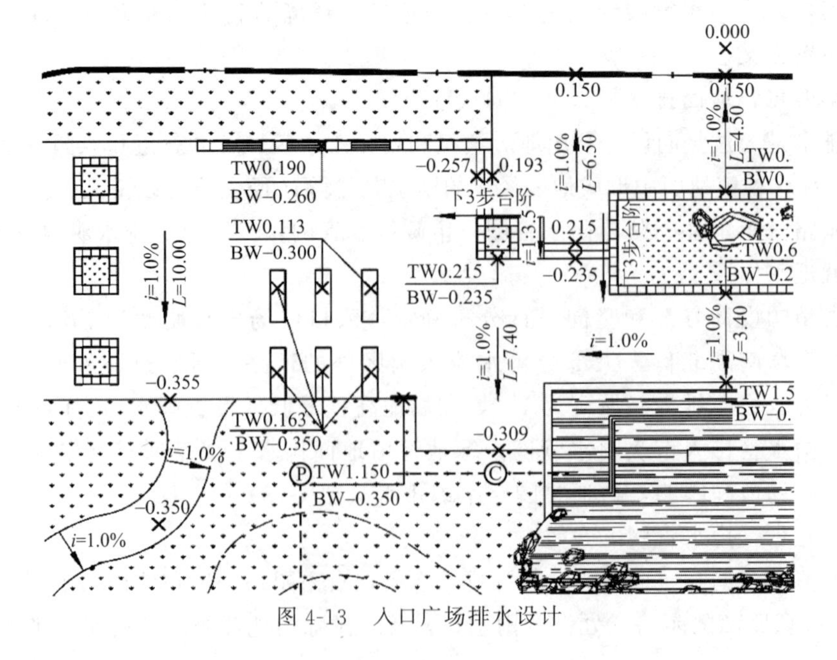

图 4-13　入口广场排水设计

雨水干管。由于该园四周都有城市雨水管网，因此该园雨水干管采取分散环绕式布置。

（6）第六步：给排水管道附属设施设计

在低洼的园路交叉口处设置雨水口。在管线交会处、管线转弯处、雨水干管分出支管连接雨水口的交会处分别设置检查井，管径小于 500mm 的雨水管线间距 30m 设置检查井。在平面图上对雨水井、检查井、阀门井等的位置进行标注。设计剖面图表达竖向上的关系及构件连接情况，如图 4-14 所示。雨水井单体剖面图可以直接引用标准图集《雨水口》(16S518)。检查井单体剖面图可以直接引用标准图集《钢筋混凝土及砖砌排水检查井》(20S515)。结合给排水设计理念和景观设计需求，按照图集规范绘制附属构筑物大样图。为方便材料采购，也可附成品示意图。

（7）第七步：编写设计说明

设计图中图样不能清晰说明的可以用文字说明进行必要的补充。主要内容包括设计依据、给水管径的压力、流量及局部设法兰等，以及排水管的敷设坡度、接入周边道路市政雨水管线前的标高等（图 4-15）。

（8）第八步：整理出图

对砺精园给排水施工图设计的合理性和制图规范性进行检查、修改与完善。

使用设计公司标准 A3 图框，在 CAD 布局中选用合适比例把给排水施工图各图样及说明合理布置在标准图框内。根据图样的大小选择合适的出图比例，保证打印后图纸的尺寸及文字标注和图样清楚。给排水管网布置图一般选择比例为 1∶200 或 1∶300；给排水附属物构造详图比例一般为 1∶20。出图打印（图 4-15～图 4-17）。由于该项目给排水施工图设计图纸较多，这里只列举部分图纸。

4.1.2.3　任务小结

园林给水的来源有地表水、地下水和城市供水。园林排水的方式以地面排水为主，沟渠排水和管道排水为辅。园林排水的途径有：

① 绿地、硬质场地和园路降雨→就近水体；

② 绿地、硬质场地和园路降雨→雨水井→公园雨水管网→市政排水管网；

③ 绿地、硬质场地和园路降雨→排水明沟→公园雨水管网→市政排水管网；

④ 绿地、硬质场地和园路降雨→排水明沟→就近水体。

园林供水管网的布置形式有环状管网和树状管网，在给水设计中根据实际情况进行选择。园林排水设计流程如下。

① 根据设计地区的气象记录及园林生产等有关资料，推算雨水排放的总流量。

② 在与园林总平面图比例相同的平面图上，绘出地形的分水线、集水线，标注地面自然坡度和排水方向，初步确定雨水管道的出水口，并注明控制标高。

③ 按照雨水管网设计原则、具体的地形条件和园林总体规划的要求，进行管网的布置，确定主干渠道、管道的走向和具体位置，以及支渠、支管的分布和连接方式，并确认出水口的位置。

④ 根据各设计管段对应的汇水面积，按照从上游到下游，从支渠支管到干渠干管的顺序，依次计算各管段的设计雨水流量。

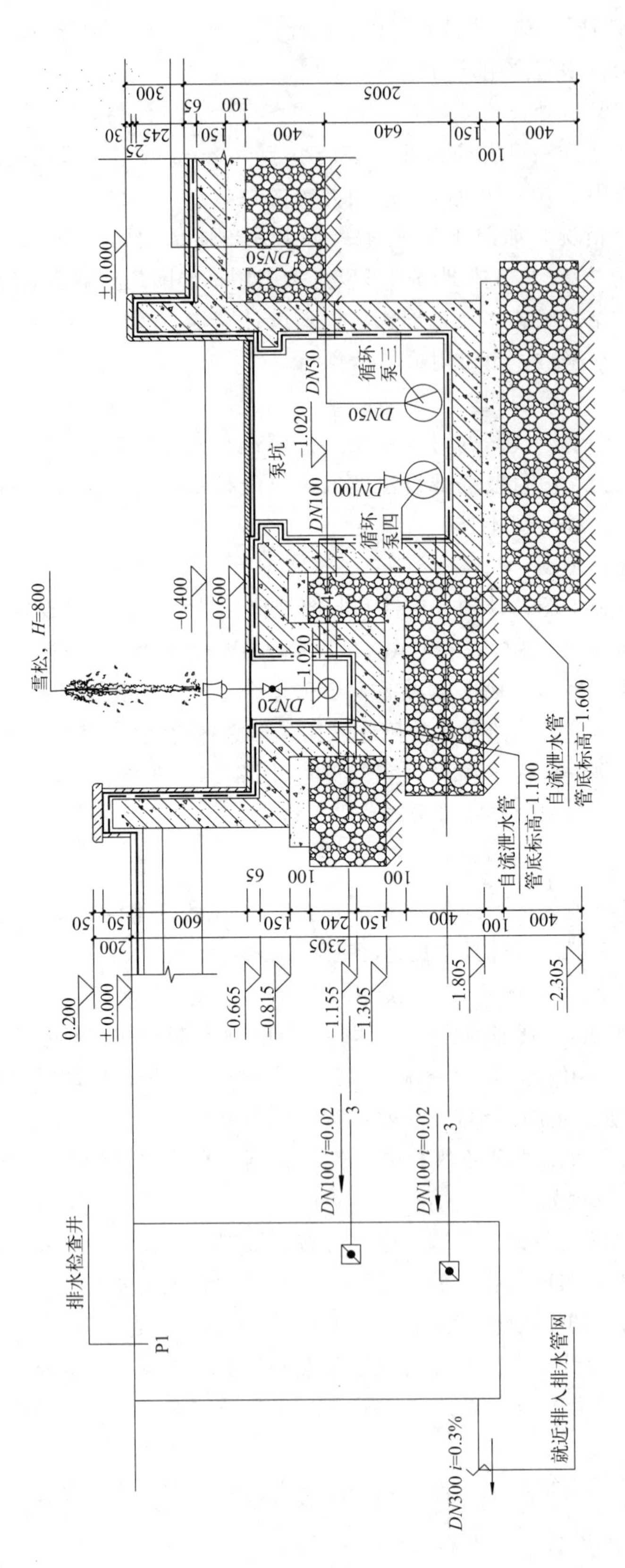
雪松，H=800
泵坑
循环泵三
循环泵四
DN50
DN100
DN20
-1.020
±0.000
0.200
-0.400
-0.600
-0.665
-0.815
-1.155
-1.305
-1.805
-2.305
自流泄水管
管底标高-1.100
自流泄水管
管底标高-1.600
DN100 i=0.02
排水检查井
P1
DN300 i=0.3%
就近排入排水管网

图4-14 水池排水详图

图		例	
—— 1 ——	补水管	⊡	蝶阀
—— 2 ——	溢流管	N	止回阀
—— 3 ——	泄水管	⋈	球阀
—— 4 ——	循环管	Ⓐ	潜水泵
—— 5 ——	连通管	≑	刚性防水套管
IOI	橡胶软接头	◎	雪松喷头
⊽	异径管		

说明：

1.水池补水由建设单位指定的水源接供，人工开启阀门补水，时补水量 $3.0m^3/h$，供水压0.10MPa。

2.水景循环泵开启前，先要打开补水阀门将水系灌注至溢流水位，然后再开泵。

3.冬季应将水池及管内水泄空，泄水接至雨水检查井。尽可能利用自流泄空，无条件时采取压力泄出，按现场条件选取一种泄水方式即可。

4.水景补水管、溢流管、泄水管及水景循环水管采用热镀锌钢管，焊接；与不锈钢水槽连接的管段采用不锈钢管，焊接。

5.配合土建施工应做好预埋管、防水套管预留工作。预埋管、防水套管用焊接钢管。

6.所注尺寸：标高以米单位，其余以毫米为单位。

主要设备表

名　称	型　号	规 格 及 性 能	单位	数量	附 注
循环泵一	80QW50-10-3	$Q=50\ m^3/h$, $H=10m$, $N=1.5kW$	台	1	
循环泵二	100QW100-7-4	$Q=120\ m^3/h$, $H=5.6m$, $N=4kW$	台	2	
循环泵三	50QW10-10-0.75	$Q=10\ m^3/h$, $H=10m$, $N=0.75kW$	台	1	
循环泵四	100QW65-15-5.5	$Q=78\ m^3/h$, $H=12m$, $N=5.5kW$	台	1	
雪松喷头	PTW-20	$Q=4m^3/h$, $H=0.8m$, $P=80kPa$	个	13	
补水阀门井	井径 ø1000	图集 05S502 砖砌	座	1	
排水检查井	井径 ø1000	图集 20S515 砖砌雨水井	座	4	

防水套管尺寸表

DN	D1	D2	D3	D4	δ	b	K
50	60	80	114	225	3.5	10	4
65	75.5	95	121	230	3.75	10	4
80	89	110	140	250	4	10	4
100	108	130	159	270	4.5	10	5
125	133	155	180	290	6	10	6
150	159	180	219	330	6	10	6

注意事项	项目名称		图纸名称	给排水设计说明			公司负责		校　核		图 章
	业主名称		图纸编号	SS-01	出图版本	A3	项目负责		制　图		
	工程编号		图纸比例	—	出图日期		专业负责		设　计		版权所有

图4-15　给排水设计说明

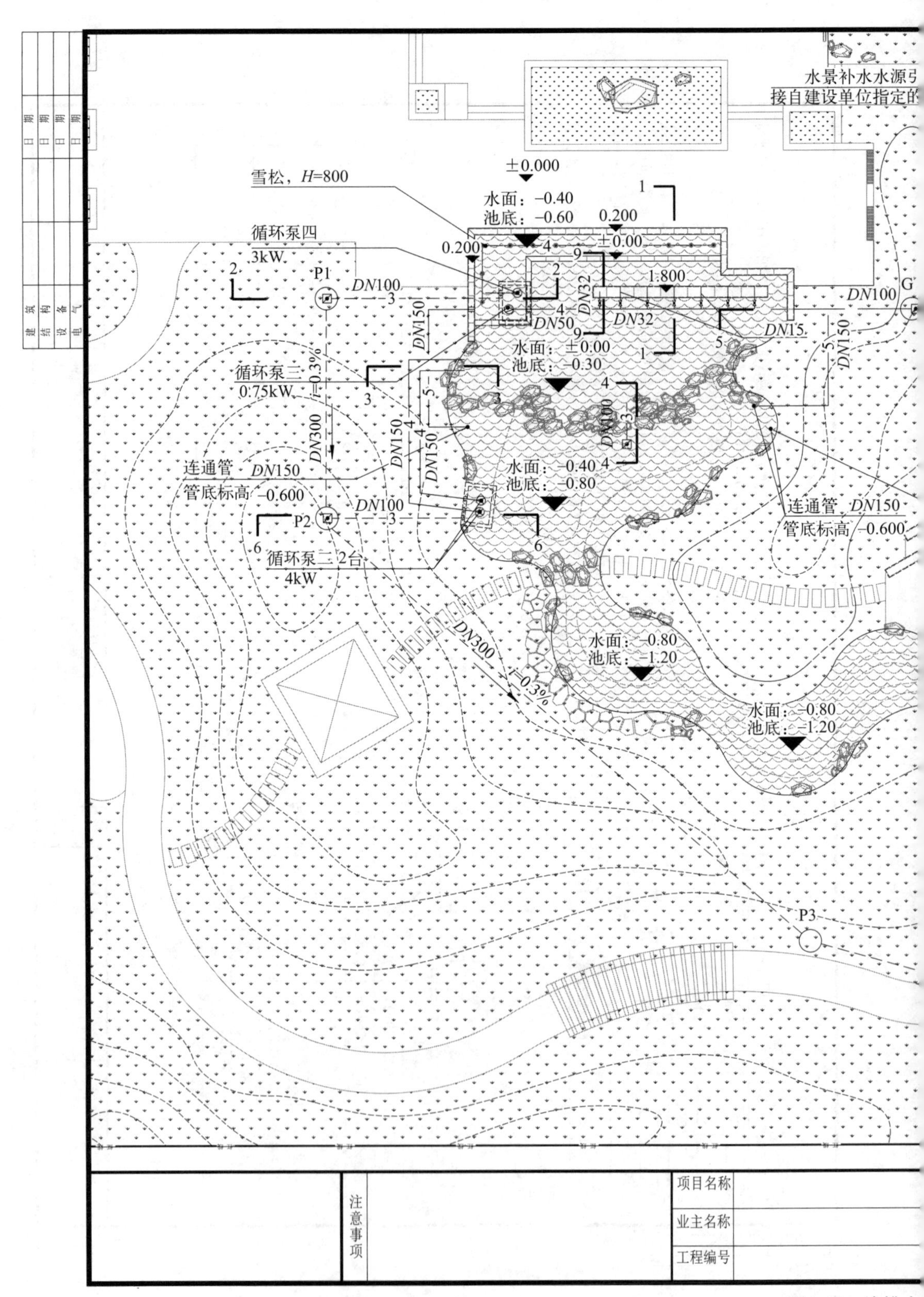
水景补水水源引
接自建设单位指定的
雪松，H=800
±0.000
水面：-0.40
池底：-0.60
0.200
0.200
±0.00
1.800
循环泵四
3kW
P1
DN100
DN32
DN32
DN50
DN15
DN150
DN100
G
水面：±0.00
池底：-0.30
循环泵三
0.75kW
i=0.3%
DN300
DN150
DN150
DN100
连通管 DN150
管底标高 -0.600
水面：-0.40
池底：-0.80
P2
DN100
循环泵二 2台
4kW
连通管 DN150
管底标高 -0.600
DN300
i=0.3%
水面：-0.80
池底：-1.20
水面：-0.80
池底：-1.20
P3
注意事项
项目名称
业主名称
工程编号
建筑
结构
设备
电气
日期
日期
日期
日期

图4-16 给排水

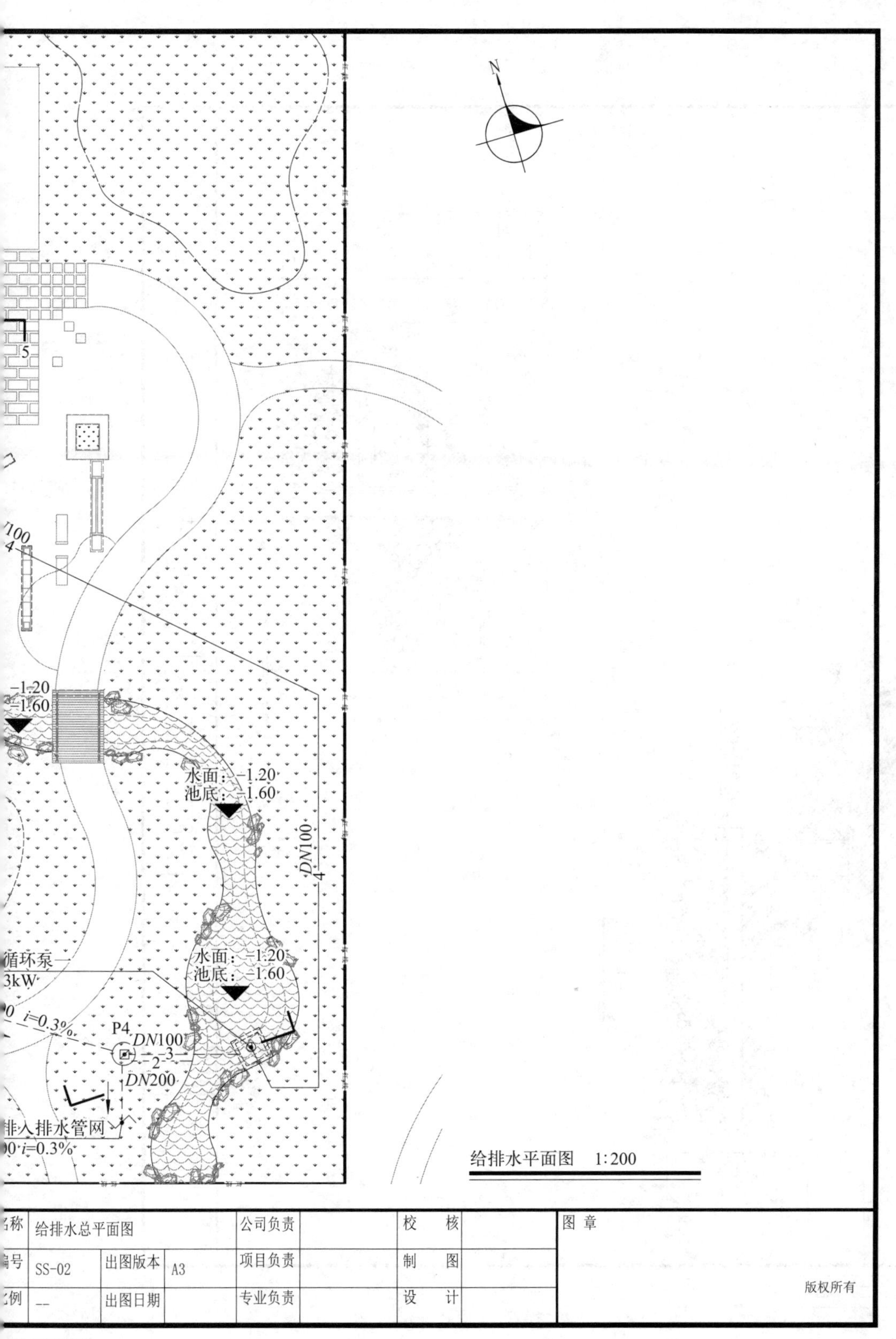
N
−1.20
−1.60
水面：−1.20
池底：−1.60
DN100
4
水面：−1.20
池底：−1.60
循环泵
3kW
i=0.3%
P4
DN100
3
2
DN200
排入排水管网
i=0.3%
给排水平面图　1:200
给排水总平面图
公司负责
校　核
图 章
SS-02
出图版本
A3
项目负责
制　图
--
出图日期
专业负责
设　计
版权所有

总平面图

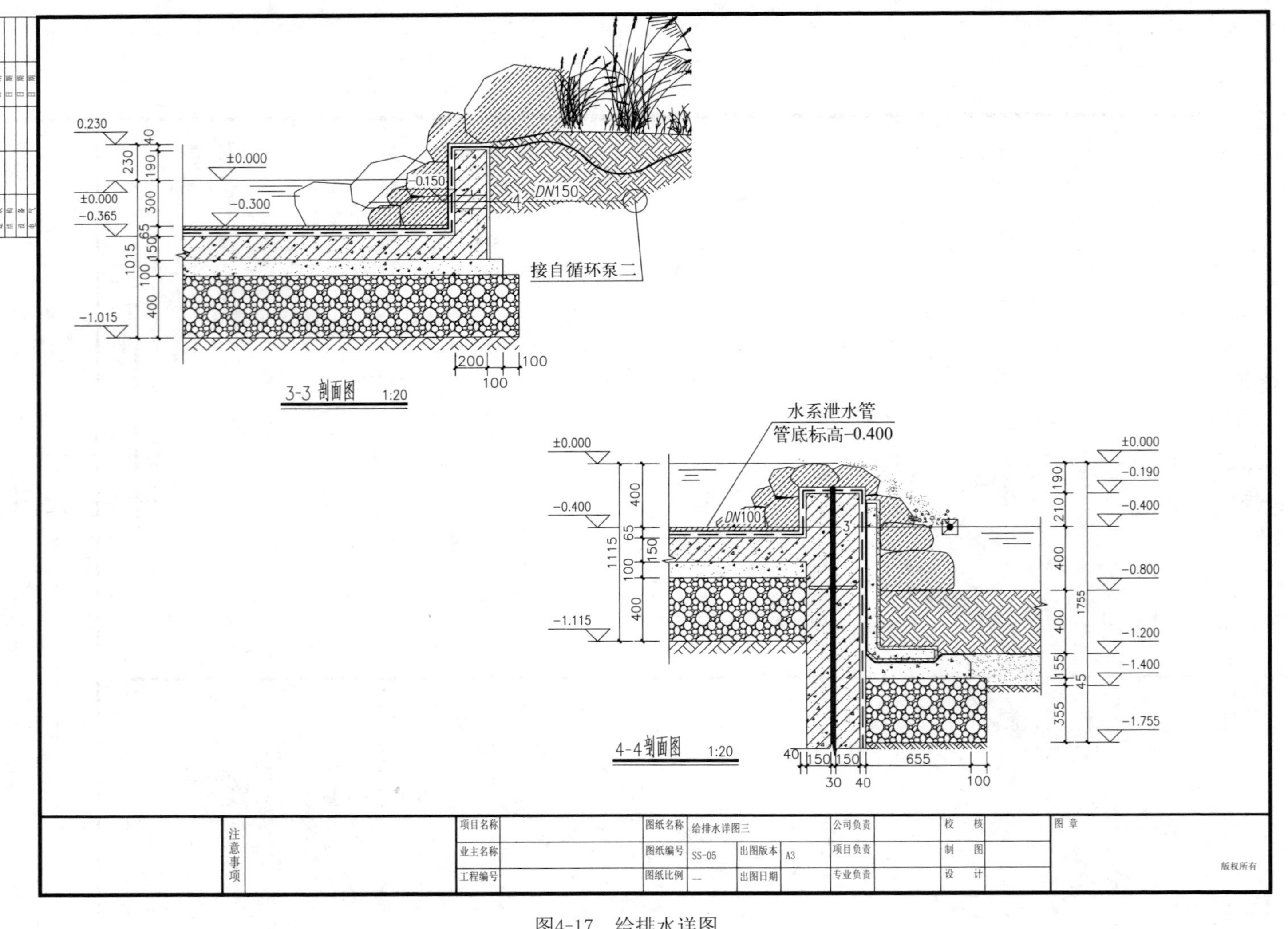
0.230
±0.000
−0.150
−0.300
±0.000
−0.365
−1.015
DN150
接自循环泵二
3-3 剖面图 1:20
水系泄水管
管底标高−0.400
DN100
±0.000
−0.400
−1.115
±0.000
−0.190
−0.400
−0.800
−1.200
−1.400
−1.755
4-4 剖面图 1:20
注意事项
项目名称
业主名称
工程编号
图纸名称 给排水详图三
图纸编号 SS-05
图纸比例 —
出图版本 A3
出图日期
公司负责
项目负责
专业负责
校核
制图
设计
图章
版权所有

图4-17 给排水详图

⑤ 依照各设计管段的设计流量，再结合具体设计条件，并参照设计地面坡度，确定各管段的设计流速、坡度，以及管径或渠道的断面尺寸。

⑥ 根据水力、高程计算的一系列结果，从标准图集或地区的给排水通用图集中选定检查井、雨水口的形式，以及管道的接口和基础形式等。

⑦ 在保证管渠最小覆土厚度的前提下，确定管渠的埋设深度，并依此进行雨水管网的一系列高程计算；要使管渠的埋设深度不超过设计地区的最大限埋深度。

⑧ 综合上述各方面的工作成果，绘制雨水排水管网的设计平面图及纵断面图，并编写设计说明书、计算书和工程预算。

任务 4.2 设计园林电气施工图

4.2.1　园林电气施工图设计的相关知识

4.2.1.1　园林电气设计

电力是一种便捷、高效的能源形式，在人们的生产生活当中具有重要作用。园林景观对电力的需求自然不可或缺。园林景观中的游乐设备、喷泉水泵需要动力电源，亮化、照明需要照明电源。为了能让电力系统美观、安全、有效地为景观工程服务，必须对园林景观区域进行电力供应系统的规划和设计。

电气工程是以电能、电气设备和电气技术为手段，创造、维持与改善室外空间的电、光、热、声等环境的工程形式。园林电气工程更加侧重于利用照明来满足使用需求和景观表现。为了更好地设计园林电气施工图，需要了解以下基本内容。

（1）强电和弱电

强电是把电能引入建筑物，进行电能再分配，并通过用电设备将电能转换成机械能、热能和光能等。园林中的照明和动力电源都属于强电，园林用电中照明电源多于动力电源。从电压等级上划分，强电一般是 110V 以上。

弱电是为了实现内部和外部间的信息交换、信息传递及信息控制的电源，例如园林中的公共广播系统、监控系统属于弱电。从电压等级上划分，弱电一般是 60V 以下。园林用电强电多于弱电。

（2）园林供电系统电压

小范围民用设施的供电，通过降压变压器直接变为低压 380V/220V 三相四线制。园林中的配电箱内基本都是三相四线制配置的交流电。380V 交流电一般用作动力电源，220V 交流电一般用作照明电源。

（3）电气工程系统图

电气工程系统图是用于描述电气安装工程的系统图纸。它利用缩略图的模式反映出了系统的基本组成，主要电气设备、元件之间的连接情况，以及它们的规格、型号、参数等（图 4-18）。

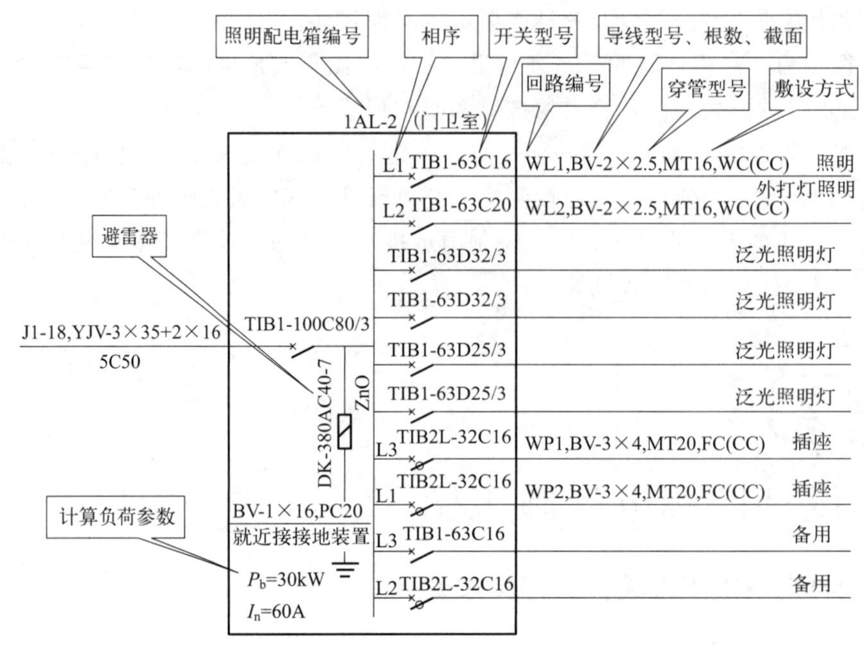

图 4-18　配电箱电气工程系统图

（4）负荷分级及供电要求

根据《供配电系统设计规范》（GB 50052—2009），按照供电可靠性的要求及中断供电在政治、经济上所造成的损失或影响程度，把负荷分为 3 级。

① 一级负荷：中断供电造成人身伤亡、重大经济损失及政治影响，必须两个独立电源供电。

② 二级负荷：中断供电造成较大的经济损失、政治影响和公共场所秩序混乱，可考虑一回架空线（或电缆）供电。

③ 三级负荷：不属于一级负荷和二级负荷者。

园林绿地一般属于休闲场所，供电负荷可按三级负荷考虑，但大型公园的照明负荷应按二级负荷供电，应急照明按一级负荷供电。

（5）照明供电线路

总配电箱到分配电箱的供电线路有放射式、树干式和混合式三种，如图 4-19 所示。

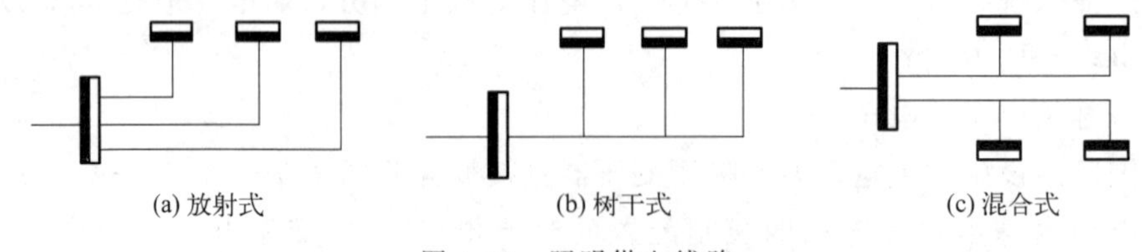

图 4-19　照明供电线路

① 放射式。各分配电箱分别由各干线供电。当某分配电箱发生故障时，保护开关将其电源切断，不影响其他分配电箱的工作。所以放射式供电方式的电源较为可靠，但材料消耗较大。

② 树干式。各分配电箱的电压由一条干线供电。当某分配电箱发生故障时，将影响其他分配电箱的工作，所以电源的可靠性差。但这种供电方式节省材料，较经济。

③ 混合式。放射式和树干式混合使用供电。吸取放射式和树干式的优点，既兼顾材料消耗的经济性又保证电源具有一定的可靠性。

(6) 照明灯具的标注格式

照明灯具的标注格式为：

$$a—b\frac{c\times d\times L}{e}f$$

其中　a——灯具的数量；

b——灯具的型号或编号；

c——每盏灯具的光源数量；

d——代表每个光源的功率；

L——光源的类型；

e——安装的高度；

f——安装方式。

例如：5—YZ40 2×40/2.5Ch 表示 5 盏 YZ40 直管型荧光灯，每盏灯具中装设 2 只功率为 40W 的灯管，灯具的安装高度为 2.5m，灯具采用链吊式安装方式。

(7) 动力和照明线路的标注格式为：

$$a—b(c\times d)e—f$$

其中　a——线路编号或线路用途编号；

b——导线型号；

c——导线根数；

d——导线截面积；

e——保护管方式、直径；

f——线路敷设方式和敷设部位。

如：WL1——BLV（3×60＋2×35）SC70—WC 表示线路为铝芯塑料绝缘导线，三根 $60mm^2$，两根 $35mm^2$，穿管径为 70mm 的钢管沿墙暗敷。标注中的各种符号见表 4-4～表 4-7。

表 4-4　线路编号

序号	中文名称	英文名称	文字符号
1	控制线路	Control Line	WC
2	照明线路	Lighting Line	WL
3	应急照明线路	Emergency Lighting Line	WE
4	电视线路	TV. Line	WV

表 4-5　常用电缆型号

序号	型号	名称
1	BV	铜芯聚氯乙烯绝缘电线
2	BLV	铝芯聚氯乙烯绝缘电线
3	BVV	铜芯聚氯乙烯绝缘氯乙烯护套电线
4	FS	防水电缆

表 4-6 保护管方式

序号	名称	符号
1	穿钢管	SC
2	穿电线管	TC
3	穿硬塑料管	PC
4	穿阻燃半硬塑料管	FPC
5	穿阻燃硬塑料管	PVC

表 4-7 线路敷设方式、部位

序号	名称	符号
1	明敷	E(Exposed)
2	暗敷	C(Concealed)
3	沿墙、梁、柱敷设	WC(Wall Conceal)、B、C
4	沿地面(板)暗敷	FC(Floor Conceal)
5	在吊顶内敷设	SC(Suspended ceiling)

4.2.1.2 园林电气施工图设计的内容及绘制要求

园林电气施工图是园林施工图的一个组成部分，它以统一规定的图形符号辅以简明扼要的文字说明，把电气设计内容明确地表示出来，用以指导园林供电的施工。电气施工图是供电施工的主要依据，它是根据国家颁布的有关供电技术标准和通用图形符号绘制的。园林电气施工图内容如下。

（1）园林电气设计说明

需要对园林电气的设计依据、设计范围、设计施工、主要设备材料表等分别进行说明。它是为了指导施工、确保供电安全、提高工程质量和保障园林景观效果而设定的。其内容如下。

1）设计依据　具体包括以下设计依据。

① 建设单位提供的设计资料和要求。

② 园林景观设计单位提供的景观设计图。

③ 国家现行电气设计及验收等相关规范和标准，如《供配电系统设计规范》(GB 50052—2009)；《低压配电设计规范》(GB 50054—2011)；《民用建筑电气设计标准》(GB 51348—2019)；《建筑照明设计标准》(GB 50034—2013)；《城市夜景照明设计规范》(JGJ/T 163—2008) 等。

2）电源的来源及电压等级　说明园区内电源引自哪个回路，有无安全隐患。计算各个用电设备的功率需求、使用时间和同时运行的设备数量等，看是否符合系统负荷供电的等级。

① 线路敷设方式。研究设计场地的场景和特点，选择相应线路敷设方式，如地下敷设、架空敷设、隧道敷设等。说明每种方式各自的优缺点和适应的场景。园林供电线路的敷设基本选择地下敷设，以维护园林景观效果。

根据使用需求和敷设方式选择敷设材料。线路敷设的步骤和要点应详细说明，包括规划设计、施工准备、敷设过程中的安全措施、敷设深度和间距的确定等。强调敷设过程中的注意事项，如避免与其他管线冲突、保护线路免受外界损害等。

若敷设线路需要后期维护，则要介绍线路敷设后的维护和管理工作，包括巡检、保养、故障排除等。强调定期检查线路的状态，及时处理故障，确保线路的正常运行。

② 设备安装方式。电气系统中有配电箱、控制器、开关、灯具等设备，在安装过程中注意接线的正确性和稳固性，避免接线松动或短路等问题。根据设计规划，安装相应的保护装置，如漏电保护器、过载保护器等。确保电气设备的安全运行，防止事故的发生。

③ 防雷接地措施。园林工程建立在室外，要建立良好的接地系统，选用有良好的导电性能和耐腐蚀性的接地材料，能减少雷击的危害和事故的发生。

3）其他　例如，当有水景用电设施配电设计时，需要说明隔离变压器供电使用，以及水景泵和水景灯选择建议等事项。

（2）电气平面图

电气平面图是表示各种电气设备在机械设备和电气控制柜中实际安装位置的图纸，是电气施工图纸的核心内容。它将电器设备及线路都投影到同一平面上来表示，用简单的单线把整个工程供电线路电气设备之间的连接关系和电气参数表示出来。帮助工程师和技术人员了解电力系统的结构，进行故障诊断和施工工作。电气平面图一般包括变配电平面图、动力平面图、照明平面图、防雷接地平面图及弱电（电话、广播）平面图等。如：照明平面图上标有电源实际进线的位置、规格、穿线管径，配电箱的位置，配电线路的走向，干支线的编号、敷设方法，开关、插座、照明器具的种类、型号、规格、安装方式和位置等。

（3）电气系统图

电气系统图分为电力系统图、照明系统图和弱电（电话、广播等）系统图。图上标有整个园林内的配电系统和容量分配情况、配电装置，导线型号、截面、敷设方式及管径等。绘制内容如下：

① 配电箱的型号、编号，避雷器的型号，计算负荷的参数；

② 电源进线线缆规格、电源引接点、保护管直径及敷设方式；

③ 电源进线开关型号、规格，电能计量装置；

④ 各供电回路的编号，导线型号、根数、截面，保护管直径及敷设方式；

⑤ 照明灯具等用电设备或供电回路的负荷名称、数量、功率等。

（4）电气原理图

电气原理图表明了电气控制线路的工作原理，以及各电器元件的作用和相互关系，而不考虑各电路元件的安装位置和实际连线情况。绘制电气原理图一般遵循的规则如下。

① 电气控制线路分为主电路和控制电路。主电路用粗线绘制，而控制电路用相对较细的线绘制。一般主电路画在左侧，控制电路画在右侧。

② 电气控制线路中，同一电器的各导电部件（如线圈和触点）常常不画在一起，但必须统一用文字标明。

③ 电气控制线路的所有电器触点都按工作状态绘出。

（5）电气详图

电气安装工程的局部安装大样、配件构造等均要用电气详图表示出来才能施工。一般的施工图不绘制电气详图，电气详图与一些具体工程的做法均可参考标准图集或通用图册施工。

4.2.2 园林电气施工图设计的实践操作

4.2.2.1 任务分析

根据砺精园设计方案分析，用电形式既有喷泉、喷灌等水泵动力用电，又有园林照明用电，因此砺精园供电系统可分为动力系统和照明系统两部分。园林照明系统根据功能还可细分为普通照明与景观照明两种类型。根据景观工程布置对电力供应的要求，合理设计、确定电气的使用类型：园林照明、水景、泛光照明等。完成砺精园的电气平面图以及电气系统图。

园林电气施工图设计的基本思路为：熟悉方案设计，领会场地空间布局特点→在总平面图的基础上找出照明和景观用电点位置→选择适合的照明灯具及光源→布置照明配电线路→绘制照明平面布置图→布置动力用电点配电线路→绘制动力用电平面布置图→确定各类用电设施的用电量→绘制标准的配电系统图。

4.2.2.2 任务实施

（1）第一步：搜集信息

① 调查园林项目的夜晚环境、使用人群、场地设计目的。

② 分析主要景观和植物环境等场地基础资料。

③ 与其他专业联系。场地内无高大建（构）筑物，无其他管网。

（2）第二步：选择照明灯具和灯具位置

室外照明灯具的类型有路灯、门灯、广场投光灯、庭院灯、草坪灯、水池灯、地埋灯、霓虹灯、光纤等。根据任务分析已知，该园面积小，铺装成环形，主要选用了庭院灯、广场投光灯、草坪灯 3 种类型的照明灯具，以确保夜间景观效果和行路安全。

① 庭院灯。在入口广场、小游园散步道、游憩林荫道等处选择柱式庭院灯照明，采用单边单排的方式布置。在园路的弯道处，布置在弯道的外侧；在道路的交叉点，布置在转角的突出位置上。灯高度一般为 2.5m，间距一般为 12～15m。

② 投光灯。在入口花坛处选择投光灯，强调入口主景的景观照明。

③ 草坪灯。在距草坪边线 1.0～2.5m 的草坪上设置草坪灯。如果草坪很大，也可在草坪中部均匀地分布一些灯具。采用矮柱式灯具，起到辅助照明的作用，也可很好地对草坪进行照明，使园林具有柔和、朦胧的夜间景观效果。矮柱灯可以根据景观空间与路网随分随合，设置在草坪绿地中部、水体边缘处等位置（图 4-20）。

（3）第三步：绘制照明配电线路布置及配电箱控制原理图

① 配电线路的布置方式有 5 种：链式线路、环式线路、放射式线路、树干式线路、混合式线路。

② 配电线路布置要点：从供电点到用电点尽量取近走直线；配电箱每一支路一般控制一种灯具类型，每一条支路的单相回路一般不超过 25 个；每根支线上的工作电流一般为 6～10A 或 10～30A；如果公园一类灯具类型数量多，可分别设置两个以上的单相回

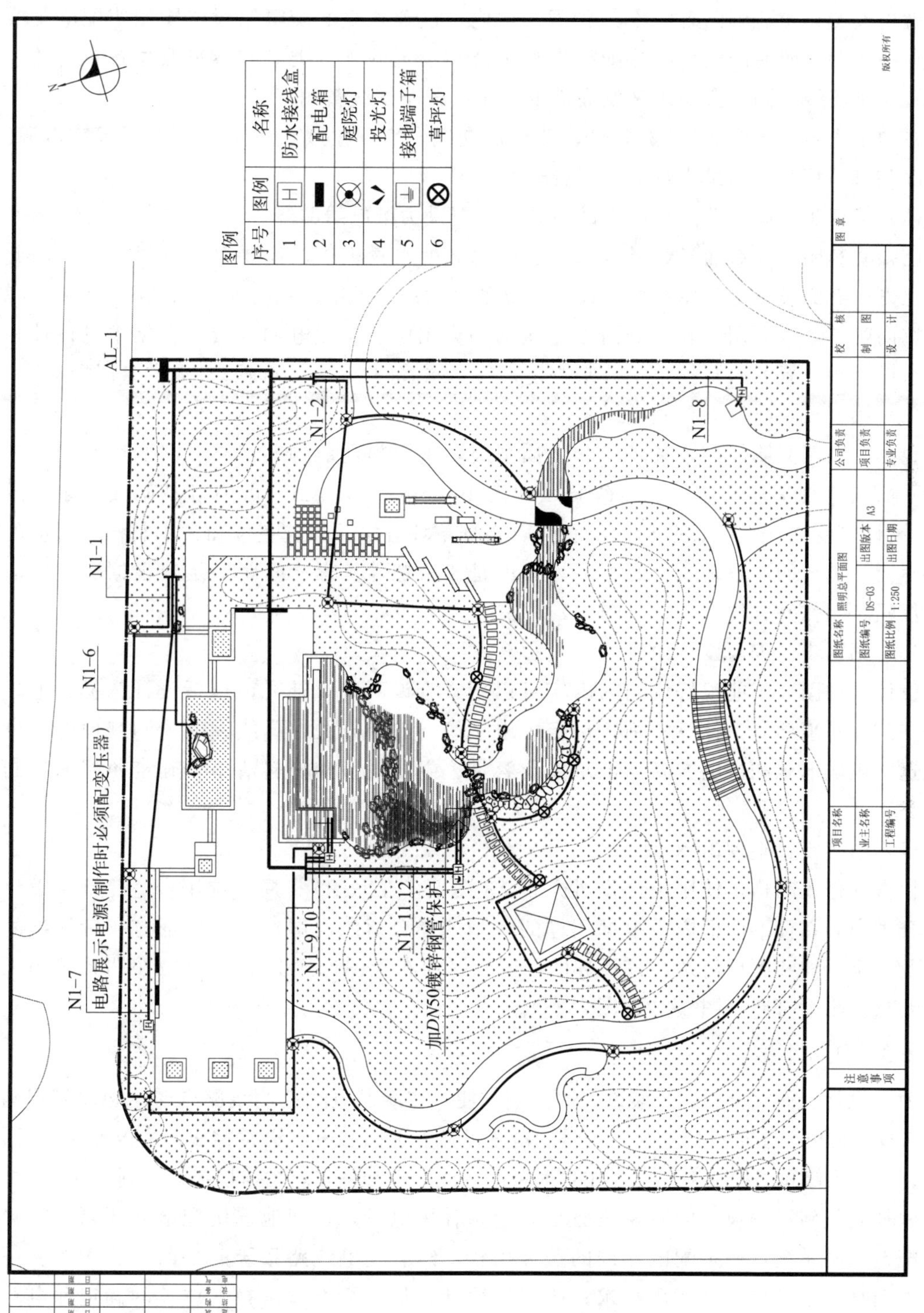
图例
序号 图例 名称
1 防水接线盒
2 配电箱
3 庭院灯
4 投光灯
5 接地端子箱
6 草坪灯
AL-1
N1-1
N1-2
N1-6
N1-7
N1-8
N1-9.10
N1-11.12
电路展示电源(制作时必须配变压器)
加DN50镀锌钢管保护
版权所有
图章
校核
制图
设计
公司负责
项目负责
专业负责
图纸名称 照明总平面图
图纸编号 DS-03
出图版本 A3
图纸比例 1:250
出图日期
项目名称
业主名称
工程编号
注意事项

图4-20　照明总平面图

路；各用电点要考虑将来发展的需要，留足接头和插口。

已知砺精园面积较小，设施少，周围有建筑物已配置的变压器。因此该园电力来源直接就近设置在东北侧已有的设备管理用房内，设置独立的配电箱对该园照明配电支线进行集中控制。照明配电线路分配根据整个公园设置的灯具类型和数量及位置布局的要求设置4条支线，同时考虑未来发展需要，留有3条支线备用。

在图中表示出支线N1-3庭院灯、草坪灯支线，N4-6投光灯支线和N7展示牌电源。根据庭院灯、草坪灯和投光灯的位置合理布线。

（4）第四步：确定动力用电点的位置，布置动力配电线路

已知砺精园内设有涌泉、景墙壁泉、跌水3处水景工程，需要电力提供动力。因此在东北侧已有的设备管理用房内，设置独立的动力用电配电箱，分别分出6路支线控制3处泵坑内的5个水泵用电和一处灌溉系统的动力用电。输配电的容量宜根据水景设计和给排水设计中设置的水泵技术参数来决定。每个水景的水泵供应商随机提供专用配电箱。

（5）第五步：绘制灯具基础详图

根据砺精园照明灯具安装环境和地质情况，采用预埋地脚笼基础。需要绘制出安装基础平面图，预埋地脚笼的基础截面尺寸为400mm×400mm（可因灯基础板大小而改变）。设计深度0.9m（试现场环境而定），根据草坪灯法兰固定空位和大小制作相对应的地脚螺栓。圆形的一般是3个螺栓，方形的是4个螺栓，螺栓间距一定要根据法兰上面的孔位间距制作并且焊牢固，见图4-21。

（6）第六步：编写设计说明

设计图中图样不能很好说明的内容可以用文字说明进行补充，包括设计依据、电气设备安装注意事项等。计算负荷，确定配电系统，选择开关、导线、电缆和其他电气设备，选择供电电压和供电方式。汇总安装容量、主要设备和材料清单，确定照明的控制模式。

（7）第七步：整理出图

检查并修改图样，使用设计公司标准A3图框，在CAD布局中选用合适比例将设计内容合理布置在标准图框内。根据图样的大小选择合适的出图比例，保证打印后图纸的尺寸及文字标注和图样清楚。该任务的照明总平面布置图比例为1∶250，照明系统图无比例要求。出图打印（图4-22、图4-23）。

4.2.2.3 任务小结

为了设计、研究分析、安装维修时阅图方便，在绘制电气控制线路图时，必须使用国家统一规定的电气图形符号和文字符号。电气设备安装图和电气设备接线图主要用于安装、接线、检查维修和工程施工。对于相对简单的系统，常常将安装图与接线图画到一起。

园林电气施工图设计的主要任务是确定园林用电量，合理地选用配电变压器，布置低压配电线路系统，确定配电导线的截面面积，绘制配电线路系统的平面布置图等。一般是由园林方案设计人员提出需求；施工图设计人员进行设备选择、位置的确定和电路布置；水电设计人员完成负荷计算、统计，及配变电系统设计等工作。

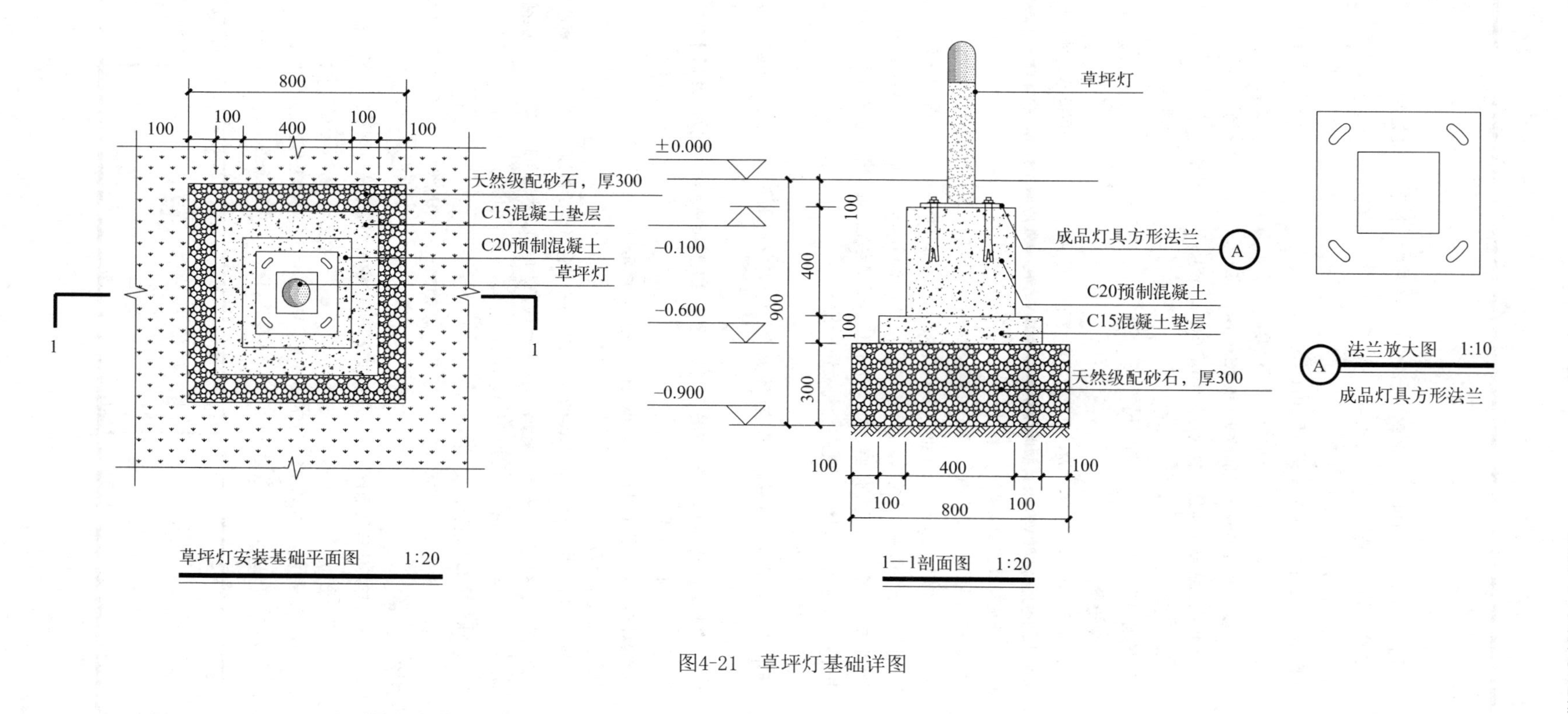

图4-21　草坪灯基础详图

建筑	结构	设备	电气
日期	日期	日期	日期

设计说明

一、设计依据

1.根据建设单位提供的电气专业景观设计任务委托书及初步设计灯具布置图。

2.根据本公司各专业提出的设计条件。

3.设计所依据的规范及标准如下：

《低压配电设计规范》(GB 50054–2011)；

《电力工程电缆设计标准》(GB 50217–2018)；

《城市道路照明工程施工及验收规程》(GJJ 89–2012)；

《建筑电气工程施工质量验收规范》(GB50303–2015)。

二、设计范围

园区景观照明及水系统电力等设计。

三、供电电源及电压

供电电源分别引自甲方指定的位置，以电缆埋地引入，供电电压为380/220V；水景电力使用电压为380V；照明使用电压为220V；水景照明使用电压为12V，由户外变压器供给。

四、设备选择及安装高度

1.配电箱按照系统图进行组装，防水防尘，户外型双层门单层锁配电箱。

2.配电箱落地安装在室外高出地面300mm的水泥台上，箱体防水防尘，用角钢支架固定，底座周围应采取封闭措

3.室外照明分手动和自动控制，自动控制采用定时控制开关，手动就地控制按钮安装在配电箱的箱面上(内层门

4.线路进入水池应先接防水接线盒。防水接线盒采用定型产品规格为NCB03～6孔等。接地端子箱及户外变压均暗装于距池外侧壁墙2m的地下，并做好防水处理。

五、园区灯具选择

1.园区内主要园路使用庭院灯。所有气体放电灯均带自补偿装置，补偿后功率因数为0.9，室外灯均为防水防尘防护等级为IP65。

2.当室外灯具距地面高度小于2.8m时，只应在使用工具除去遮护物或外护物后才可能接近光源。

3.园区设计最低照度为1lx。

4.LED灯具要求色温在3000～4000K之间，庭院灯遮光角不小于15度。

六、导线选择及敷设方式

1.室外电力和照明线路均采用YJV–0.6/1kV型交联聚氯乙烯电力电缆，均穿中型聚氯乙稀塑料管保护。沿绿化带暗设电缆沿人行路敷设穿重型聚氯乙稀塑料管保护。电缆穿越道路时，穿越段应另穿镀锌钢管保护，配管内径应小于电缆外径的1.5倍。电缆埋设深度为0.8m。线路在水下的部分均采用防水护套软电缆，穿中型聚氯乙烯塑料保护沿水池底部管道层敷设。

2.电缆直埋敷设时，应在电缆上、下面各均匀铺设100mm厚中细级配砂(不含卵石)再盖保护板，保护板应超出电侧各50mm。

3.电缆线路与其他管线平行、交叉及平面位置尺寸由管网综合进行调整。

七、电气安全

1.本设计低压配电系统接地形式为TN–S系统，配电箱内工作零线与保护线(PE线)端子板不可共用。由电源配电箱一根专用保护线(PE线)，至室外灯具外壳或金属灯杆，并可靠连接。

	注意事项		项目名称	
			业主名称	
			工程编号	

图4-22 电气施

2.电力和照明配出回路均设有漏电保护器，其额定动作电流为30mA。
3.为确保安全，电源线出现故障产生接地故障电流时，能迅速切断主开关，故要求电源侧主开关设漏电保护断路器，其额定动作电流为300mA。
4.每个高杆灯内安装一只熔断器加以保护(灯具厂根据光源及设备容量随设备配套)。
5.水池必须做局部等电位连接：将构筑物内钢筋，所有金属外框，水池上固定金属件，金属水管，所有电气设备及水循环系统等均与接地端子箱LEB端子板可靠连接。
6.沿水池和喷泉侧壁周围暗敷一根镀锌扁钢做局部等电位接地带，将构筑物内钢筋每隔5m与局部等电位接地带连接一次。局部等电位接地带距池底0.3m暗设并与接地端子箱LEB端子板可靠连接。

参考图集

图集号	名称	备注
12D101-5	110kV及以下电缆敷设	
CJJ89-2012	城市道路照明工程施工及验收规程	
02D501-2	等电位联结安装	

主要设备及材料表

序号	图例	名称	规格	单位	数量	备注
1	[H]	防水接线盒	NCB03-10	盏	4	
2	▬	配电箱	JX5-5002改	盏	1	
3	⊗	庭院灯	LED，53W/220V，H=3800	盏	18	
4		投光灯	LED，20W/220V	盏	2	
5	⏚	接地端子箱		盏	1	
6	⊗	草坪灯	LED，5W/220V，H=500	盏	5	

电气施工图设计说明			公司负责		校　核		图 章
DS-01	出图版本	A3	项目负责		制　图		
--	出图日期		专业负责		设　计		版权所有

图设计说明

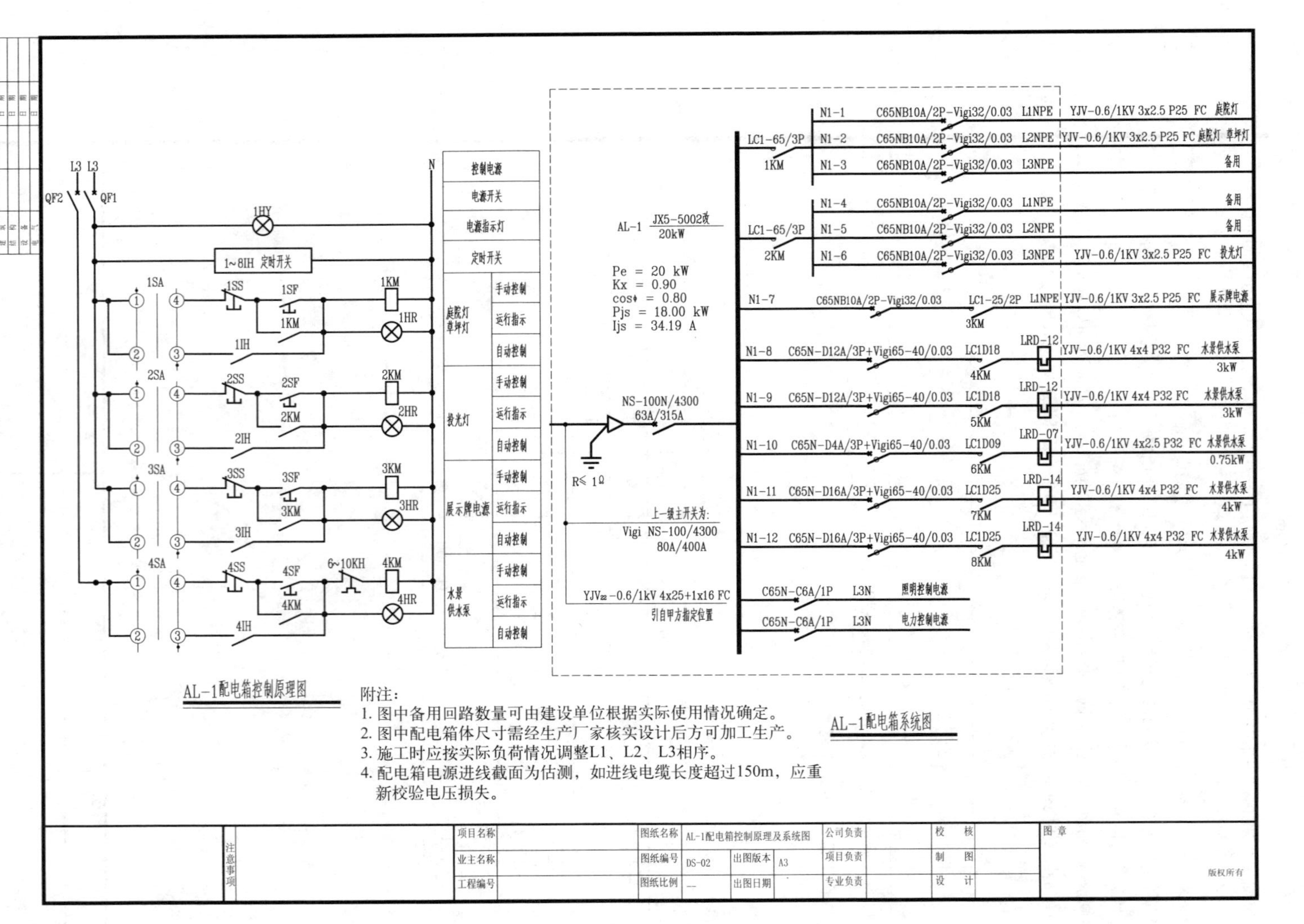

图4-23 AL-1配电箱控制原理及系统图

拓展阅读

继承与创新园林水景设计

水景设计是园林设计的一部分，因此园林设计的发展史也同样是水景的发展史。宛如天开、曲水流觞、觥筹交错、把酒言欢的场景一直是我国古代文人雅士所追求的境界。水景与诗歌结合也是中国古典园林的一大特色，如王羲之的《兰亭集序》、王维的《青溪》等。水景的形式与功能有机结合构成观赏性独特的景观，颐和园的昆明湖就是集观赏、娱乐、操练水军等诸多功能于一体的水景。

中国传统园林水景中，大多数都包含一定的人文内容。“小中见大，延伸空间”的手法，使其产生江洋之感。“步移景移，景观外延”的手法，形成弥漫的气势，引导游人在游览过程中获得丰富体验，同时借助岸线的延伸和物体的倒影，表现出水的深远之感。“空间分割，层次渗透”的水面造景手法，增加了水景的含蓄性，利用岛、堤、桥来划分水空间，形成水的动静之别、大小之异，从而形成丰富的层次感。“水园旱做”的手法，不是“形似”而是“神似”。唐代的枯山水庭院景观抽象地表现了自然界的水景，此后这种园林手法在日本更是得到了发展，成为一种独特的艺术造园手法。“曲水流觞”最早来源于东晋时期的文人之手，此后这种模式被引入了皇家园林。出现了如流杯亭、流水音亭等水景形式，在现代园林中也常常运用。此外，中国传统水景中还常借助山石与植物来共同营造景观。

我国传统园林艺术博大精深，园林水景是园林景观的重要组成部分。现代水景设计要继承中国传统园林水景中的优秀理论及手法，取其精华，在继承的基础上进行创新，综合运用当代最具有时代特色与科技含量的设计手段，体现中国传统园林文化与科技创新风格相结合的现代化、人性化设计理念，让文化和艺术融入人们的生活，从而提高人们的生活质量，提高公众的文艺修养。

思考与练习

① 园林用水有哪些类型？园林给水的特点有哪些？
② 园林基本排水方式有哪些？园林排水的特点是什么？
③ 园林给排水管材的种类有哪些？它们的特点是什么？
④ 园林室外灯具有哪些类型？其位置一般怎样选择？
⑤ 简述配电线路布置的要点。
⑥ 简述园林给排水设计的流程及注意事项。
⑦ 简述园林电气设计的内容及注意事项。

笔 记

项目 5

园林施工图文本设计

技能目标

① 会进行图纸目录编排、设计总说明编制等施工图文本的设计。

② 能按合同要求整理所涉及的所有专业的设计图纸（含图纸目录、说明和必要的设备、材料表以及图纸总封面）。

知识目标

① 熟悉施工图文本的设计内容。

② 掌握一般施工图文件的设计标准，包括施工说明书、运行说明书、施工图纸。

工作情景

在完成施工图样设计及绘制后，需要对图样进行审核、排版和打印出图。再提交给单位总工程师进行图纸的审批，后续需要施工图设计人员配合工程施工人员进行技术交底。

园林施工图设计内容灵活、庞杂、细碎，需要表达的细节很多，需要对大量的平面、立面面层纹样进行设计，如广场地面、树池和景墙立面铺装样式等。参考相关的制图标准与设计表达方式，形成园林施工图文本。从某种意义上讲，园林施工图文本本身就是一种设计。

施工图文字部分涵盖封面、目录、设计说明等内容。为保证施工图内容完整，施工图内部除包含各专业施工图纸外，还应设计图纸封皮及目录。图纸封皮可直观体现项目名称、设计单位等信息；目录设计则有效提升了查看施工图的便捷性，保证施工图检索内容的清晰度及系统性，整套图纸的逻辑顺序可以通过图纸目录来体现；设计说明体现项目的基本情况，对材料、施工的基本要求，以及常规做法等。

任务 5.1

图纸封皮及目录设计

5.1.1 图纸封皮及目录设计的相关知识

一般来说，在图纸排列顺序中，图纸封皮及目录置于最前面，而为了提升工作效率，保证封皮及目录内容的全面性，封皮及目录的设计及编制工作往往在各专业施工图设计完成后进行。

图纸封皮的常规尺寸为 A2，实际尺寸以项目出图尺寸为准。图纸封皮应包含以下内容：项目名称、设计阶段、设计出图单位、出图时间及出图版本等。

图纸目录可以通过表格形式体现，在各专业施工总平面图与施工详图、通用图等已构成索引系统的基础上，结合图纸设计要求完成图纸编排等方面的工作。在施工目录中采用图纸编号与图纸名称对应的方式展现，可提升图纸检索的便捷程度。图纸目录应包含序号、图号、图名、图幅、备注。

5.1.1.1 图纸封皮设计要点

图纸封皮样式一般由公司统一制作模版，除包含项目名称、设计阶段、设计出图单位、出图时间及出图版本等基本信息外，也可加入个性化设计元素，如公司标识等。

① 项目名称：由甲方确定，通常要求与项目报批（报建）时的名称一致。

② 设计阶段：注明图纸设计所处的阶段，如初步设计阶段、施工图设计阶段。

③ 设计出图单位：填写设计公司全称。

④ 出图时间：一般为与甲方约定的“交图时间”。

⑤ 出图版本：图纸修改可以以版本号区分，每次修改必须在修改处做出标记，并注明版本号。

a. 方案图或报批图等非施工用图版本号：第一次出图版本号为 A；第二次出图版本号为 B；第三次出图版本号为 C。

b. 施工图版本号：第一次出图版本号为 0；第二次出图版本号为 1；第三次出图版本号为 2。

5.1.1.2 图纸目录设计要点

图纸目录是为了说明施工图由哪些专业的图纸组成，是表示图纸名称、图纸数量等信息的表格，其目的在于方便图纸的归档、查阅及修改，是施工图纸的明细和索引。图纸目录应排列在一套施工图纸的最前面，且不编入图纸的序号中，通常以列表的形式表达。

（1）序号

应从“1”开始编号，直到全套施工图纸的最后一张，不得空缺和重复，从最后一个序号数字可知全套图纸的总张数。

（2）图号

一套完整的施工图图纸除了要在绘图上表达详尽以外，整齐有序的目录图号汇编也起到很关键的作用。不同的设计单位对图号的设计不同，一般来说，图号由图纸专业缩写编号+本专业图纸编号组成，如果项目包含分区设计，则在图号中加入分区编号。

常用的专业编号如下：

YS——园施（园建设计图）、JS——结施（结构设计图）、LS——绿施（植物种植设计图/软景设计图）、SS——水施（给排水设计图）、DS——电施（电气设计图）、BZ——标准设计图、SM——设计说明。

也有设计单位将园建设计图细分为总图设计和详图设计，分别进行编号：

LP——园建总图、LD——园建详图。

例如：图号"LP-A-01"中，"LP"表示的是园建专业中景观设计总图，"A"表示项目的A区，"01"表示景观设计总图A区中的第1张施工图；图号"LS-03"表示的是种植设计图中的第3张施工图。

（3）图名

图纸名称命名时，尽量用方案设计时取的名称，一方面体现与方案设计之间的连续性，另一方面有助于设计师在施工图设计时考虑对方案设计的忠实性，且命名不要抽象，要尽量具体。如果项目进行了分区，那么命名时需体现所属区域，如：A区景墙详图、B区水景详图等。全套施工图纸中不允许有同名图纸出现，如果项目中有相同景观元素出现，则可根据其材料、特征或功能对其进行命名，如：A区圆形花池、A区方形花池等。图纸目录中的图号、图纸名称应该与其对应施工图纸中的图号、图纸名称相一致，以免混乱，影响识图。

（4）图幅

图纸目录的图幅大小一般为A4，根据实际情况也可采用A3或其他图幅。

（5）备注

图纸目录应注事项可在备注栏说明。

5.1.2 图纸封皮及目录设计的实践操作

5.1.2.1 任务分析

一套完整的园林施工图图纸除了要在绘图上表达详尽以外，整齐有序的目录图号汇编也起了很关键的作用。图纸目录应分专业编写，园林、结构、给排水、电气等专业应分别编制自己的图纸目录，但若结构、给排水、电气等专业的图纸量太少，也可以与园林专业图纸合并为一个图纸目录，成为一套图纸。

每个项目的施工图编制多少都会有些不同，但万变不离其宗。需要以"从实际出发，实事求是"的原则和态度，根据项目的大小、设计内容的多少来灵活调整施工图目录。

5.1.2.2 任务实施

（1）第一步：搜集信息

① 获取项目名称，确定项目编号。砺精园为某职业技术学院的实训基地样板园，项目前期立项审批过程中确定工程名称为"砺精园园林工程施工样板园景观"，由×××园林景观设计有限公司负责施工图设计并确定项目编号，出图时间为××年××月。

② 汇总各专业（工种）施工图纸。园林景观工程施工图设计覆盖专业较广，不同专业的设计师都要参与设计，绘制各自专业的设计图纸，并相互配合协调，共同完成园林项目的全套施工图。如园林景观施工图由园林设计师负责，结构专业、给排水专业、电气专业施工图则应分别由相应专业的设计师负责。

③ 规范各专业（工种）施工图文件名称。各专业施工图文件名称以“图号＋图名”的形式体现。其中“图号”“图名”应与绘图文件布局图框中的图号、图名一致，以提高目录编辑效率。

（2）第二步：设计图纸封皮

根据本项目各专业出图图幅要求，确定封皮尺寸为A3。根据任务前期搜集的信息，确定图纸封皮内容后，选择合适的文字大小，设置位置，制作图纸封皮，如图5-1所示。

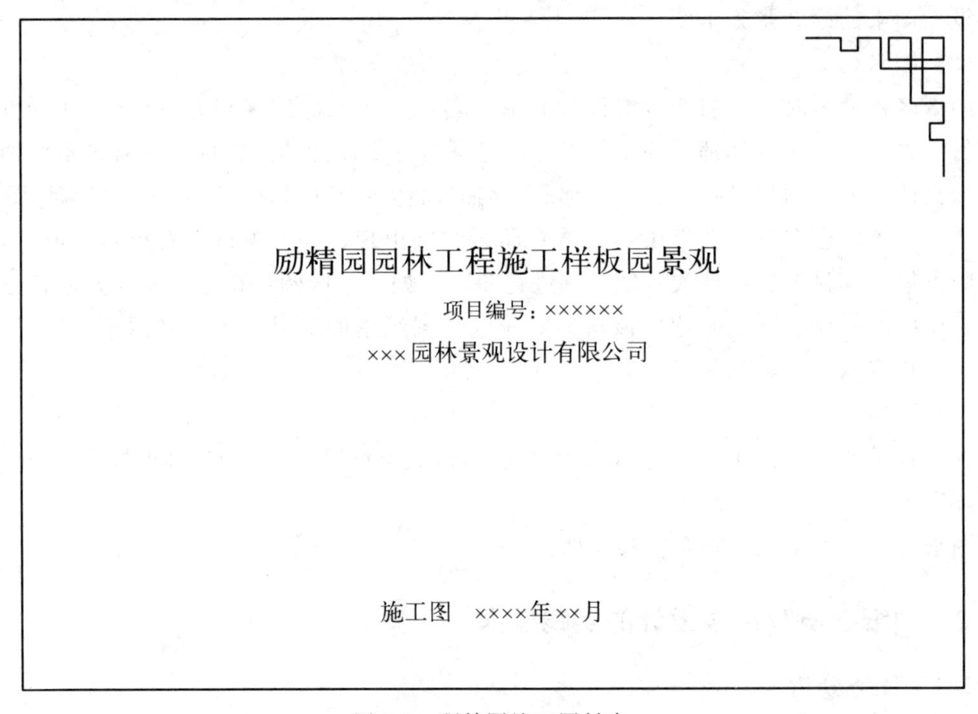

图5-1　砺精园施工图封皮

（3）第三步：编制图纸目录

施工图设计初期，在AutoCAD中插入目录表格，初步拟定施工图目录，在绘制完所有施工图后按照图纸编写图号重新调整最终目录，两者结合使得制图过程中目录与图纸不会出现脱节的情况。

本项目施工图包括环施（HS）、建施（JAS）、结施（JS）、水施（SS）、电施（DS）、绿施（LS）等部分。图纸目录按此顺序进行排列。

（4）第四步：整理出图

使用设计公司标准A3图框，在CAD布局中将图纸目录合理布置在标准图框内（图5-2、图5-3）。

工程设计图纸目录-1

序号	图纸编号	图纸名称	图幅	备注
	环施(HS)			
01.	01	施工图设计总说明	A3	
02.	02	园林总平面图	A3	
03.	03	定位放线平面图	A3	
04.	04	分区定位放线平面图	A3	
05.	05	园林竖向布置图	A3	
06.	06	铺装物料平面图	A3+1/2A3	
07.	07	铺装形式定线定位图	A3	
08.	08	园路及广场铺装结构详图	A3	
	建施(JAS)			
09.	01	种植池一详图一	A3	
10.	02	种植池一详图二	A3	
11.	03	种植池二详图	A3	
12.	04	种植池三详图	A3	
13.	05	种植池坐凳组合详图一	A3	
14.	06	种植池坐凳组合详图二	A3	
15.	07	矮墙坐凳一	A3	
16.	08	矮墙坐凳二详图一	A3	
17.	09	矮墙坐凳二详图二	A3	
18.	10	景亭详图一	A3	
19.	11	景亭详图二	A3	
20.	12	景亭详图三	A3	
21.	13	廊架详图一	A3	
22.	14	廊架详图二	A3	

序号	图纸编号	图纸名称	图幅	备注
	建施(JAS)			
23.	15	景墙一详图	A3	
24.	16	景墙二详图	A3	
25.	17	景墙三详图	A3	
26.	18	景墙四详图一	A3	
27.	19	景墙四详图二	A3	
28.	20	景墙五详图一	A3	
29.	21	景墙五详图二	A3	
30.	22	景墙六详图一	A3	
31.	23	景墙六详图二	A3	
32.	24	景墙种植池组合详图一	A3	
33.	25	景墙种植池组合详图二	A3	
34.	26	景墙种植池组合详图三	A3	
35.	27	水景平面图	A3	
36.	28	水景定位平面图	A3	
37.	29	水景立面图	A3	
38.	30	水景详图一	A3	
39.	31	水景详图二	A3	
40.	32	水景详图三	A3	
41.	33	水景详图四	A3	
42.	34	水景详图五	A3	
43.	35	水景详图六	A3	
44.	36	水景详图七	A3	
45.	37	水景详图八	A3	

图 5-2　砺精园工程设计图纸目录 1

工程设计图纸目录-2

NO. 序号	NO.DRAWING. 图纸编号	DRAWING TITLE. 图纸名称	MAPSHEET. 图幅	ANNOTATIONS. 备注
	建施(JAS)			
46.	38	水景详图九	A3	
47.	39	水景详图十	A3	
48.	40	水景详图十一	A3	
49.	41	展示牌详图	A3	
	结施(JS)			
50.	01	结构设计说明	A3	
51.	02	水景结构详图一	A3	
52.	03	水景结构详图二	A3	
53.	04	水景结构详图三	A3	
54.	05	景观桥结构详图及挡土墙结构详图	A3	
55.	06	景墙及景墙种植池组合结构详图	A3	
	水施(SS)			
56.	01	给排水设计说明	A3	
57.	02	给排水总平面图	A3	
58.	03	给排水详图一	A3	
59.	04	给排水详图二	A3+1/2A3	
60.	05	给排水详图三	A3	
61.	06	给排水详图四	A3	
62.	07	给排水详图五	A3	
63.	08	给排水详图六	A3+1/4A3	
	电施(DS)			
64.	01	电气设计说明	A3	
65.	02	AL-1配电箱控制原理及系统图	A3	
66.	03	照明总平面图	A3	
67.	04	草坪灯基础及基础展示详图	A3	

NO. 序号	NO.DRAWING. 图纸编号	DRAWING TITLE. 图纸名称	MAPSHEET. 图幅	ANNOTATIONS. 备注
	绿施(LS)			
68.	01	植物种植设计说明一	A3	
69.	02	植物种植设计说明二	A3	
70.	03	植物种植材料明细表	A3	
71.	04	植物种植总平面图	A3	
72.	05	乔木种植平面图	A3	
73.	06	乔木种植定线定位图	A3	
74.	07	灌木及地被种植平面图	A3	
75.	08	灌木种植定线定位图	A3	
76.	09	景石立面图	A3	

图 5-3　砺精园工程设计图纸目录 2

任务 5.2

施工图设计总说明编制

5.2.1 施工图设计总说明的相关知识

5.2.1.1 施工图设计总说明的用途

① 对图样中无法表达清楚的内容用文字加以详细说明。

② 是园林施工图设计的纲要，对设计本身起着指导和控制的作用。

③ 为施工单位、监理单位、建设单位了解设计意图提供了重要依据。

④ 阐述设计师意图，同时也是设计师维护自身权益的文件。

5.2.1.2 施工图设计总说明的内容及编制要求

施工图设计总说明不是单纯的施工说明，它是设计单位针对图纸设计的总体说明。园林工程各专业设计说明包括园林、结构、给排水、电气等部分。当工程简单或规模较小时，各专业说明可以合并，内容可以简化。

施工图设计总说明包括以下具体内容。

(1) 工程概况

工程名称、建设地点、建设单位、建设规模（园林用地面积）；项目用地性质是建筑场地还是公园绿地，如果是住宅或商业绿地，园林是否建在地下车库上；是否有人车分流设计等。

(2) 设计依据

设计依据的具体内容如下。

① 设计所依据的主要法规和主要标准，包括标准的名称、编号、年号和版本号，如表 5-1 所示。

表 5-1 现行国家及地方颁布的有关工程建设的各类规范、规定与标准（包含但不限于下表所列内容）

序号	名称	编号	备注
1	《城市居住区规划设计标准》	GB 50180—2018	
2	《公园设计规范》	GB 51192—2016	
3	《城市绿地设计规范(2016 年版)》	GB 50420—2007	
4	《城市道路交通组织设计规范》	GB/T 36670—2018	
5	《无障碍设计规范》	GB 50763—2012	
6	《工程结构可靠性设计统一标准》	GB 50153—2008	
7	《建筑结构可靠性设计统一标准》	GB 50068—2018	
8	《建筑结构荷载规范》	GB 50009—2012	
9	《建筑地基基础设计规范》	GB 50007—2011	
10	《通用用电设备配电设计规范》	GB 50055—2011	
11	《钢结构设计标准》	GB 50017—2017	
12	《木结构设计标准》	GB 50005—2017	

续表

序号	名称	编号	备注
13	《砌体结构设计规范》	GB 50003—2011	
14	《混凝土结构设计规范(2015 年版)》	GB 50010—2010	
15	《园林绿化工程施工及验收规范》	CJJ 82—2012	
16	《城乡建设用地竖向规划规范》	CJJ 83—2016	
17	《城市道路工程设计规范(2016 年版)》	CJJ 37—2012	
18	《城市道路路基设计规范》	CJJ 194—2013	
……			

② 经批准的可行性研究报告。

③ 经相关政府部门批准的方案设计、初步设计审批文件（列出批文号）等。

④ 甲方相关的会议纪要（列出名称、日期等）。

⑤ 甲方提供的有关地形图，及气象、地理和工程地质资料等。

（3）设计范围

甲乙双方合同约定的基础范围内的室外园林景观设计。

（4）技术说明及要求

① 说明标高系统、坐标体系。

② 说明标注单位。除标高、网格、坐标以米为单位外，其余尺寸均以毫米为单位。

③ 相关技术说明及要求，如施工流程、特殊工艺、设计选用新型材料产品等。

（5）安全措施

工程所有的设计均需满足国家及地方现行工程建设规范。

（6）做法要求

除图纸中另有要求或另有工程做法的详细说明外，均按此工程做法的要求施工。如图纸与现场有任何偏差，施工方应及时通知景观设计师，改变前需得到业主和景观设计师的批准确认。

（7）材料要求

① 结构材料。混凝土材料强度等级、砌体材料、金属件材料、其他结构材料应符合国家标准中的有关规定。

② 装饰材料。注明材料的选择要求，未注明的材料要求由业主会同设计及施工单位另行商量决定。

（8）施工说明

① 定位与竖向调整。

② 结构基础施工。

③ 装饰施工。

④ 其他施工内容。

（9）其他说明

凡与国家规范及法律相冲突之处，均以国家规范及法律规定的相关条款为准。

5.2.2 施工图设计总说明的实践操作

5.2.2.1 任务分析

施工图设计总说明是对设计项目概况和设计师意图的阐述，对施工图中无法表达清楚的内容用文字加以说明。施工图设计总说明需以新建项目各专业施工图设计为主要依据，结合项目实际情况准确编写。

编制施工图设计总说明前要熟悉场地条件、现状及设计标高，熟悉各专业施工图设计内容及各专业图纸间的衔接与联系，熟悉施工工艺流程，拟选用材料的种类、特点及应用，在充分考虑规范要求及甲方需求的基础上，用文字、图表的形式说明工程概况、设计依据、设计范围、主要技术经济指标、施工技术及要求、做法要求、材料要求、现场施工要求等内容。

5.2.2.2 任务实施

（1）第一步：搜集信息

搜集项目场地条件信息，分析新建项目场地条件。根据新建项目施工图设计各专业分工，整合各专业设计图纸内容。新建项目主要包括总平面图、建筑施工图、结构施工图、绿化施工图、给排水施工图、电气施工图六个部分。在项目负责人（负责总平面图设计）的统筹下，由园建设计师（负责总平面图和建筑施工图设计）、植物设计师（负责绿化施工图设计）、结构设计师（负责结构施工图设计）、给排水设计师（负责给排水施工图设计）、电气设计师（负责电气施工图设计）共同协作完成施工图的绘制。

一般来说，新建项目施工图设计总说明由项目负责人编制。

（2）第二步：编写施工图设计总说明

砺精园项目的施工图设计总说明内容如下。

一、项目名称：砺精园园林工程施工样板园景观

二、项目概况：本项目位于××省××市，项目用地总面积3324m^2，项目包括本期砺精园（样板园）景观设计。

三、设计依据

① 甲方提供的设计依据。

a. 甲方提供的相关图纸，如表1所示。

表1 甲方提供的相关图纸

编号	图纸名称	图纸类型
1	规划平面图	CAD

b. 经甲方认定的景观设计方案。

② 国家及省、市现行各专业有关规范、规定，如表2所示。

四、主要技术经济指标

主要技术经济指标如表3所示。

表 2 国家及省、市现行各专业有关规范、规定

编号	规范代号	规范名称
1	GB 51192—2016	《公园设计规范》
2	GB 50420—2007	《城市绿地设计规范(2016 年版)》
3	CJJ 83—2016	《城乡建设用地竖向规划规范》
4	CJJ 82—2012	《园林绿化工程施工及验收规范》
5	CJJ 75—97	《城市道路绿化与规划设计规范》
6	GB 50007—2011	《建筑地基基础设计规范》
7	GB 50003—2011	《砌体结构设计规范》
8	GB 50010—2010	《混凝土结构设计规范(2015 年版)》
9	GB 50005—2017	《木结构设计标准》
10	GB 50268—2008	《给水排水管道工程施工及验收规范》
11	GB 50242—2002	《建筑给水排水及采暖工程施工质量验收规范》
12	GB 50055—2011	《通用用电设备配电设计规范》

表 3 主要技术经济指标

环境占地面积 $3324m^2$		
水体面积	园林硬景及软景占地面积 $3005m^2$	
$319m^2$	硬质景观占地面积	软质景观占地面积
	$878m^2$	$2127m^2$

五、阅读图纸注意事项

① 各专业图纸配合施工。

② 图中所注尺寸如未加特殊说明，除标高以米为单位外，其余尺寸均以毫米为单位。

③ 图中所有尺寸以标注数值为准。

④ 未尽事宜：发现问题及时通知本工程项目负责人，及时处理，以免延误工期造成不必要的损失。

⑤ 未尽事宜请参见相关规范或及时通知项目负责人。

六、整体施工注意事项

① 本工程施工前请认真阅读和熟悉施工图纸，如发现因现场实际情况变化导致现状与设计图纸不符之处，请及时与项目负责人联系，协商解决。

② 在进行园林施工时应参照相关的建筑、水暖等专项设计，当本设计与相关的专项设计出现冲突时，应由施工方将情况书面通知设计方，由设计方、施工方及甲方三方协商共同解决。

③ 铺装与草地相连接处的各构造层次施工时，从铺装基层开始以侧壁支撑板支撑的形式进行垂直施工。

④ 铺装面材、外部装饰材料的色彩、质感等内容需要在订货时按照设计要求选择。

⑤ 若如无特殊说明，本设计中所有建筑小品的面层材料均为通缝设计，特殊情况不能通缝处理的，请及时与项目负责人联系，协商解决。转角处采用转角密缝对角处理。

⑥ 若如无特殊说明，所有花岗岩及板岩压顶均要求切割整齐，密缝处理。石材压顶及台阶踏步边缘均做倒角处理，倒角半径为 20mm。

⑦ 若如无特殊说明，所有埋地灯及水景中的水下射灯安装后，边缘缝隙打胶密实，表面平整光滑无痕迹。

⑧ 若如无特殊说明，与铺装相接的植物土壤标高比铺装标高低 0.03m；与沥青路相接的边石标高比沥青路标高高 0.15m。

⑨ 水池的进水口、溢水口、排水坑、泵坑均宜设在池内较隐蔽的地方。

⑩ 施工保护：承建方应安排好施工顺序，避免发生后建工程将先建工程损坏的情况。

⑪ 未尽事宜：发现问题及时通知本工程项目负责人，以免延误工期，造成不必要的损失。

⑫ 本工程给排水、电气、动力等设备管道穿过钢筋混凝土或砌体时，均需预埋或预留孔，不宜临时开凿，并应密切配合各工种施工。

七、单项施工注意事项

（一）基础部分

① 砖基础：MU10 烧结页岩实心砖，M5.0 水泥砂浆砌筑。

② 混凝土基础：a. 钢筋混凝土基础（C25 钢筋混凝土）；
b. 素混凝土基础（C15 素混凝土）。

（二）普通砌体

① 砖砌体：实心砖的强度等级≥MU10，水泥砂浆的强度等级为 M5.0。

② 毛石砌体：水泥砂浆强度等级为 M7.5。

（三）混凝土构件

① 现制混凝土构件：选用不低于 C15 强度的混凝土。

② 预制混凝土构件：选用不低于 C20 强度的混凝土。

（四）面层

1. 垂直挂贴

① 普通挂贴：1∶2 水泥砂浆打底，原浆找平，1∶1 纯水泥砂浆贴面材料。

② 石板安装之前在石材背面和侧面涂专用处理剂，在石材板底涂刷树脂剂，再贴化纤丝网格布，形成抗拉防水层，但切记不可忘记在侧面做涂刷处理。

③ 本工程中所有水景用天然石材的，均应在施工前做防返碱处理，并在施工前不得沾水。所有水景石材的铺贴均应采用低碱水泥，用防水水泥砂浆铺贴，铺贴完成后用同颜色大理石胶封闭所有连接，以此作为防返碱措施。

④ 水景石材防碱背涂剂品牌由甲方自定。

2. 水平铺贴

① 干铺。1∶3 干硬性水泥砂浆，原浆找平，2mm 厚纯水泥粉（洒适量清水）干铺面材。

② 湿铺。1∶2 水泥砂浆，原浆找平，适量纯水泥浆贴面材。除特别注明外，铺贴完成后，均以 1∶2 水泥砂浆填缝，纯水泥浆刮平。

③ 所有平面材料与立面材料铺贴交接时，在无特殊要求的情况下，一律对缝交接。

④ 材料设计与切割时严格按照模数，特别是 45°斜铺材料在边角处一定要做到对角线切割，不允许出现大于或小于 1/2 块材料的斜切割。

⑤ 材料设计与切割时严格按照模数，不得出现小于 1/2 整块石材的切割。

（五）防水

① 大面积防水：台地中高差较大、用砖砌体结构的景观，均使用防水水泥砂浆抹面。

② 局部防水：凡预埋溢流、排水、供给水管时，须在管根嵌防水胶，周边600mm范围内，用厚2mm的PUK聚氨酯防水涂料两道设防，并用止水环加固防水。

③ 所有防水涂料应具有产品质量合格证书，进场材料应按标准取样抽验，合格者方可使用。进场的防水材料必须存放在通风、干燥处。

（六）木构件

本工程户外木构件全部采用经防腐、脱脂、防蛀处理后的平顺板、板材和方材。可以上人的木制平台选用硬制木，如柚木、橡木或菠萝格木等。炭化木构件须涂渗透性透明保护漆二道，凡属上人平台的户外木结构面涂耐磨性透明保护漆二道。所有木构件均需刷防腐漆，并且定期查看养护。

（七）各类金属件

① 材料：圆钢、方钢、钢管、型钢、钢板采用Q235-A.F钢，不锈钢材应符合国家有关标准，钢和不锈钢之间的焊接在没有特殊注明的情况下采用不锈钢焊条（非必要情况下，钢材和不锈钢之间不要直接焊接）。

② 焊接及焊接材料应符合有关技术规定，焊接应满焊并保持焊缝均匀，不得有裂缝、过烧现象，外露处应挫平、磨光，焊条E43系列焊缝高度6mm。

③ 各金属构件表面应光滑、平直、无毛刺。安装后不应有歪斜、扭曲变形等缺陷。

④ 所有铁件预埋、焊接及安装时须除锈，清除焊渣毛刺，磨平焊口，刷防锈漆。

⑤ 钢板制作的装饰件应保持边角整齐，切割部位须锉平，不得留有切割痕迹和毛刺。红丹打底，露明部分一道，不露明部分两道。除特别注明外，铁件面喷涂深灰色油漆一道。

八、其他

① 施工方应提供本工程施工图纸所示面层材料的样本，经建设单位会同设计方认可后方能施工。

② 当本工程施工图纸所示尺寸与现场不符时，请及时联系项目负责人。因误差产生的尺寸不符，且相差不大时，以实际尺寸为准。

③ 图中未详尽之处，须严格按照国家现行的规范及工程所在地方法规执行。

④ 本工程所有装饰材料的颜色、规格及材质等均应先取样板或色板会同设计及使用单位商定后方可订货，如确需更改必须先征得设计人员同意并经书面确认后方可执行，不得擅自变更。

⑤ 未尽事宜请参见相关规范或及时通知项目负责人。

（3）第三步：整理出图

使用设计公司标准A3图框，在CAD布局中将施工图设计总说明合理布置在标准图框内。

拓展阅读

学思践悟，共建美好家园

2005 年 8 月，时任浙江省委书记的习近平同志在浙江安吉余村考察时提出了“绿水青山就是金山银山”的科学论断。多年来，在“两山”理论的指导下，美丽乡村建设成为生态文明建设的重要载体和有效途径。地域性乡村园林景观建设即是美丽乡村建设的重要内容，为乡村总体规划、设计、建设提供了丰富的元素和内涵。

新时期的“园林人”要充分继承中国古典园林的造园思想，坚持人与自然和谐共生的可持续发展的生态观，肩负起推进生态文明建设的历史使命。在实践中将“绿水青山就是金山银山”化为生动的现实，成为自觉的行动。在项目前期“园林设计”理念构建中，要以调研走访和文献资料为主，立足基层，立足社会实践，了解本土文化、红色资源、区域规划建设政策，对社会企业、行业市场、传统文化等进行多方调研考察，讨论交流，收集整理文化元素、设计元素等，提高园林环境的生态作用和使用舒适度，为全面建成小康社会、实现中华民族伟大复兴的中国梦贡献自己的聪明才智。

同时要继承老一辈园林人对我国绿色和教育事业的不懈追求，永不言败，将求真务实的精神传递下去，深刻领悟绿色先行者的初心和使命，全力守护祖国的“绿水青山”。

思考与练习

① 施工图封皮部分包含什么内容？
② 施工图目录编排的一般顺序是什么？
③ 施工图设计总说明的内容有什么？
④ 园林项目施工图的常见问题有哪些？

参考文献

［1］ 何司彦．园林植物景观设计［M］．上海：上海交通大学出版社，2016．

［2］ 朱燕辉．园林景观施工图设计实例图解：绿化及水电工程［M］．北京：机械工业出版社，2018．

［3］ 张辛阳，陈丽．园林景观施工图设计［M］．武汉：华中科技大学出版社，2020．

［4］ 金煜．园林植物景观设计［M］．沈阳：辽宁科学技术出版社，2015．

［5］ 易军，等．园林硬质景观工程设计［M］．北京：科学出版社，2010．

［6］ 王芳，杨青果，王云才．景观施工图设计与绘制［M］．上海：上海交通大学出版社，2009．

［7］ 陈绍宽，唐晓棠．园林工程施工技术［M］．北京：中国林业出版社，2021．

［8］ CJJ/T 67—2015．风景园林制图标准．

［9］ GB/T 50103—2010．总图制图标准．

［10］ GB/T 50001—2017．房屋建筑制图统一标准．

［11］ GB/T 50013—2018．室外给水设计标准．

［12］ GB 50014—2021．室外排水设计标准．

［13］ GB 50052—2009．供配电系统设计规范．

［14］ GB 50054—2011．低压配电设计规范．

［15］ 06SJ805．建筑场地园林景观设计深度及图样．

［16］ 住房城乡建设部工程质量安全监管司．市政公用工程设计文件编制深度规定（2013 年版）［M］．北京：中国城市出版社，2014．

［17］ 田建林，张柏．园林景观供电照明设计施工手册［M］．北京：中国林业出版社，2012．

图 0-22　砺精园方案设计总平面图

图 0-23　砺精园鸟瞰图

图 0-24　砺精园主入口效果图

图 0-25　砺精园水景设计效果图

图 0-26　砺精园安静休息区矮墙坐凳效果图

图 0-27　砺精园建筑结构展示区效果图

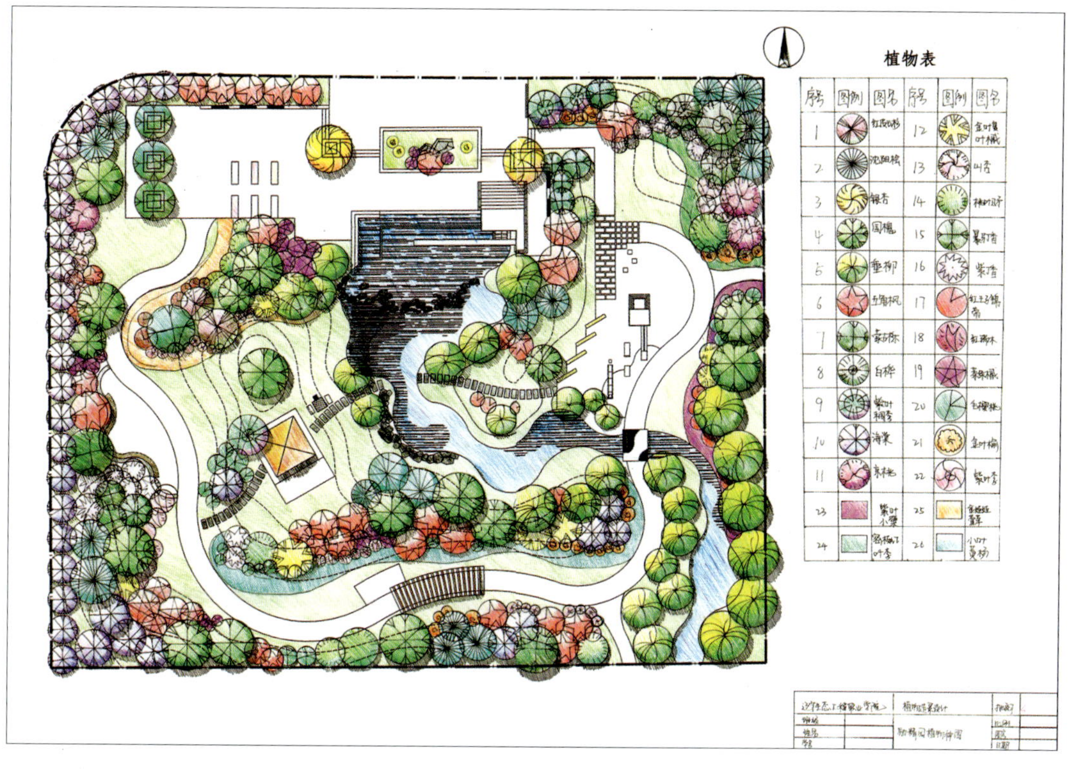

图 1-2　砺精园方案设计手绘平面图

图 2-10　景墙二设计效果图

图 2-16　砺精园种植池二效果图

图 2-23　砺精园廊架设计效果图

图 2-32　砺精园景亭设计效果图

图 2-44　砺精园水景设计效果图